Deutsche Luftwaffe

Uniforms and Equipment of the German Air Force

ドイツ空軍装備大図鑑

グスタボ・カノ・ムニョス
＋
サンティアゴ・ギリェン・ゴンサレス
Gustavo Cano Muñoz & Santiago Guillén González
村上和久訳

原書房

目　次

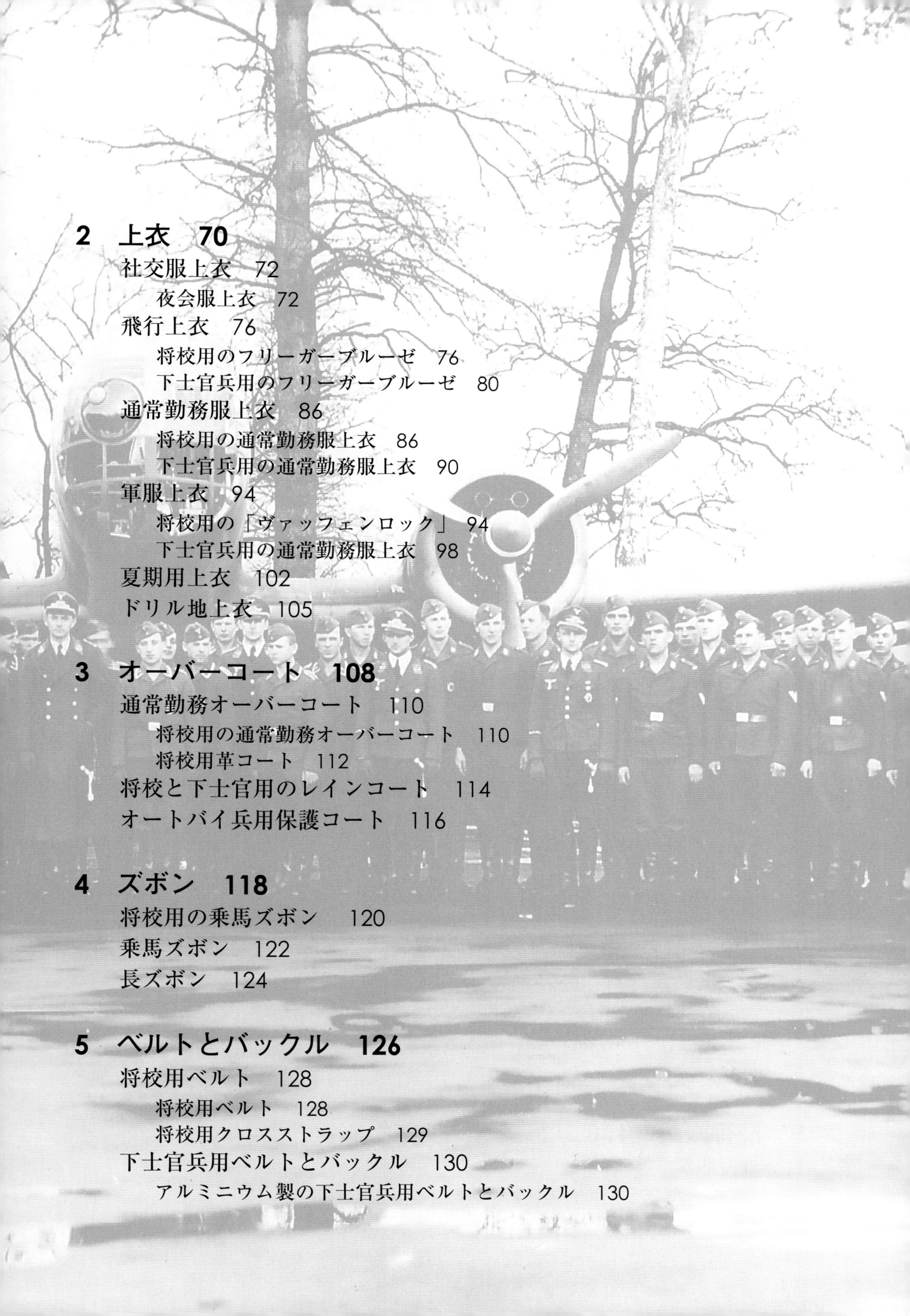

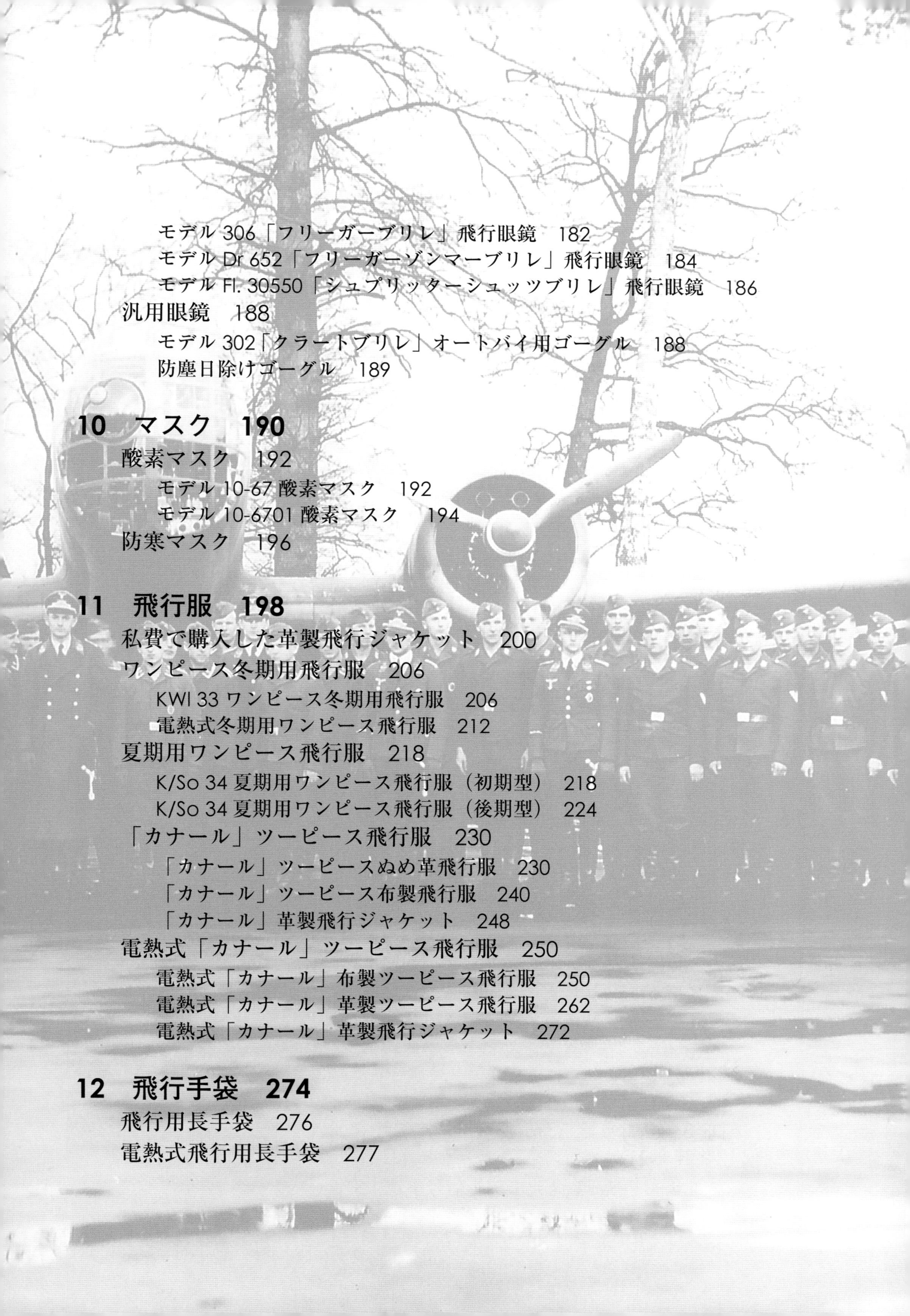

エースのなかのエース、ハンス・ヨアヒム・マルセイユ。柏葉剣ダイヤモンド付き騎士鉄十字章叙勲者。
彼は 382 回の出撃で 158 機撃墜を記録した。1942 年 9 月 30 日に飛行機事故で亡くなっている。

「ゾンマーミュッツェ」制帽をかぶってカメラの前でポーズを取る戦前の一等兵（ゲフライター）。
国家鷲章は尾羽が下がった初期型で、「トゥーフロック」上衣の襟には、まだ兵科色のパイピングがついている。

序文

1945年5月8日は、ヨーロッパの戦いが終わった日というだけでなく、軍事航空史上屈指の個性的で魅力的な時代の終点でもあった。本書の目的は、ドイツ空軍（ルフトヴァッフェ）の歴史に関心を持つ人たちに、ドイツ空軍で戦った男たちの姿をはっきりと目で見て理解させることにある。彼らの戦争体験のもっとも魅惑的な側面のひとつである制服、飛行服、そして装備を通じて。本書は、彼らの「商売道具」の一部の詳細なコレクションで構成され、取り上げる対象の外見にとくに重点を置いて、第二次世界大戦中にドイツ空軍の航空機搭乗員たちが使った被服や装備のなかでもとくに重要な品目を鮮明な写真で紹介している。軍装品のコレクターやモデラー、イラストレーター、映画スタジオの衣装部といった幅広い読者層が有益な情報を得られることを願って、本書では全ページにカラー印刷を使い、戦時中に製造された多種多様な素材や布地を読者が正しく認識できるようにした。読者は、東部戦線で戦った義勇部隊、第15「シュパーニシェ・シュタッフェル」に参加してドイツ空軍に勤務したスペイン人パイロットをとらえた当時の写真が比較的多く掲載されているのに気づかれることだろう。著者の書庫にそうした記録写真が豊富にあることと、飛行服と装備をとらえた写真の内容、そしてほとんどがいままで未発表であることが、掲載を決めたおもな理由である。

本書の目的は、もっとも識別しやすい要素を簡単に概観することであり、装備や被服のすべてを深く論考したり、系統だてて紹介することではない。そうした壮途を達成するには数冊の本が必要だろうし、それは本書の範囲をゆうに超えている。著者たちはできるだけ多くの写真を掲載するために識別用データとキャプションを基本的な情報に限定した。本書と以前刊行されたほかの本とのちがいは、量から質に重点を移したことにある。われわれが利用できる膨大な軍装品のコレクションからどのアイテムを掲載し、どれを割愛するかを決める作業は容易にできるものではなかった。結局、平均的なドイツ軍パイロットと搭乗員がもっとも一般に使用した品々をならべ、場合によっては、ドイツ空軍の軍装品の高度な通やファンの関心を引くと思われる被服あるいは装備の希少な現存品やめずらしい例を紹介することにした。

本書でしめした実例はすべて、われわれの知るかぎり本物の戦時中の製品である。いずれも著者のひとりのコレクションに属するものか、ほかの上級コレクターが快く貸してくれたものだ。同時に、各ページにふくまれる情報は、手に入る膨大な量の文献資料にあたり、その分野の専門家に頻繁に照会したほか、写真に写る実例をすべて慎重に調べて確認するようあらゆる手をつくした。著者たちはある程度の推測がふくまれていると予想しているし、本書に反映された事実の一部にかんしては、あらゆる歴史上の出来事と同様、異論があるかもしれないことを認める。しかし、誤りや不備がこれらのページのなかに見つかれば、その責任はすべて著者たちのみにあり、本書の準備に力を貸してくれたいかなる個人あるいは団体にもいっさい責任はない。

われわれはじつに楽しんで本書を作り上げた。その結果がわれわれの読者に同じ喜びをあたえることを心から願っている。

グスタボ・カノ・ムニョス
サンティアゴ・ギリェン・ゴンサレス

前線に移動するドイツ空軍高射砲兵部隊。車輌隊を導く将校はフリーガーブルーゼと将校用ベルトを着用している。

第1章：ドイツ空軍史

第三帝国の敗北の結果、ドイツ空軍が1946年に連合国によって公式に解散させられたとき、航空史上屈指の魅力的で論議を呼ぶ一章はすでに書かれていた。革新的なマシーンとそれを飛ばす勇猛な男たちによってその名を轟かせた、この畏怖された戦闘部隊が存在した11年間は、永遠に忘れられないであろう記録を作りだした。以下のページではドイツ空軍の短い歴史を紹介する。本書が描きだそうとしている男たちの被服や装備の背景を明確にするのに役立つだろう。

1918年の第一次世界大戦の敗北と、その結果、ドイツが休戦後に戦勝国と調印したヴェルサイユ条約の条項によって、ドイツは兵器としての航空機を保有できなくなった。潜水艦や飛行機、戦車といった新兵器の所有を禁じられただけでなく、休戦の条項によってドイツ軍の規模と能力も厳しく制限されたのである。しかし、制限にもかかわらず、ドイツ人たちは終わったばかりの戦争で使われた新兵器の一部の役割についてくわしい研究と分析をはじめた。終戦で誕生した新国家ワイマール共和国は、小さな防衛軍「ライヒスヴェーア」しか持つことを許されなかった。その規模と構成はドイツが将来隣国を侵略しないよう連合国によって管理された。「ライヒスヴェーア」は限定的な規模の陸軍「ライヒスヘーア」と小さな自衛海軍「ライヒスマリーネ」で構成される。しかし、空軍の枠はなかった。代々軍人の家系に生まれたプロイセン貴族で第一次世界大戦では少将まで昇進したハンス・フォン・ゼークトは、新生ドイツ軍を組織する仕事をまかされた。将来の戦争における強力な空軍の潜在的能力を予見した彼は、その考えを信奉する者たちが新生陸軍のなかでいくらかの影響力を持つような手段を講じた。たとえば、新生陸軍には第一次世界大戦の航空戦の遂行に豊富な経験を持つ熟練将校の小さな幹部団がふくまれるよう手配したのである。

連合国から課せられた制限により、ドイツの航空界は厳しい制約に立ち向かわねばならなかった。ヴェルサイユ条約の制限をすり抜ける唯一の方法は、将来のドイツ空軍の基本となる軍用機を開発し、人を訓練するべく野心的な計画を作り上げることだった。最初の手段のひとつはドイツの航空産業の生き残りを保証することだった。そのため、政府は民間航空に手厚い補助金をあたえる政策を適用した。この試みは功を奏し、民間航空におけるドイツの進歩には目を見張るものがあった。1927年には、ドイツのルフトハンザ航空はヨーロッパの競争相手を全部合わせたよりもずっと強力になっていた。この長距離飛行や航法、計器飛行の経験はあきらかにドイツ空軍の将来の発展にプラスの影響力を持っていた。

この写真の二等兵（フリーガー）は略帽をかぶっている。左胸の下部には布製の民間滑空記章をつけている。3羽のかもめは「C」級を表わし、5分間高度を失わずにグライダーを飛行させ、口頭試験に合格した学生にあたえられた。この徽章を受けた者は公式のグライダー操縦ライセンスの資格を得た。

軍事航空用の工場が民間の工場に偽装して建設され、飛行場が作られて、のちに軍用機のプロトタイプとして転用できる航空機が開発された。本当の意図を隠蔽するドイツ当局の政策は、いわゆる「娯楽的な」飛行学校や、ひそかに補助金が支給された、飛行訓練のためのスポーツ飛行クラブという形でもつづけられた。1932年、ドイツの大手クラブには約6万人の会員がいた。準軍事的な組織「ドイッチャー・ルフトシュポルトフェアバント」（DLV、ドイツ航空スポーツ連盟）が第一次世界大戦で62機撃墜を記録した有名なドイツの戦闘機エース、エルンスト・ウーデットを長として設立された。DLVの隊員用にデザインされた制服と徽章の多くはのちに小さな変更をくわえられてドイツ空軍に採用された。もっともDLV時代には、軍

操縦士徽章は1935年8月12日、
ヘルマン・ゲーリング国家元帥によって制定された。

隊式ではなく民間風の階級名がつけられていたが。同時にドイツの科学者たちは、すぐれた飛行服や飛行装備、空中航法用のよりよい航空計器の開発をめざして徹底した技術研究や実験をはじめた。ドイツ人はとくに南米など外国の民間航空会社のために空を飛び、働いた。こうした航空会社はのちにドイツ空軍にじゅうぶんな数の航空機搭乗員や地上勤務員を供給したのである。しかし、20年代と30年代はじめのもっとも重要な進歩はソ連との協力でもたらされた。

ソ連との協力

戦後のソ連の情勢は不安定だった。内戦はまだつづき、国家は国際的に孤立していた。この状況で、両国は協力の枠組みを作るために交渉をはじめた。一連の交渉の結果、ドイツとソ連は1922年4月、ラパロ条約に調印した。条約のもっとも重要な取り決めのひとつが、効果的な独ソ軍事協力を開始することだった。1922年8月、ドイツのライヒスヴェーアとソ連の労農赤軍はドイツがソ連国内に軍事基地を置くことを認める合意に達した。こうした基地は主として研究開発と人員の訓練、とくにヴェルサイユ条約でドイツにはっきりと禁じられた分野における訓練に使われることになっていた。その見返りに、ドイツはライヒスヴェーアが赤軍といっしょに軍事演習を行なうことを認め、ドイツの科学者がなしとげた工業的および軍事的な技術の進歩を分け合うことにも同意することになっていた。取り引きの一部として、多くのソ連軍人がドイツ国内でひそかにさまざまな分野の訓練を受けた。しかし、ドイツ側はあたえるより多くのものをソ連から手に入れることに成功した。協力は軍事航空の技術革新の面だけでなく、戦術と戦略においても実りあるものだった。1931年の夏、ドイツ軍とソ連軍はもっとも効果的な攻撃術および防衛術をあみだすことを意図した一連の共同航空演習を実施した。この時点で、1200名以上のドイツ空軍パイロットがソ連領内で最大級の基地リペツクで訓練を受けていた。

1932年、アドルフ・ヒトラーはイデオロギー上の敵と協力をつづける必要はないと決断し、ソ連との結びつきを解消しはじめた。最終的にソ連がライヒスヴェーアにソ連国内の施設を閉鎖して出ていくよう公式に求めた。ドイツ人は1933年9月に完全に退去した。しかし、外交的な接触が完全に断たれることはなく、その後の年月も途切れることなくつづき、1939年のモロトフ＝リッベントロップ協定に結実した。この10年間の不可侵条約では、それぞれの調印国が相手を攻撃しないと約束し、ドイツの製品をソ連の原料と交換する経済協定もふくまれていた。条約にはポーランドとそれ以外の東欧をソ連とドイツの勢力範囲に分割することを規定した秘密条項も入っていた。しかし、外交および軍事政策の効果的な道具として使える空軍を作り上げる途上のドイツが直面する問題は山のようにあった。1933年5月、ドイツ航空省が誕生し、ヘルマン・ゲーリングが航空大臣に任命された。彼はすぐさますべての民間飛行クラブを統合し、すべての飛行学校を拡大した。学生と幹部は制服を着せられた。古い飛行場は拡張され、新しい飛行場が建設された。

ついに1935年2月26日、ヒトラーはヴェルサイユ条約をやぶって、ゲーリングに空軍の創設を命じた。イギリスもフランスも国際連盟も、約1000機の軍用機と2万人の訓練された将兵が存在することを認めたあとでさえ、ドイツのとった一方的な行動になにひとつ反対しようとしなかった。新設の空軍はゲーリングの指示でどんどん兵員をふやしはじめ、資金や資源の分配で優遇されることも多かった。一例として、高射砲兵全部と必要な通信組織が陸軍から割愛されて、空軍に移管されたことは、注目にあたいする。

コンドル軍団の経験

ドイツがまだ再軍備を完了する途中の1936年7月、スペインで、保守勢力が合法的な共和国政府を転覆させようと支援した軍事クーデターが全国土の掌握に失敗し、内戦が勃発した。ヒトラーは同様の政治思想を持つナショナリスト反乱軍に、とくに空で援助することを決定した。派遣軍をひきいるよう任命されたのはドイツ空軍の技術面での補佐役のひとり、ヴォルフラム・フォン・リヒトホーフェンだった。彼は、第一次世界大戦におけるドイツの空のナンバーワン・エースであるかの有名な「赤い男爵」マンフレート・フォン・リヒトホーフェンの従兄弟にあたる。リヒトホーフェンはコンドル軍団（義勇派遣軍にあたえられた名称）の参謀長としてスペインに到着し、すぐに伝統的な戦術や航空兵力が地上で目にした現実と相容れないことに気づいた。重要な戦略目標の欠如と役に立たない火砲を見たリヒトホーフェンは、自分の航空兵力を反乱軍のリーダー、フランシスコ・フランコ将軍ひきいる部隊の地上攻勢を支援するための武器として使った。フランコは当時、スペインのバスク地方を掌握する過程にあった。

リヒトホーフェンは攻勢作戦における地上部隊の近接航空支援の新しい戦法と戦術の開発を指揮した。大きな困難を克服して、彼は緊密な協同を基本とするシステムを開発し、地上部隊と航空部隊のあいだの作戦計画立案を改善して、緊密な連絡線と識別手段を確立し、空軍の連絡将校

通常勤務服を着てユンカース Ju86 爆撃機の前でポーズを取る搭乗員。（ミリタリア・アルガンスエラ）

を前線部隊に直接勤務させる必要性を理解した。その一方で、戦略爆撃の教訓は一様ではなかった。都市の爆撃、とくに対空防御の不十分な都市の爆撃は、たしかに住民の士気をくじくのに効果的な道具であることが認められたが、なかにはこの心理戦の実験が民衆をいっそう反抗的にする役にしか立たないと思う者もいた。国民戦線側はマドリードやバルセロナ、バレンシアといった「反抗的な」大都市を焼夷弾で破壊することもできたが、内戦につきものの微妙な政治的問題のせいで思いとどまった。戦争が終わったあとも勝者と敗者はともに同じ国に住まねばならないし、大都市を瓦礫の山に変えるのは反乱軍にとって賢明な政治判断であるとは思われなかった。爆撃の効果にたいする態度がどうであれ、スペイン内戦は一部のドイツ人の頭のなかに、戦闘機と民間防衛手段が将来の戦争ではおおいに重要であるという確信を強めた。

ドイツ空軍にとって、スペインは航空機と戦術の有用な試験場だった。ドイツ人はスペインでかけがえのない戦訓を学び、すぐさま自分たちの用兵思想に取り入れた。近接航空支援と陸軍との協同にかんして学んだ教訓のほかに、もうひとつの重要な教訓が昼と夜両方で目標に命中させるむずかしさだった。夜間攻撃から得た経験はおおむね有益だったが、昼間の任務で目標に精確に命中させる問題は、あらゆる爆撃機に急降下爆撃能力を持たせるべきだという構想に向かわせる要因となった。夜間にはドイツ軍は目標を発見するだけでなく目標に命中させるのもむずかしいことを知った。この結果、悪天候や夜間の作戦では航法支援装置の使用がきわめて重要であるという確信が生まれた。じきに科学者たちは航法の支援と、視界が限られた条件で

偽装網の下に駐機する9./JG54「グリュンヘルツ」のメッサーシュミットBf 109G-2戦闘機。
この写真はおそらく1943年、本土防衛中にオルデンブルクで撮影されたもの。

目標を爆撃する問題にたいする技術的回答として、無線方向探知装置の実験をはじめた。その成果が英本土航空戦（バトル・オブ・ブリテン）ではじめて使われたクネッケバイン・システムである。

ポーランド攻撃

1938年9月、英国首相ネヴィル・チェンバレンはアルプスの山荘ベルヒテスガーデンで挑戦的なヒトラーと会談し、もしイギリスがズデーテンラントを併合する計画に反対したらチェコスロヴァキアに侵攻すると脅すヒトラーをなだめようとした。ズデーテンラントは主としてドイツ系住民が住むチェコの一地方である。エドゥアール・ダラディエ仏首相とこの問題について話し合ったあと、チェンバレンは宥和政策を選び、ヒトラーに彼の提案は受け入れられたとつたえた。しかし、ドイツの独裁者はイギリスもフランスも戦争をはじめることに乗り気ではないと見抜いて、すぐさまこの弱みを自分のために利用しようとした。その数日後、彼は併合だけでなく、彼の軍隊によるその地方の完全な占領を要求した。イギリスとフランスがこの新しい要求を拒絶すると、イタリアの独裁者ベニート・ムッソリーニはこの問題を解決する方法として独英仏伊会議を開催することをヒトラーに提案した。会議は1938年9月29日にミュンヘンで開かれた。なんとしても戦争を回避したかったチェンバレンとダラディエはドイツがズデーテンラントを手に入れることに同意した。その見返りに、ヒトラーはヨーロッパでこれ以上、領土の要求を行なわないことを約束した。

チェコスロヴァキアにたいするこの容易で道をあやまらせる大勝利のおかげで、ヒトラーだけでなく、彼の部下の軍人たちも、翌年にポーランドを攻撃することを決断できた。1939年3月、チェコの政治的紛争を口実に、ヒトラーはチェコの新指導者エミール・ハーハを脅し、もしチェコスロヴァキアがドイツの要求に応じて国のあけわたしに調印することをこばんだら、プラハの街は爆撃ですぐに瓦礫と化すであろうし、それはほんの手始めにすぎないと宣言した。このドイツ空軍をテロの強力な道具として利用する政治的な動きは、ヒトラーの最後の平和的な征服のひとつとなった。プラハの占領でついに英国政府も反応して、ヒトラーに警告を送らざるを得なくなったからである。しかし、このイギリスの新たな立場は、政府の態度の根本的な変化というより、国内の政治的圧力によるものだった。

7月3日、ヒトラーとゲーリングは新しい航空機の設計のための主要な試験場レヒリン＝レルツ空軍試験場を訪問して、最新の研究開発の成果を視察した。技術専門家たちは、設計試験段階にある航空機や装備がもう少しで生産に移れるよう粉骨砕身していた。このデモンストレーションによって総統は、ドイツ空軍が現在相手にたいして優位であるだけでなく、予見できる未来においてもその優位をたもてるだろうとふたたび確認した。それは現実とはほど遠い印象だったが。これはヒトラーがポーランドにたいする攻勢を決意するのに必要な最後のひと押しだった。

1939年9月1日の早朝、ドイツの爆撃機と戦闘機はポーランド領内の目標に一連の猛攻撃を仕掛けた。ドイツ軍の攻撃は動員途中のポーランド軍を襲った。ドイツ空軍とポーランド軍戦闘機の最初の激突はクラクフ近くのバリツェの飛行場上空で発生した。同時に、べつの戦闘がワルシャワ郊外上空で起きようとしていた。ポーランドの追撃飛行旅団がBf 110に護衛されたHe111爆撃機の大編隊を迎え撃ったのである。それにつづく空中戦で6機のHe 111が撃墜された。ワルシャワ上空の激しい空中戦はその日のうちに再開され、Bf 110とBf 109両戦闘機に護衛されたドイツ軍爆撃機の空襲第二波がふたたびポーランド軍戦闘機の迎撃を受けたが、ドイツ軍戦闘機が彼らを目標にたどりつく前に攻撃したので、朝の空戦の勝利を再現することはできなかった。じきにドイツ軍のはじめての爆弾がワルシャワに降りそそいだ。攻撃はそれから何日もつづいた。飛行機の卓越した性能をいかして、ドイツ空軍は爆撃機の小編隊を使い、複数方向からさまざまな高度で目標に進入し、一方、Bf 109とBf 110は目標地域上空を索敵した。ポーランド空軍は退却を余儀なくされ、9月10日には1個ポーランド飛行連隊をのぞくすべてがヴィスワ川の東へ移動して、対峙する圧倒的に優勢な敵軍にごくささやかな抵抗をくりひろげた。散発的な小競り合いをのぞけば、ポーランド軍にはドイツ軍の攻撃に抵抗することはほとんどなにもできなかった。ワルシャワは9月27日に陥落し、10月6日までに戦役は終わった。

ドイツ軍はポーランド攻撃に2000機以上の航空機を使い、合計で258機をあらゆる原因で失った。約400名のパイロットと搭乗員が戦死あるいは未帰還となり、さらに120名が負傷した。ポーランド空軍（ロトニツトヴォ・ヴォイスコヴェ）は約330機の航空機を失い、うち260機が敵の行為によるものだった。61名の航空機搭乗員が戦死し、110名が未帰還、63名が負傷した。

歩哨任務中のこの兵士は空軍型の「ペルツミュッツェ」毛皮帽で極寒から頭を守っている。

フォッケウルフFw187A-0ファルケ（隼）。この戦闘機は1939年夏に製造され、メッサーシュミットBf 110戦闘機と制式機の座を争うことを意図していた。

補給品を積んでアフリカ軍団の砂漠の飛行基地に到着したＪu 52 輸送機の編隊。写真にはＢf 110 数機も見える。（《ジグナール》）

メッサーシュミットBf 109に弾薬を搭載するドイツの地上勤務員。

戦闘準備のととのったメッサーシュミットBf 109戦闘機がずらりとならんでパイロットを待つ。

西部の戦い

フランスとイギリスには、ドイツに宣戦布告し、軍の総動員を宣言する以外に、ドイツのポーランド征服をやめさせるためにできることはほとんどなかった。それにつづく地上作戦の6カ月におよぶ停滞期間を報道機関は「まやかしの戦争」と評するようになった。しかし、それは嵐の前の静けさだった。ヒトラーの軍事計画はつねに東欧の領土、とくにソ連を征服することに向けられていた。しかし、イギリスとフランスがドイツと平和協定を結ぶことに乗り気ではなかったため、ソ連を攻撃する前に必要な予備段階は、まず西欧の敵を敗北させて、それによってふたつの戦線での戦争を避けることだと彼は決断した。1940年5月10日、ドイツはオランダとベルギー北部に攻勢を仕掛けて連合国の不意を打った。ドイツの装甲車輛はアルデンヌ地方を突破した。ドイツ空軍には相手の連合国空軍とその地上基地を撃破する当初の任務があたえられていた。オランダとベルギーが持っていた装備はほとんどが旧式で、その軍隊は激しい抵抗を行なうことはできなかった。イギリスは英国海外派遣軍を支援するためにフランスに爆撃機と戦闘機の強力な部隊を配備していた。攻撃前、フランス空軍はほとんどが旧式で、まだ新型機を生産して飛行隊に配備する過程にあった。最初のドイツ空軍の航空攻撃は任務を達成し、ベルギーとオランダの空軍を事実上、壊滅させた。イギリスとフランスも地上と空で航空機に大損害をこうむった。しかし、勝利は容易にはおとずれなかった。攻勢の1日目でドイツ軍は爆撃機47機、戦闘機25機をふくむ83機の航空機を失い、翌日にはさらに損害は爆撃機22機、急降下爆撃機8機、戦闘機10機をふくむ42機まで増大した。前進を確保するために、ドイツ空軍の空挺部隊がベルギーとオランダ全土の戦略的に重要な橋を確保し、一方でドイツのグライダー部隊は難攻不落とされた拠点であるベルギーのエバン・エマール要塞を占領した。この作戦の成功は連合軍司令部に激しい衝撃をあたえ、ドイツの空挺部隊は実際よりずっと強力な部隊であるという誤った印象を植えつけることになった。

北部ではドイツの第9装甲師団がロッテルダムの郊外に迫り、オランダの抵抗は攻撃の3日目にしてついにやんだ。5月14日、市をあけわたすための交渉がまだ行なわれていたにもかかわらず、空襲で市の中心部が破壊され、800名以上の民間人が殺された。一部の者は爆撃が通信障害のせいで誤って実施されたと主張しているが、この戦術は、普通なら軍事目標ではない対象に向けられたテロによって目的を達するよう仕組まれた、ドイツ国防軍のおなじみのパターンを踏襲したものだと指摘する者もいる。誤りかどうかはともかく、オランダ軍の総司令官が翌日、ドイツ空軍がまたひとつ街を破壊することを恐れ、オランダの全部隊の降伏文書に署名したのは事実である。

5月13日、エヴァルト・フォン・クライスト元帥の部隊が3カ所の戦区でムーズ川を越えた。ポーランド戦で装甲軍団をひきいたクライストの働きぶりは高く評価され、いまや数個装甲軍団からなる装甲部隊である装甲集団を指揮していた。フランス領のスダンではドイツの急降下爆撃機の波状攻撃が川の南岸に陣取るフランス軍守備隊を叩いた。これは戦時中ドイツ空軍が行なったもっとも激しい爆撃となった。ドイツ軍部隊はゴムボートや筏で川を渡りはじめ、数日のうちに戦車が橋を渡って殺到した。第一次世界大戦で戦った保守的な軍人で、近接航空支援と機甲部隊を先陣に敵地の奥深くにすばやい攻撃を仕掛ける軍事ド

閲兵中、手前で演奏するドイツ空軍の軍楽隊の音楽隊員たち。前に立つ兵士は連隊の「トルコクレセント」（シェレンバウム）を奉持している。これはドイツの軍楽隊には欠かせない伝統的な装飾品だ。（ミリタリア・アルガンスエラ）

クトリン「ブリッツクリーク（電撃戦）」の信奉者のひとりと一般に目されているハインツ・グデーリアン将軍は、スダンの橋頭堡を拡大して、イギリス海峡の方角の開けた土地を西に向かって進撃した。進撃するドイツ軍部隊はじきにムーズ川の西のシャルルヴィルという小さな街近くに作戦基地を確立し、Ju 52 輸送機の編隊が地上部隊を支援するために切実に必要とされている燃料や航空機の予備部品、弾薬、地上勤務員を運んできた。

作戦の最終段階は、戦役で有数の論争を呼ぶエピソードとなった。フランスの沿岸の街ダンケルクの海岸と港を使った、英国海外派遣軍の大半と多数のフランス兵の脱出である。これはこの戦争ではじめてのドイツ空軍の深刻な大失態だった。フランスから英国海外派遣軍を撤収させる作戦は「ダイナモ」作戦という暗号名をあたえられ、5月26日にはじまった。戦役のそれまでの段階とちがって、今回ドイツ軍の戦闘機と爆撃機は不利な状況で英軍機と戦った。敵の飛行場をいくつか占領することには成功したが、彼らの飛行機の一部は航続距離の限界ぎりぎりで、

飛行中のユンカース Ju 88 A－4 爆撃機。この多用途機は第二次世界大戦のあらゆる戦線で使用された。（ミリタリア・アルガンスエラ）

高高度任務にそなえるこのパイロットは冬期用飛行装備に身をかため、HM 5／15 シリーズの酸素マスクをつけている。

イングランド南部から撤収の掩護に飛来するイギリスのハリケーンやスピットファイア戦闘機より目標上空での実質上の持ち時間がずっと少なかった。そのことはつまり、地域の制空権を確保できないせいでドイツ空軍の全兵力を使えないことを意味した。ドイツ軍の爆撃機が港湾施設あるいは海岸を攻撃するたびに、英国空軍の戦闘機がそこにいて爆撃を妨害し、ドイツ機にかなりの損害をもたらした。しかし、5 月 27 日、ドイツ空軍は港の爆撃に成功し、その施設の大半を使用不能にした。こうした重圧にもかかわらず、海岸では何千何万という将兵が英国海軍に徴用された無数の小型船舶で海峡を渡った。なかにはアマチュアの船乗りが乗り組んでいる船もあった。9 日間の撤収のすえ、作戦は 7 月 4 日に完了した。英国空軍は 177 機を、ドイツ空軍は 240 機を失った。約 19 万 8 千人のイギリス軍将兵と 14 万人のフランス、ベルギー軍将兵が救いだされたが、彼らの重装備は実質上すべて放棄しなければならなかった。

英本土航空戦

フランスの降伏後、英国政府はドイツのつぎの目標が英国諸島であると確信した。ヒトラーは侵攻の最終的な計画を持っていなかったが、「ゼーレーヴェ」と名付けられた作戦の大筋を命令した。ヒトラーはまず制空権を確保しなければ地上でイギリスに侵攻することはできないと知っていたし、イギリスの軍指導部もドイツ空軍を阻止することが彼らの生存の鍵であることを知っていた。ヒトラーはいったん制空権を確保できたと確信したら、イギリスの意

ドイツの航空基地でテストパイロットを待つ先行量産型のフォッケウルフFw190 A -0 戦闘機。（ミリタリア・アルガンスエラ）

飛行中のハインケルHe111を望む。この中型爆撃機は1930年代はじめに設計され、ヴェルサイユ条約の制限をかわすため輸送機に見せかけられていた。

志をくじき、西方で唯一の敵の力を弱めてから、ソ連への攻撃に集中するつもりだった。戦いの開始時、イギリスには防空のために約600機の一線級戦闘機があり、一方のドイツはノルウェーからフランス沿岸にかけての基地に配備した約1300機の爆撃機と急降下爆撃機、約1200機の戦闘機を投入することができた。

戦いは一般に、1940年の7月10日ごろ開始され、10月31日に終わったと受けとめられているが、なかには終わりとすべき時点は実際にはドイツ空軍がソ連攻撃の準備のために戦場から爆撃機を引き上げたときだと考える者もいる。ドイツ空軍には整然としたあるいは一貫した戦闘計画はなかった。しかし、戦いはおおむね4つの段階に分けることができる。第一段階はイギリス海峡上空の航空戦と英国艦艇への攻撃からなり、8月11日に終了した。第二段階は沿岸の飛行場への攻撃とレーダー基地の妨害ではじまり、8月24日までつづいた。つぎの段階は飛行場と戦闘機軍団に向けられ、9月7日、ドイツ空軍が目標をロンドンの街に変更することを決断したとき終わった。

作戦は1940年7月上旬にイギリス海峡の英国艦船にたいする一連の爆撃で開始され、イングランド南部にあるいくつかの港も標的となった。8月上旬には、戦いに参加する飛行機の数は依然として少なかった。レーダーによる早期警戒網のおかげで戦闘機軍団は英国本土に近づいてくる敵集団の方向をはっきりと見て取り、戦闘機部隊をそれに差し向けて、爆弾を投下するのを防ぐことができた。レーダーがドイツ軍の空襲にたいする早期警戒警報を出していることにドイツ軍が気づくと、レーダーを使えなくする最

Bf 109戦闘機が装備するMG151機関銃の20ミリ弾薬ベルトを陽気に搭載するふたりの地上勤務員。

飛行場にずらりとならんだドルニエDo 217「空飛ぶ鉛筆」爆撃機。（ミリタリア・アルガンスエラ）

初の試みが実施された。いくつかのレーダー基地が損害を受けたが、修理され、7時間以内にふたたび機能した。ドイツ空軍は基地を徹底的に破壊するためにくりかえし攻撃を仕掛けなかった。ゲーリングも彼の部下たちもレーダー基地がこの島国の防衛にとっていかに重要か気づいていなかったので、じきにレーダー網への攻撃の中止を命じた。

その後、関心はイギリスの戦闘機軍団と飛行場の破壊に向けられた。英国空軍には本土上空を飛行する強みがあった。乗機からやむなく脱出したパイロットは通常、数時間以内に飛行場に戻って戦いつづけた。その一方で、英本土上空で脱出せざるをえなくなったドイツ空軍のパイロットや搭乗員は即座に捕虜となるか、イギリス海峡上空で撃墜された場合には溺れるか低体温で死ぬ危険があった。パイロットや搭乗員は「カナールクランクハイト」つまり「海峡病」と呼ばれた一種の戦争神経症をわずらいはじめた。

ドイツ空軍は驚くべき速さで飛行機とパイロットを失いつつあり、人員と機体の優位を失うことはなかったが、飛行場を攻撃する戦略は、残っている人的資源によりいっそうの負担をかけた。そこで9月7日、最初の空襲がふたたびロンドンのイーストエンドの埠頭にたいして行なわれた。攻撃はつづき、大規模な空襲が埠頭と市自体に爆弾の雨を降らせた。目標の変更は、ロンドン市民にとっては苦痛だったが、戦いの転回点だった。兵力が限界にきたときに、英国空軍に戦力を立てなおすためのかけがえのない休息をもたらしたからである。ドイツ空軍の護衛戦闘機は燃料の搭載量が限られ、基地に戻らなければならなくなるまで、10分の飛行時間しか爆撃機につきそえなかった。そのため爆撃機の多くは完全に無防備で、英国空軍が敵に多数の死傷者をあたえる結果を招いた。

結局、9月19日、「ゼーレーヴェ」作戦はヒトラーによって無期限延期された。航空兵力だけで主要な戦いの趨勢が決まったのは史上初のことだった。イギリスにたいするドイツの航空攻撃は大規模だったが、ドイツ軍がイギリス側の2倍という高い機数の損害をこうむったことを思えば、その当初の激しさは維持できなかった。実際、戦いの終了までに、ドイツ空軍はイギリスの900機にたいして1700機を失っていた。

対ソ戦

「バルバロッサ」はドイツのソ連侵攻作戦の暗号名だった。計画は1940年夏、ヒトラーからドイツの高官たちに発表され、1941年春に実施されることになっていた。これはひとつの作戦に集められたものとしては軍事史上最大の兵力で構成され、3000キロ以上の戦線で戦うことになっていた。3個軍集団がソ連領に攻撃を仕掛ける任務をあたえられていた。レニングラードとバルト海地方は北方軍集団が占領し、モスクワの征服は中央軍集団の任務だった。南方軍集団の司令官ルントシュテット元帥は南部の攻撃を担当し、ウクライナ地方の占領をめざす。

攻撃は1941年6月22日の朝、開始された。ドイツ軍は総勢300万人の将兵と3500輌以上の戦車、7200門の火砲、1800機の航空機、75万頭の馬を投入した。ドイツ空軍は作戦開始からまもなくソ連空軍を空から一掃することに成功した。彼らの技術力を実証する、戦いの冒頭のもっとも重要な戦術的勝利のひとつである。ソ連軍機の大半は地上で撃破された。ドイツ軍は奇襲の要素を最大限

ドイツ空軍の固定高射砲部隊。戦時中、英国空軍のたえまない攻撃を受け、やがて
アメリカ陸軍航空軍もドイツの都市に飛来したため、展開する高射砲部隊の数は増加していった。

VWタイプ 82 キューベルワーゲンを降ろす巨大なMe323 ギガント輸送機。

利用し、ドイツの航空機の優秀さは最初の小競り合いであきらかになった。しかし、勝利の原因は、元同盟国の攻撃が迫っているという情報報告をスターリンが信じようとしなかったことにもあるといわれる。ヴァイェーンノ・ヴァズドゥーシュニェ・シールィ（VVSつまりソ連空軍）は世界屈指の強大な空軍だった。スターリンは強力な空軍の重要性を予見し、莫大な資源を投じて近代的で強力な戦闘部隊を作り上げた。科学者と技術者は、いくつかの革新的な技術的特徴を取り入れて、新型機を設計した。ポリカルポフ I-16 戦闘機は引き込み脚を持つ世界初の単葉戦闘機だった。ツポレフ TB-3 爆撃機は世界初の長距離単葉重爆撃機だった。しかし、ソ連空軍は一連の弱点をかかえていた。そのひとつは近代的な飛行機の生産率が計画ほど高まらないことで、そのため戦争がはじまったとき、ソ連空軍は依然としてその兵力に大量の旧式機を保有していた。新型のMiG-3 やLaGG-3 はソ連空軍の保有機のわずかな割合をしめているだけだった。第二の弱点は近代的な作戦原則の欠如で、第三は無能な指導部だった。スターリンが 30 年代に行なった粛清は軍の戦闘即応性に影響をおよぼした。ソ連空軍の弱点はフィンランドとの冬戦争で露呈したが、問題を解決する努力はなされなかった。自由な考えを口にすることを恐れたからで、そうすることはスターリン主義の時代にはきわめて危険だったのである。

ドイツ空軍の勝利の結果、戦場上空の完全な制空権が確保され、スツーカ急降下爆撃機のようなもっとも旧式な飛行機でも攻撃される恐れなしに地上作戦の支援に展開できるようになった。制空権と戦場の近接支援は攻撃の重要な要素だった。戦役の最初の日々に達成されたほぼ完全な制空権がなければ、戦車隊がなしとげためざましい進撃はこれほど広まらなかっただろう。攻撃はソ連の主要な都市にも集中し、各都市はドイツ空軍による容赦ない爆撃を受けた。バルバロッサ作戦の立案者たちにとって残念なことに、ドイツ軍の爆撃機の航続距離は、ウラル山脈の向こうにすぐさま移転したソ連の多くの軍需産業までとどかなかった。爆撃機部隊は西欧の戦場の比較的限定的な戦役には完璧に適していたものの、ソ連は新たな難題をつきつけた。地上部隊の進撃を支援するよう考えられた戦術部隊であるドイツ空軍は、強力な戦略爆撃部隊を用意していなかったのである。主要な爆撃作戦はソ連軍が持ち場を死守して、ドイツ軍の進撃を食い止めることに成功した場合にのみ行なわれた。ソ連軍の抵抗は予想より頑強で、戦役は長引いて冬に入ったが、ドイツ軍将兵は冬のそなえをしていなかった。1941 年 12 月に開始されたソ連の反攻により、ドイツ軍の進撃は止まった。ソ連を屈服させられなかったことで東部での戦争は二年目に突入し、ドイツの軍事資源をさらに消耗することになった。

ロシアの冬が 1942 年春にゆるむと、ドイツ軍最高司令部は「ブロイ（青）」作戦という暗号名の新たな夏期攻勢を計画した。この攻勢はそれほど野心的なものではなく、規模も小さくて、主として南部に焦点をあてていた。その

アウクスブルクのメッサーシュミット工場の生産ライン。作業員たちが Bf109E の操縦席に計器盤を取り付けている。

ねらいは、ヴォルガ川からやってくる石油と対ソ援助物資を遮断することだった。攻撃はさらにカフカス地方の油田を掃討して占領し、将来の中東へのさらなる進撃のお膳立てをすることになっていた。1942年6月28日、南方軍集団はヴォロネジに向かって進撃を開始した。激しい抵抗に遭遇したあと、部隊は同市を迂回して、東のスターリングラードへ前進するよう命じられた。ドイツ空軍が街に猛爆撃を開始する一方、第6軍は街に近づき、飛行機に前進基地を提供した。しかし、今回はヴォルガ川が街の包囲を不可能にした。空襲によってできた瓦礫と廃墟は少人数の部隊が身を隠して拠点を構築できる障害物や地域を作りだした。ソ連兵は壁にできた穴や下水道を通って建物から建物へと移動でき、攻撃部隊に新たな難題をつきつけた。第6軍が市内に入ると、戦闘は通常、肉薄して行なわれ、爆撃は同士討ちによる死傷者を避けるためごく限定された。6カ月におよんだ戦闘は150万人の死傷者を出し、ドイツの1個軍ともう1個軍の半分が壊滅した。スターリングラードは東部戦線の戦闘の転回点となった重要な戦いだった。東部におけるドイツ軍の戦争努力の最終的な趨勢は、おそらく1941年の戦役でソ連を敗北させられなかったことで決まったとはいえ、スターリングラードはドイツ軍の東への進撃の頂点だった。ソ連の独裁者の名を冠した都市での敗北後、第三帝国は終戦まで二度とこれほど多くのソ連領を占領することはなかったし、いくつかの例外をのぞけば、敗戦まで退却をつづけた。この戦役は人員や物資、士気の面でドイツに深刻な結果をもたらした。ドイツ空軍はすでに過大な要求にこたえて、東部戦線のドイツ軍を支援するだけでなく、北アフリカとイタリアの地上で連合軍と戦い、第三帝国上空で激しさをます連合軍の戦略爆撃作戦にも立ち向かわねばならなかった。西部ではイギリスがドイツの都市を夜間攻撃するのに必要な能力を手に入れはじめる一方、アメリカ陸軍航空軍の最初の部隊がじきに西欧の昼間の空に姿を現わすことになる。地中海ではドイツ軍は事実上、制空権を失っていた。ドイツはほとんど戦前の水準にも達していない兵力で、増えつづける敵兵力にたいして複数の戦線で戦うはめになった。

ドイツ空軍には有能な運営が欠けているという問題点があった。1940年の損耗率から客観的な結論を導きださなかったことにはじまり、初期の勝利のあとの傲慢な態度、そしてとくに近代戦は戦場での戦いにくわえて工業生産力の戦いでもあることを認識しなかったことなど、多くの要素が集まってドイツ空軍を弱体化させたのだ。ドイツはすでに深刻な事態におちいった空軍で強力な国家連合に立ち向かっていた。この状況からなんとか立ち直り、その後の年月を持ちこたえたことは、ドイツ国民とその軍事組織の力による驚くべき偉業である。

第三帝国の防衛

1940年と1941年に起きた軍事上の出来事と生産上の決定は第三帝国の運命を定めたが、1943年に下された戦略的決断は出来事がどう展開するかを決めた。西部の航空戦は依然としておもにあまり重要ではない戦域で、1942年5月のケルン空襲のようないくつかのイギリスの成功のあとでヒトラーとドイツ空軍参謀部の関心を引いたにすぎなかった。しかし、西部戦線の脅威は1942年の残りもそれ以上のものではなかった。しかし、1943年夏、西部戦線における飛行機の損失が1940年以来はじめて損失全体のかなりの割合に達した。貴重な燃料を奪われ、部隊は夏の消耗戦で損害を受けて、ドイツ空軍はもはや航空作戦の遂行でも地上作戦の遂行でも影響を行使できなかった。ドイツ空軍を制圧するためにアメリカ軍爆撃機隊が払った代償はときに高かった。9月前半の人造燃料工場の攻撃では、アメリカ軍は91機もの爆撃機を失ったが、燃料製造能力と飛行機の破壊によってドイツ軍は実質的な立ち直りをはばまれた。1944年11月2日には第8航空軍と第15航空軍がドイツの燃料産業に大規模な攻撃を仕掛けた。来襲する編隊を迎え撃つために飛び立った490機の戦闘機のうち、ドイツ空軍は120機も失い、70名のパイロットが戦死または負傷した。約40機のアメリカ軍爆撃機が撃墜された。

終わり

1944年のドイツ空軍はもはや戦争の行方を左右できる戦力ではなかった。4月にはドイツ空軍が直面した任務はその能力を明白に超えるようになっていた。ドイツの輸送および石油生産基盤にたいする連合軍の航空戦略では、英米協同の航空作戦が連合軍の戦略全体に組みこまれた。海軍の支援を受けて上陸した連合軍の航空部隊と地上部隊の猛攻によって、フランスにおけるドイツ軍の全防衛体制は崩壊した。この崩壊は9月はじめには完全なものになる恐れがあったが、連合軍はそれを終わらせる機会をのがした。ドイツの敵はいまやフランスとベルギーに飛行機を配置し、スピットファイアでさえ遠く東のライン地方の航続距離内にいた。連合国の空軍にとって、問題はいかに制空権を最終的な勝利に変えるかだった。9月末、連合軍の戦略航空部隊の指揮は航空部隊指揮官に返還された。サー・アーサー・ハリス空軍大将とカール・スパーツ将軍は、地上部隊指揮官と同じように、最終的な勝利という問題の答えを探した。彼らは瓦礫と化したドイツの都市を爆撃することで敵を屈服させられると考えた。しかし、最終的な崩壊は、かつて第三帝国だったものの破壊された残骸のなかを歩兵が進んだときにやっとおとずれることになった。

ドイツ軍があくまで頑強に抵抗をつづけたことは、第三帝国にいっそうひどい物理的破壊と死傷者の増大をもたらすことにしかならなかった。こうした圧倒的に不利な状況にもかかわらず、ドイツのパイロットがどうして飛びつづけることができたのかは容易には理解できない。もっとも明白な理由は、1943年夏からドイツの戦闘機パイロットたちが連合軍の爆撃から祖国を救おうと必死に奮闘していたことにあるようだ。そうした状況で、ドイツ空軍の将兵のあいだに存在した忠誠とチームワークと連帯を考慮すれば、ドイツのパイロットたちがひどい逆境をものともせずに飛びつづけたのは驚きではない。中級指揮官の卓越した質もその理由のひとつだ。中隊長や小隊長は将校団の水準を落とすことを頑としてこばむことで、組織をまとめつづけた。ドイツ人が飛行をつづけられたことには、さらにもうひとつの要素があった。大損害で手痛い打撃を受けると、部隊は戦場から下げられ、人員を同じ組織にとどめた

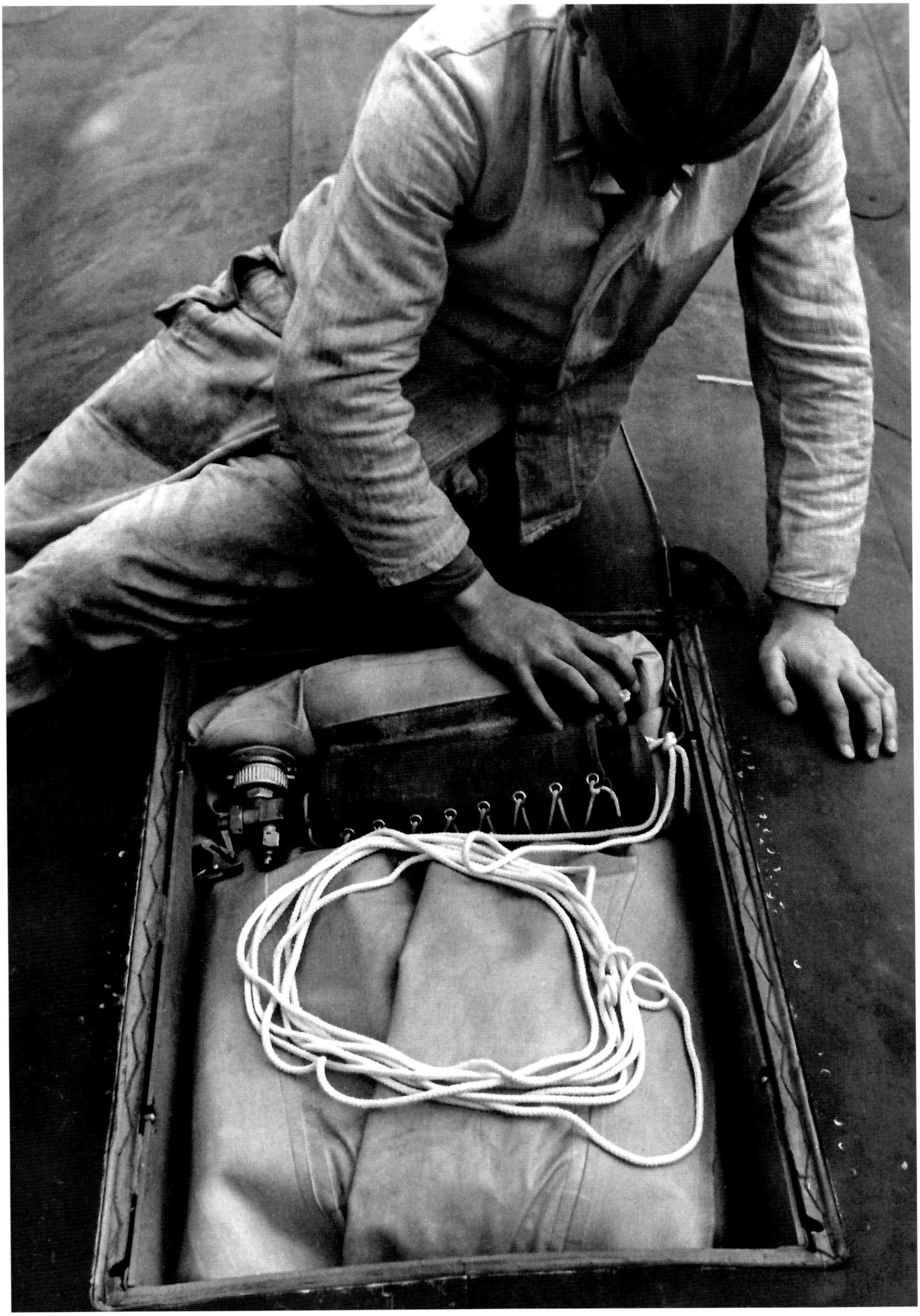

任務前に機体に搭載された救命ゴム筏を点検する地上勤務員。筏に圧縮空気ビンが取り付けられているのに注意。

まま、新しい搭乗員と新しい機体をあたえられて再建された。おかげでドイツの飛行士たちは、ともに飛び、戦い、たがいに命を預けあう者たちの絆を新たにすることができたのである。

ドイツ空軍の失敗は第三帝国の運命を象徴していた。ドイツの指導者たちは国家の能力をはるかに超えた目標を達成したいと考えた。戦争初期のすばらしいが道を誤らせる大勝利は、第三帝国の作戦を遂行した者たちのプロフェッショナリズムの欠如を隠蔽してはならなかった。戦術および作戦の面で高度の能力があったことは疑いないが、手持ちの資源を調整して、それを大きな戦略のレベルで機能させることができない面もあった。ドイツ空軍の機構はその総司令官ヘルマン・ゲーリングの大きな反映だった。彼は、可能なかぎり広範囲の責務をゆだねられた私設軍隊を作りだした責任者だった。ドイツ空軍の技術的な優位は既存の飛行機のたえまない改良によって阻害された。彼らは不要かもしれない先進的技術をそなえた新型機を導入するかわりに、じゅうぶんな数の飛行機を生産できない生産計画に対処しなければならなかった。この過大な責務は必然的にドイツ空軍に耐えきれないほどの損耗率をもたらし、飛行機と飛行士の質はいずれもしだいに低下した。ペースの遅れは彼らの飛行装備の技術開発にも反映された。ドイツ軍の飛行装備は、開戦時には敵のものよりはるかにすぐれていたが、戦時中に遅れをとった。連合軍のパイロットと搭乗員の飛行装備が戦争末期に大きな進歩をとげたのとは対照的だった。東部戦線で発生した困難きわまる作戦上および補給上の障害もその戦闘能力をそいだ。終戦ごろには、ドイツ空軍は見る影もなく変わりはて、勝つ望みのない悪化する消耗戦を細々と戦っていた。1939年から1945年のあいだに、ドイツ空軍には350万人以上の男女が勤務した。うち16万5000人以上が戦死し、19万2000人以上が負傷、約15万5000人が行方不明になった。ドイツ空軍は1946年8月、連合軍管理委員会によって公式に解隊された。

組織と指揮系統

ドイツ空軍はドイツ国防軍（ヴェーアマハト）の３軍のひとつで、陸軍と海軍とは独立して組織され、管理されていた。空軍自体は、航空、航空通信、高射砲兵の３つの分野に分かれていた。ドイツ空軍の大部分は航空部隊で構成され、降下猟兵（ファルシルムイェーガー）つまり落下傘部隊と野戦師団、さらに多くのもっと小規模の高射砲兵、工兵、通信隊、保安部隊、衛生隊、空軍憲兵を持っていた。空軍は地域を基本に組織され、べつべつの運用管理司令部があった。この組織のおかげで、戦争初期の勝利の大きな要因となった機動性と柔軟性を獲得することができたのである。

軍楽隊が後ろで演奏するなか、高官の閲兵を受けるドイツ空軍部隊。爆撃機はJu86。この写真はドイツの飛行場で撮影されたもの。

最高司令部

第三帝国は国防軍最高司令部（O. K. W. ──オーバーコマンド・デア・ヴェーアマハト）という政府の一部門を持ち、ヒトラーが最高司令官、カイテル元帥が最高司令部参謀長兼ドイツ陸軍総司令官をつとめた。ドイツ国防軍の各軍（陸軍、海軍、空軍）には独自の総司令部があった。空軍の総司令部はオーバーコマンド・デア・ルフトヴァッフェ（O. K. L.）である。ゲーリング国家元帥は空軍総司令官（オーバーベフェールスハーバー・デア・ルフトヴァッフェ）で、空軍の管理と運用の責任を負い、さらに航空省（ライヒスルフトファートミニステーリウム）の大臣でもあって、民間航空の統括と監督ならびに軍用機の開発と生産の責任があった。

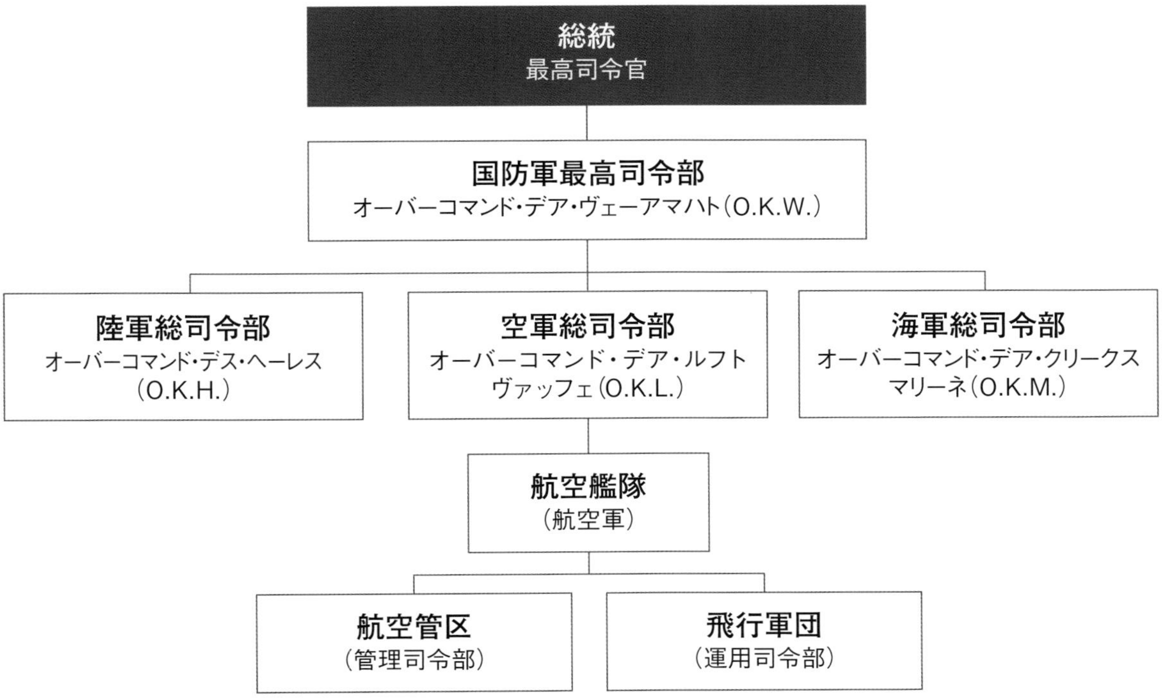

航空艦隊（航空軍）

ドイツ空軍は最初、航空艦隊（ルフトフロッテ）と呼ばれる4つの戦術地区航空軍に分けられ、それぞれが特定の管轄地域を割り当てられて、その地域のあらゆる航空作戦や活動を監督した。戦争がはじまり、ドイツ陸軍がより多くの地域を占領しはじめると、航空軍もそれに応じて拡大する必要が出てきた。以下は戦時中の航空艦隊の変遷である。

1939年	
第1航空艦隊	ドイツ北東部
第2航空艦隊	ドイツ北西部
第3航空艦隊	ドイツ南西部
第4航空艦隊	ドイツ南東部

1942年	
第1航空艦隊	ロシア中央戦線
第2航空艦隊	北アフリカ、イタリア、ギリシャ
第3航空艦隊	フランス、オランダ、ベルギー
第4航空艦隊	ロシア南部
第5航空艦隊	ノルウェー、フィンランド
中央空軍司令官	ドイツ

1944年	
第1航空艦隊	バルト地方
第2航空艦隊	イタリア北部
第3航空艦隊	フランス、ベルギー、オランダ
第4航空艦隊	ハンガリー、ユーゴスラヴィア、ルーマニア、ブルガリア
第5航空艦隊	ノルウェー、フィンランド
第6航空艦隊	東部中央戦線
帝国航空艦隊	ドイツ

1945年	
第1航空艦隊	リトアニア
第2航空艦隊	イタリア北部
第3航空艦隊	ドイツ西部、オランダ
第4航空艦隊	ハンガリー、ユーゴスラヴィア
第5航空艦隊	ノルウェー、フィンランド
第6航空艦隊	東プロイセン
帝国航空艦隊	ドイツ中部

航空艦隊の管理部隊

航空管区(ルフトガウ)
(管理司令部)

飛行場地域司令部
フルークハーフェンベライヒスコマンダントゥーア

作戦飛行場司令部
アインザッツフルークハーフェンコマンダントゥーア

- 管理、補給、整備
- 空襲にたいする防空
- 通信隊の運用
- 予備役隊員の訓練
- 隊員募集、動員、そのほかの訓練

ルフトガウ(航空管区)は各航空艦隊の管理および補給組織だった。駐屯部隊で、その権限ははっきりと定められた地域にかぎられていた。比較的独立性を持ち、あらゆる飛行場の設置と維持、整備場、燃料弾薬の貯蔵、航空攻撃にたいする能動的および受動的防衛、通信隊の運用、隊員募集、動員、さらに補助部隊をのぞく予備役隊員の訓練に責任があった。また必要な管理および補給要員とその組織を提供しなければならなかった。地域司令部(フルークハーフェンベライヒスコマンダントゥーア)は基本的には管理部隊で、かならずしも飛行場には置かれていなかった。ほぼ自己完結的な組織で、すでに配属されている部隊が不十分だとわかったときのみ航空管区の支援を要請した。その一方で、作戦飛行場司令部(アインザッツフルークハーフェンコマンダントゥーア)は配属された飛行部隊を支援する任務を持ち、そのため飛行場に置かれていた。

閲兵中のアルフレート・ケラー将軍とロベルト・リッター・フォン・グライム将軍。
ふたりとも第一次世界大戦のエースで、誉れ高き「プール・ル・メリット」勲章の叙勲者でもある。

航空艦隊の作戦部隊

航空艦隊には飛行軍団（フリーガーコーア）という一連の隷下作戦部隊があった。これは機動部隊で、それぞれの管轄地域で作戦を指揮した。各航空艦隊は、管轄地域の広さや作戦の性格によって、1個から数個の飛行軍団を有することがあった。各飛行軍団はさまざまな隷下航空団（ゲシュヴァーダー）に分かれていた。

ゲシュヴァーダーはアメリカ陸軍航空軍のウィングに相当した。ドイツ空軍で最大の単機種部隊で、公称定数を持つ最大の部隊でもある。航空団司令（ゲシュヴァーダーコモドーレあるいはコモドーレ）が航空団でいちばん上の職だった。階級は通常、少佐以上で、部下のほかの飛行士たちといっしょに戦闘任務にも飛び立った。航空団はその作戦上の役割によって100機から60機の飛行機を持っていた。航空団内の飛行機はすべて同じ機種だったが、規模の小さな部隊のなかで形式がちがうこともあった。最初、航空団は3個飛行隊（グルッペ）に分けられていたが、特定の任務に応じて、ときには4つめの飛行隊、場合によっては5つめの飛行隊がくわわることもあった。戦争後期には第4飛行隊が正式に追加された。航空団には使われる作戦と飛行機の機種によっていくつかの種類があり、付表でしめしたようにその任務を表わす識別名がついていた。

航空団（ゲシュヴァーダー）		
部隊名	機種	略称
戦闘航空団（ヤークトゲシュヴァーダー）	戦闘機	JG
夜間戦闘航空団（ナハトヤークトゲシュヴァーダー）	夜間戦闘機	NJG
駆逐航空団（ツェアシュテーラーゲシュヴァーダー）	重戦闘機	ZG
爆撃航空団（カンプフゲシュヴァーダー）	爆撃機	KG
急降下爆撃航空団（シュトゥルツカンプフゲシュヴァーダー）	急降下爆撃機	StG
高速爆撃航空団（シュネルカンプフゲシュヴァーダー）	高速爆撃機	SKG
地上攻撃航空団（シュラハトゲシュヴァーダー）	地上／戦車攻撃	SchGまたはSG
空挺航空団（ルフトランデゲシュヴァーダー）	グライダー	LLG
輸送航空団（トランスポルトゲシュヴァーダー）	輸送機	TG
教導航空団（レーアゲシュヴァーダー）	実戦試験	LG

飛行隊は作戦用の基本的な戦闘単位だった。機動性があり、どの管轄地域でもべつべつに作戦ができた。飛行隊は飛行隊長（グルッペンコマンデーア）にひきいられたが、これは航空機搭乗員がつく管理職で、その階級にはかなりばらつきがあった。戦闘機部隊では通常、大尉がその職についたが、爆撃機部隊は通常、少佐が指揮をとった。飛行隊長は自前の作戦および管理要員を持ち、戦闘任務にも飛び立った。飛行隊は40機から50機からなり、約500名の地上勤務員がいた。最初、航空団は3個飛行隊で編成され、通常はエアゲンツングスグルッペつまり補充部隊である4つめの飛行隊が付属した。この飛行隊は必要なら特定の戦闘任務にもちいることもできた。一部の飛行隊は早くも1941年には4つめの飛行隊を普通の戦闘部隊として使っていた。最初は各航空団の隷下飛行隊は隣接する飛行場からいっしょに活動するよう意図されていたが、戦争がはじまると、これはもはや実質的に維持できず、各飛行隊が広い地域にちらばり、べつの作戦地域にいることもあたりまえになった。

飛行中隊は最小の作戦単位だった。最初は、9機の飛行機と、さらに予備にとってある3機の飛行機で編成されていた。飛行中隊は通常、12機から16機の飛行機を持ち、20名から25名のパイロットと、約80名から150名の地上勤務員がいた。戦術用には、5機からなるシュヴァルムや、3機からなるケッテ、2機のロッテにさらに分けることができた。

前述の部隊にくわえて、ほかにも飛行隊以下のレベルで組織された半自己完結的な部隊があった。そのなかには偵察機や沿岸哨戒機、陸軍直協機、海軍直協機がふくまれた。ヤークトフューラーは特定の戦域で戦闘機の作戦を指示する独立した戦闘機司令部だった。フリーガーフューラーは対艦船攻撃のようなきわめて専門的な作戦を監督する特殊な指揮官だった。

最後に飛行機が所属する部隊を表わすためにもちいられた名称について簡単に述べておく価値がある。冒頭にくるのはローマ数字で表わされる飛行隊、またはアラビア数字で表わされる飛行中隊の番号である。つぎの部分は航空団の種類の略称で、斜線で区切られ、そのあとに通常はアラビア数字の部隊番号がつづく。IV.／JG 1は第1戦闘航空団の第4飛行隊の所属を表わし、3.／JG 27は第27戦闘航空団の第3飛行中隊の所属機を意味する。

航空基地を訪問中のヘルマン・ゲーリング。彼のフリーガーブルーゼは右胸に国家鷲章がついていない。首には大鉄十字章とプール・ル・メリット勲章を佩用している。左胸には操縦士徽章と1939年シュパンゲ（略章）がついた帝国一級鉄十字章をつけている。帽子は夏用制帽である。

この上等兵（オーバーゲフライター）の肖像写真では、兵用の制服と「シルムミュッツェ」制帽の付属品がわかる。おそらくは高射砲部隊の所属だろう。

第2章：制服

ドイツ空軍の制服と階級章、そして服装規定は、空軍が1935年にふたたび公式に設立される以前に存在した組織にその起源を持っている。制服と徽章は基本的に、ナチが政権を握る時代以前のドイツの航空組織が定めた規則を発展させたものだった。

第一次世界大戦は1919年、ヴェルサイユ条約の調印で終わりを迎えた。ドイツ帝国の継承者であるワイマール共和国は、小規模な防衛軍「ライヒスヴェーア」を保持することしか許されなかった。その規模と構成は、将来のドイツの軍事侵略を防ぐことを願う連合国によって規制された。「ライヒスヴェーア」は、「ライヒスヘーア」と呼ばれる小規模な常備陸軍と、ちいさな自衛海軍「ライヒスマリーネ」で構成された。しかし、空軍という組織はいかなる形でも存在しなかった。

1933年1月、ヒトラーはドイツ首相として権力者の座につくと、すぐに航空スポーツのプロパガンダとしての潜在的な価値に着目した。そこでドイツ全土の多くの民間飛行クラブにくわえて、突撃隊（SA）と親衛隊（SS）の飛行部隊をひとつの組織に統合する命令を出し、これを「ドイッチャー・ルフトシュポルト・フェアバント」（ドイツ航空スポーツ連盟）、略称DLVと命名した。その創設の目的は、航空機と飛行のあらゆる側面に世間の関心を高めることだった。DLVはとくに模型飛行機やグライダー、気球をはじめとする飛行のあらゆる側面に親しむ課程を提供して、ドイツの若者に入会をうながした。1935年に空の再軍備が秘密扱いを解かれて以降は、主として空軍の予備隊とドイツ空軍の将来の隊員のための訓練場の役目をはたした。

DLVの最初の制服規定は1933年11月に制定され、連盟の常勤職員に適用された。この制服は各自が私費で購入しなければならなかった。少なくとも法律的には、これは軍事組織ではなかったが、準軍事式の階級と徽章が、軍隊風の仕立ての平服とともに採用された。1933年の規定は被服の色をブルーグレーのウールと記述し、さらに各種の通常勤務服、制帽、ベルト、国家徽章の着用、階級方式も説明していた。この階級方式には階級章、襟章、肩章の使用にかんする指示もふくまれていた。

ドイツ空軍（ルフトヴァッフェ）は「国防軍再建法」の成立の結果、1935年5月に創設された。この法律は独立したドイツの陸海空軍をふたたび誕生させた。ヴェルサイユ条約が破棄されると、「ライヒスヴェーア」はドイツ国防軍（ヴェーアマハト）になったが、新設の国防軍は依然として「ヘーア」と「クリークスマリーネ」と名付けられた陸軍と海軍で構成されることになった。1935年2月26日に空軍（ライヒスルフトヴァッフェ）が公式に設立され、国防軍の一部門となった。それから1カ月もたたないうちに、三軍すべてで徴兵制がふたたび導入された。1935年5月21日、「ライヒスルフトヴァッフェ」の名称は「ルフトヴァッフェ」に変更された。

各種の制服の使用規則は、1935年4月の通達で規定された。その対象は将校と下士官兵両方だった。この規定は戦時中、さまざまな作戦地域の前線における経験と補給面での制約に照らして何度か変更されている。ドイツ空軍将兵の服装の統一は、当時の写真でわかるように、ドイツ国防軍のほかの軍と同様、ついに完全に達成されることはなかった目標だった。衣類の調達は「ヴェーアマハトベシャッフングスアムト・フュア・ベクライドゥング・ウント・アウスリュストゥング」つまり国防軍被服装備調達局の担当だった。保管と配給は「ヘーレスフェアヴァルトゥングスアムト」つまり陸軍管理局にたよっていた。この局はあらゆる地域あるいは軍管区に支所を持っていた。しかし、将校とある種の上級下士官は自分の制服を購入する責任があり、ドイツ空軍の「フェアカウフスアプタイルンク」つまり購買部を通じて被服手当を割り当てられていた。彼らは軍の被服廠から制服を購入することもできたが、私費で購入された制服は仕立てがあきらかにもっと上等だった。

この伍長（ウンターオフィツィーア）は「フリーガーブルーゼ」を着て写真のポーズを取っている。上着には通信士徽章を着用している。

この一等曹長（オーバーフェルトヴェーベル）はシャツに肩章をつけている。三角形の台布に機械刺繍された右胸の国家鷲章に注意。

空軍の階級と階級章

ドイツ空軍の階級は第一次世界大戦のドイツ航空隊の影響を受けていた。しかし、DLVはふたつの目的にかなう新しい階級方式を作りだそうとした。そのひとつが、軍隊風の階級名をいつわって、ドイツがヴェルサイユ条約で厳しい制約を課せられていた時代に、連盟の本当の意図を隠すことだった。ヒトラーが制約の破棄を宣言したのち、新しい階級名が導入された。階級はべつべつの階級クラスにまとめられ、それぞれがいくつかの階級で構成されていた。階級が同じでも、所属兵科や専門職によってちがう階級名を持つこともあった。ドイツ空軍の野戦師団や補充将校、予備役の将校といった特別な職種や部隊の兵科色と階級にかんする詳細な情報と説明は、本書の範疇ではない。

ドイツ空軍のいちばん低い階級の隊員は、「マンシャフト」つまり兵クラスで、以下の階級で構成された。「フリーガー」つまり二等兵（「カノニーア」つまり砲兵や、「フンカー」つまり通信兵、「グレナディーア」、「フュジリーア」、「シュッツエ」つまり歩兵、「イェーガー」つまり山岳歩兵、「ピオニーア」つまり工兵、「ザニテーツゾルダート」つまり衛生兵に相当する）、「ゲフライター」つまり一等兵、「オーバーゲフライター」つまり上等兵、そして「ハウプトゲフライター」つまり兵長で、のちに「シュタープスゲフライター」と改称された。

「ウンターオフィツィーア・オーネ・ポルテペー」（刀緒なしの下士官）と呼ばれた下級下士官クラスは以下のとおり。「オーバーイェーガー」つまり伍長勤務兵長、「ウンターオフィツィーア」つまり伍長、「フェーンリッヒ」つまり士官候補生、そして「ウンターフェルトヴェーベル／ウンターヴァハトマイスター」つまり軍曹である。「ウンターオフィツィーア・ミット・ポルテペー」（刀緒つきの下士官）と呼ばれた上級下士官クラスは以下のとおりだった。「フェルトヴェーベル／ヴァハトマイスター」つまり曹長、「オーバーフェーンリッヒ」つまり上級士官候補生、「オーバーフェルトヴェーベル／オーバーヴァハトマイスター」つまり一等曹長、「ハウプトフェルトヴェーベル／ハウプトヴァハトマイスター」つまり上級曹長、そして「シュタープスフェルトヴェーベル／シュタープスヴァハトマイスター」つまり最先任上級曹長（准尉）である。「ヴァハトマイスター」がつく階級名は、1943年の規定で高射砲兵と空軍野戦師団および降下猟兵師団の砲兵部隊にあたえられた。

尉官クラスの将校は以下のとおりだった。少尉（ロイトナント）、中尉（オーバーロイトナント）、そして大尉（ハウプトマン／リットマイスター）である。佐官クラスの将校は以下のとおり。少佐（マヨール）、中佐（オベルストロイトナント）、そして大佐（オベルスト）である。

将官の階級は以下のとおりだった。少将（ゲネラールマヨール）、中将（ゲネラールロイトナント）、航空兵大将（ゲネラール・デア・フリーガー）、高射砲兵大将（ゲネラール・デア・フラクアーティレリー）、航空通信兵大将（ゲネラール・デア・ルフトナハリヒテントルッペン）、降下猟兵大将（ゲネラール・デア・ファルシルムイェーガー）、上級大将（ゲネラールオベルスト）、元帥（ゲネラールフェルトマルシャル）、そして国家元帥（ライヒスマルシャル）で、この階級は1940年7月19日にヒトラーがヘルマン・ゲーリングのためにもうけたものだ。彼は第二次世界大戦中、この階級をあたえられた唯一の人物だった。

ドイツ国防軍は、各軍内で兵科をしめすために、「ヴァッ

ドイツ空軍のヴァッフェンファルベ（兵科色）の規定

兵科	兵科色	
高射砲兵および武器	真紅（ホーホロート）	
国家航空省と隷下部隊	黒（シュヴァルツ）	
将官	白（ヴァイス）	
飛行要員と降下猟兵	ゴールデンイエロー（ゴルトゲルプ）	
通信隊	ゴールデンブラウン（ゴルトブラウン）	
技術将校	ローズピンク（ローザ）	
航空交通管制	ライトグリーン（ヘルグリュン）	
管理	ダークグリーン（ドゥンケルグリュン）	
衛生	ダークブルー（ドゥンケルブラウ）	

このユンカースJu86爆撃機の前でポーズを取る航空基地の要員たちの写真では、数種類の「フリーガーブルーゼ」と「トゥーフロック」制服上衣をふくむさまざまな制服上衣がわかる。（ミリタリア・アルガンスエラ）

フェンファルベ」（兵科色）と呼ばれる色分け方式を採用していた。これらの兵科色は、制服の品目や階級章などの付属品において、主として着用者の兵科を表わすパイピング飾りに使われた。基本的な方式はDLVが組織の4つの部門を識別するために採用したものである。ドイツ空軍はこの慣行をひきつぎ、最初の4色にもとづいてこれを拡大した。これらの初期の兵科色はドイツ空軍が最初は比較的簡素な組織構造だったことを反映している。1935年以降、新たな部隊や役割を識別するために、新しい兵科色がつぎつぎに採用された。それ以降の年月、兵科色の改正と変更が数多く命じられ、兵科色の組み合わせが、専門分野の将校のさまざまなカテゴリーに使用された。

襟章と肩章

襟章は1935年4月14日に新設のドイツ空軍で採用され、DLVが使っていた基本的なパターンを踏襲していた。襟章は左右の上襟に一対が着用され、左右対称型で、着用者の兵科と階級を表わした。平行四辺形をして、着用者の特定の兵科色の布で製造され、補強のためボール紙またはズックの芯地が入っていた。布は裏側に折り込まれ、接着されるか、縫い付けられた。

肩章は襟章とともにドイツ空軍の階級をしめすもっとも目につきやすい手段だった。ブルーグレーの布で製造され、簡単な布製の裏地がついていた。肩章は肩口の縫い目に縫い込まれるか、取り外すことができた。襟の側は縁が丸くなり、幅は4.5センチで、長さは通常、肩口の縫い目から、襟の2センチ手前のところまであった。

二等兵（フリーガー）から兵長（ハウプトゲフライター）までの襟用階級章はシンプルな平行四辺形の襟章で、着用者の特定の「ヴァッフェンファルベ」（兵科色）の布で製造され、上襟の縁にも同じ兵科色のパイピング飾りが縫い付けられていた。襟章には、階級がひとつ上がるたびにアルミニウム製の翼状徽章が、二等兵（フリーガー）の階級のひとつから、兵長（ハウプトゲフライター）の4つまで、ひとつずつ追加された。兵クラスの全階級は同じ種類の肩章を着用した。唯一ちがう特徴は、兵科色のパイピングで、肩章の台布の縁取りに使われている。さらに、一等兵（ゲフライター）から兵長（ハウプトゲフライター）までの階級では、「V」字型の袖章を使用した。このV字章は三角形の台布で製造され、階級がひとつ上がるたびにトレッセの帯がひとつずつ追加された。V字章は左袖上部の中心線上に着用された。

伍長（ウンターオフィツィーア）から最先任上級曹長（シュタープスフェルトヴェーベル）までの下士官の襟用階級章は、上襟を縁取る市松刺繍の幅1センチの「トレッセ」つまりモールで構成された。モールは光沢のあるアルミニウム糸製だったが、目立つので新たにグレーの目立たないタイプが製造された。ある種の例外はあったが、「トレッセ」はすべての下士官の上衣と「フリーガーブルーゼ」の上襟の縁をぐるりとかこんで縫い付けられた。職種によっては、襟の縁に特定の兵科色あるいは将校の銀色のパイピングを縫い付けていた。平行四辺形の襟章は「トレッセ」にぴったりくっつけて縫い付けられた。着用者の特定の兵科色で製造され、周囲にはパイピングがついていない。翼状徽章はアルミニウムのプレス製で、爪で襟章に取り付けられた。階級がひとつ上がるたびに、伍長（ウンターオフィツィーア）の階級の翼ひとつから、最先任上級曹長（シュタープスフェルトヴェーベル）の階級の翼4つまで、ひとつずつ追加される。下級下士官の肩章には周囲に「トレッセ」が「U」字状にまわされていたが、縁に1ミリの余白を残して、兵科色の布の縁取りが下から見えるようになっていた。上級下士官の肩章は周囲全体をトレッセが取り囲み、さらにアルミニウム色の金属製の星が爪で取り付けられていた。星は階級がひとつ上がるたびに、

ドイツ空軍の階級（航空部隊）とそれにほぼ相当する英米の階級

ドイツ空軍		訳		英国空軍		アメリカ陸軍航空軍	
兵（マンシャフテン）	**Enlisted men (Mannschaften)**						
フリーガー	Flieger	二等兵	Airman	二等兵	Aircraftsman 2nd Class	二等兵	Private
ゲフライター	Gefreiter	一等兵	Corporal	一等兵	Aircraftsman 1st Class	一等兵	Private 1st Class
オーバーゲフライター	Obergefreiter	上等兵	Leading Corporal	上等兵	Leading Aircraftsman	——	-
ハウプトゲフライター	Hauptgefreiter	兵長	Staff Corporal	——	-	——	-
下級下士官（ウンターオフィツィーア・オーネ・ポルテペー）	**Junior Non-Commissioned officers (Unteroffiziere ohne Portepee)**						
ウンターオフィツィーア	Unteroffizier	伍長	Lance-Sergeant	伍長	Corporal	伍長	Corporal
ウンターフェルトヴェーベル	Unterfeldwebel	軍曹	Sergeant	——	-	軍曹	Sergeant
上級下士官（ウンターオフィツィーア・ミット・ポルテペー）	**Senior Non-Commissioned officers (Unteroffiziere mit Portepee)**						
フェルトヴェーベル	Feldwebel	曹長	Company Sergeant-Major	軍曹	Sergeant	一等軍曹	Technical Sergeant
オーバーフェルトヴェーベル	Oberfeldwebel	一等曹長	Squadron Sergeant-Major	曹長	Flight Sergeant	曹長	Master Sergeant
ハウプトフェルトヴェーベル	Hauptfeldwebel	上級曹長	Regimental Sergeant-Major	——	-	上級曹長	Senior M. Sergeant
シュタープスフェルトヴェーベル	Stabsfeldwebel	最先任上級曹長	Staff Sergeant-Major	准尉	Warrant Officer	先任曹長	Chief M. Sergeant
将校（尉官）	**Officers (Company grade)**						
ロイトナント	Leutnant	少尉	Lieutenant	少尉	Pilot Officer	少尉	2nd Lieutenant
オーバーロイトナント	Oberleutnant	中尉	Senior Lieutenant	中尉	Flying Officer	中尉	Lieutenant
ハウプトマン	Hauptmann	大尉	Captain	大尉	Flight Lieutenant	大尉	Captain
将校（佐官）	**Officers (Field grade)**						
マヨール	Major	少佐	Major	少佐	Squadron Leader	少佐	Major
オベルストロイトナント	Oberstleutnant	中佐	Lieutenant-Colonel	中佐	Wing Commander	中佐	Lt. Colonel
オベルスト	Oberst	大佐	Colonel	大佐	Group Captain	大佐	Colonel
将官	**Officers (General grade)**						
ゲネラールマヨール	Generalmajor	少将	Major-General	准将	Air Commodore	准将	Brigadier General
ゲネラールロイトナント	Generalleutnant	中将	Lieutenant-General	少将	Air Vice Marshall	少将	Major General
ゲネラール・デア・フリーガー	General der Flieger	航空兵大将	General of Flying Troops	中将	Air Marshall	中将	Lieutenant General
ゲネラールオベルスト	Generaloberst	上級大将	Colonel-General	大将	Air Chief Marshall	大将	General
ゲネラールフェルトマルシャル	Generalfeldmarschall	元帥	General Field Marshal	元帥	Marshall of the R.A.F.	元帥	General of the A.F.
ライヒスマルシャル	Reichsmarschall	国家元帥	Reich Marshall	——	-	——	-

曹長（フェルトヴェーベル）の階級のひとつから、最先任上級曹長（シュタープスフェルトヴェーベル）の階級の3つまで、ひとつずつ追加された。

尉官クラスの将校の襟用階級章は、着用者の兵科色の平行四辺形の襟章で、縁は銀のパイピングでかこまれていた。襟章には銀刺繍の葉飾りがつき、階級がひとつ上がるたびに、まんなかに銀刺繍の翼状徽章が、少尉から大尉までひとつずつ追加された。尉官クラスの将校は、平行する2本の光沢のある銀の飾り紐（スータッシュ）でできた肩章を着用した。この飾り紐は一方の端で折り曲げられ、ボタン穴を形づくっていた。肩章の台布は着用者の兵科色の布でできていた。階級章の星は金色の金属製で、中尉では星ひとつ、大尉では星ふたつが取り付けられた。

佐官クラスの将校の襟元の階級は、着用者の兵科色の平行四辺形の襟章で表わされ、縁は銀のパイピングでかこまれていた。襟章には銀刺繍の葉飾りに葉がさらに増え、さらに上までのびて、銀刺繍の翼状徽章をかこんでいた。銀刺繍の翼は少佐から大佐まで階級がひとつ上がるたびに、ひとつずつ追加される。肩章は平行する2本の光沢のある銀の飾り紐でできていて、両側面ともボタン穴をふくめて5カ所で紐が折り曲げられ、根元も2カ所で折り曲げられていた。階級章の星は金色の金属製で、中佐では星ひとつ、大佐では星ふたつが取り付けられた。

将官の襟元の階級は金モールでかこまれた白い平行四辺形の布製襟章で表わされ、金刺繍の葉飾りと、まんなかには少将（ゲネラールマヨール）から航空兵大将（ゲネラール・デア・フリーガー）まで階級がひとつ上がるたびにひとつずつ追加される刺繍の翼状徽章がついていた。上級大将（ゲネラールオベルスト）と元帥（ゲネラールフェルトマルシャル）の階級では、鉤十字をつかんで羽ばたく鷲の刺繍が台布の葉飾りにかかっていた。元帥の階級ではさらに左の襟に交差する2本の銀の元帥杖がついていたが、のちにこれは両襟になった。肩章は平行する3本の光沢のある飾り紐でできていて、両側面ともボタン穴をふくめて4箇所で紐が折り曲げられ、根元も2箇所で折り曲げられていた。外側の2本のモール紐は金糸製だったが、内側のモール紐はアルミニウム糸製だった。階級章の星は銀色の金属製で、中将では星ひとつ、各兵科大将（ゲネラール・デア・フリーガーほか）では星ふたつ、上級大将（ゲネラールオベルスト）では星3つが、上にひとつと、根元にふたつ取り付けられた。元帥の階級では、3本のモール紐がすべて金糸製だったが、モール紐のパターンは将官クラスと同じで、中央に交差した2本の銀の元帥杖が取り付けられた。

General-feldmarschall
General-oberst
General der Flieger
General-leutnant
General-major
Oberst (Generalstab)
Oberstleutnant verabsch. Offz. (Fliegertruppe)
Major (R.L.-Min.)
Hauptmann d.R. (Fliegertruppe)
Hauptmann -E Offizier- (Fliegertruppe)
Oberleutnant (Luftnachrichtentruppe)
Leutnant (Flak-artillerie)
Sanitätsoffz. (Assistenzarzt)
Reg. Jnspektor
Fl.-Oberingenieur
Obermusikmeister (Fliegertruppe)
Unterarzt
Musikleiter
Oberfeldwebel (Fliegertruppe)
Wachtmeister (Flak-artillerie)
Unterfeldwebel (Luftnachrichtentruppe)
Unteroffizier (Rgt. Gen. Göring Flakabtl.)
Hauptgefreiter Uffz.-Anwärter (Fliegertruppe)
Obergefreiter (Flakartillerie kdt. z. Wachbtl.)
Ärmelstreifen an Drillichbluse u. KF. Schutzmantel.
Hauptfeldwebel Hauptwachtmeister
Oberfeldwebel Oberwachtmeister
Feldwebel Wachtmeister
a.
b.
Gefreiter (Unterführeranwärter bei Ergänzungseinheiten der Flakartillerie)
Kanonier (Funker oder Flieger)
Dienstgradabzeichen am linken Oberärmel (am Tuchrock, a.d. Fliegerbluse, a. Mantel)
Hauptgefreiter
Obergefreiter
Gefreiter
Kragenspiegel für Unteroffiziere a) am Tuchrock, b) am Mantel. (Fliegertruppe)

有名な「ライベルト」の教本に掲載された階級表。ドイツ空軍の襟と肩と袖の階級章がわかる。

手前で少将が激励の演説をするあいだ、休めの姿勢で立つドイツ空軍地上部隊の兵士たち。
少将は２本の白いストライプが入った乗馬ズボンと、私費で購入した服装規定外の乗馬ブーツを選んではいている。

この一等曹長（オーバーフェルトヴェーベル）は袖にアルミニウム糸の平たいモール製のバンドを２本巻いているが、これは部隊勤務につき、部隊の戦時編成兵力に入っていることをしめしている。

この大尉は「トゥーフロック」通常勤務服上衣を着用している。刺繍の襟章と右胸の空軍国家鷲章に注意。鷲章はポケットの蓋にかかっている。

この曹長（フェルトヴェーベル）は外出着の一部として「フリーガーブルーゼ」を着用している。上衣の下に吊された短剣に注意。

1　帽子類

ドイツ空軍は1935年に創設されたとき、以前の「ドイッチャー・ルフトシュポルト・フェアバント」（DLV、ドイツ航空スポーツ連盟）の帽子類の大半を採用した。規定ではほぼすべての帽子類に国家鷲章をつけることが明記されていた。もとの初期型の国家鷲章は、やや小さく、尾羽が垂れていて、1936年後半か1937年前半にデザインが少し変わった後期型が採用されるまで使用された。制帽の採用とともに、新しい翼つきの葉飾りと3色の国家色章からなる帽章も採用され、終戦まで全階級で使用された。

初期の制帽は、頂部が「テラーフォルム」つまり皿型をしていたが、新しい「ザッテルフォルム」つまり鞍型のデザインに取って代わられている。この鞍型では前部が高くなり、頂部は楕円形をしていた。制帽は軍人全員の標準アイテムであり、規定では各階級ごとに着用すべき服装の形式が明記されていた。制帽は管理部門の文官をふくむあらゆる部門の全階級で着用された。将校と下士官は制帽を通常勤務服と略装、外出服とともに着用することができた。

規定どおり「フリーガーミュッツェ」船形略帽を右にかたむけてかぶる伍長（ウンターオフィツィーア）。

さらに将校は制帽を、礼装にくわえて、閲兵される側でない場合には観閲式の軍装としても着用することもできた。尉官と佐官クラスの将校の制帽は、銀アルミニウムのパイピングと銀アルミニウムの顎紐で下士官兵用制帽と区別された。将官の場合、パイピングと顎紐は金色だった。刺繍の空軍型国家鷲章がつき、帽章の翼付き葉飾りと国家色章はいずれも、徽章の形にあわせてカットした黒いウールの台布に刺繍され、前面に手で縫い付けられていた。

下士官兵用の制帽には、所属兵科の兵科色のパイピングがほどこされ、黒染の革製顎紐がついていた。国家鷲章と帽章の翼付きのオーク葉飾りはいずれもアルミニウム軽合金製だった。上級士官候補生（オーバーフェーンリッヒ）と軍医見習士官（ウンターアルツト）、上級弾薬係下士官（オーバーフォイアーヴェルカー）の階級の下士官は、将校用の付属品と徽章がついた将校用の制帽を使用することが認められていた。将校と下士官兵は自分の制帽を軍の被服廠から購入するか、あるいはもっと高級な製品を洋服屋から私費で購入することを選択できた。

ドイツ空軍は「シフヒェンフォルム」つまり船形の略帽を使用した。もともとは1933年にDLVが生みだしたもので、空軍でも1935年2月の公式創設後、採用された。略帽には空軍型国家鷲章と3色の国家色章がついていた。陸軍が野戦帽を更新することを決定すると、空軍もそれにならい、1943年9月に新型の野戦帽として「アインハイツフリーガーミュッツェ」つまり規格略帽を採用した。規格略帽のデザインは陸軍の規格野戦帽と、山岳部隊の「ベルクミュッツェ」つまり山岳帽の空軍版をもとに、小さな変更をくわえたものだった。新しい規格略帽は「フリーガーミュッツェ」船形略帽と空軍版の山岳帽に取って代わることになっていた。空軍の規格略帽はブルーグレーの布製で、空軍型国家鷲章と国家色章がついていた。将校と将校に相当する等級の文官の略帽には頂部の縫い目にそって銀アルミニウムのパイピングがほどこされていた。

ドイツ空軍ではこのほかにも、「シュタールヘルム」つまり鉄ヘルメットや、寒冷地用の特製の防寒帽などの帽子類が使用された。ドイツ空軍の初期には、将兵は軍事訓練や閲兵などの儀礼時に第一次世界大戦型のM17鉄ヘルメットを着用した。M35ヘルメットが採用されると、ドイツ空軍は真っ先にこれを大量に受領した組織のひとつだった。のちのM40型とM42型のヘルメットも空軍のあらゆる部門の兵員によって広く使用された。

白い「ゾンマーミュッツェ」夏用制帽をかぶった、非の打ちどころのない服装の少佐。興味深いことに、
制帽内側の輪形の金属製補強枠をつけたままにしている。この枠は取り外されることが多かった。

制帽

シルムミュッツェ

将校用制帽

1935年3月、以前の形式より前部の頂が高くなった新型の楕円形の頂部を持つ制帽が尉官と佐官に供給された。将校が着用する制帽は、兵科に関係なく、光沢のある銀アルミニウムのパイピングと銀アルミニウムの顎紐がついたが、将官は金色の付属品を使用した。頂部はブルーグレーのウール・レーヨン混紡製だった。制帽の前面中央には、空軍のブルーグレーの台布に、光沢のある銀アルミニウムのモール糸と銀アルミニウム糸で手刺繍した空軍型国家鷲章がついている。水平に畝（うね）が走るように織られた黒いモヘアの鉢巻きには、帽章の手刺繍の翼付きオーク葉飾りと、それにかこまれた手刺繍の3色の国家色章がついている。国家色章は通常、黒と銀アルミニウムの糸で製造され、中央の点は赤いウール製だった。帽章の翼付きの葉飾りと国家色章はいずれも徽章の形にカットされた黒いウールの台布に刺繍され、手縫いで所定の位置に縫い付けられた。

2

2　写真の上級士官候補生（オーバーフェーンリッヒ）の例のように、下士官のなかでもある階級は制帽に将校用のアルミニウムの顎紐と手刺繍の徽章をつけることが認可されていた。しかし、頂部と鉢巻きの上下のパイピングは着用者の所属兵科の兵科色だった。

1

1　ブルーグレーの布製の制帽には、頂部の端と鉢巻きの上下端に銀アルミニウムの丸紐のパイピングがほどこされていた。鉢巻きは水平に畝が走る黒いモヘア製だった。制帽には黒染をしてなめらかに仕上げたバルカンファイバー製の鍔がつき、鍔の先端近くの上面は縁が高くなっている。

1

3

4

3 （上）制帽頂部をぴんと張らせる内側の輪形の金属枠は取り外されているが、前部中央の垂直の芯と内部の詰め物のおかげで、制帽は頂部の左右側面が下がり、前部中央が高い「ザッテルフォルム」つまり鞍型になっている。（下）帽章の翼付きの葉飾りと国家色章はいずれも徽章型にカットされた黒いウールの台布に刺繍され、手縫いで取り付けられている。

3

4 鍔の裏は標準的な緑色になっている。タン色の汗止め革がつき、水分の浸透を防ぐ透明な菱形のセルロイド板がついたサテン地の総裏地が貼られている。

下士官兵用制帽

下士官兵用制帽は全部門で着用された。基本的な構造は将校用と同じだが、いくつか顕著なちがいがあった。制帽には所属の兵科色のパイピングがほどこされ、黒染の革の顎紐がつき、そして国家鷲章と帽章の翼付きのオーク葉飾りはアルミニウム軽合金製だった。下士官兵は、上等の素材を使って製造された制帽を私費で購入するか、あるいは軍の被服廠で入手することができた。ただし兵は軍の被服廠から制帽を支給された。

5

5　制帽の上部はブルーグレーの布製で、頂部の周囲と黒いモヘアの鉢巻きの上下には兵科色のパイピング飾りがついていた。写真の制帽には、全飛行部隊に勤務する兵員に割り当てられた黄色のパイピングがついている。

6

6　写真は軍被服廠支給の制帽をかぶった上等兵（オーバーゲフライター）をしめす。袖のV字型章は、ドイツ空軍の一等兵（ゲフライター）から兵長（シュタープスゲフライター）までの階級が着用した。

7　黒い革製の顎紐は３つの部品で構成されていた。ボタン穴がついた両端の短い２本のストラップは、なめらかな黒いラッカー仕上げの金属ボタンで鉢巻きの部分に取り付けられていた。中央の長いストラップには、調節用のスライドバックルふたつと、左右のストラップにつなぐための金属製リングが両端についている。バックルとリングはすべて黒に塗装されていた。

7

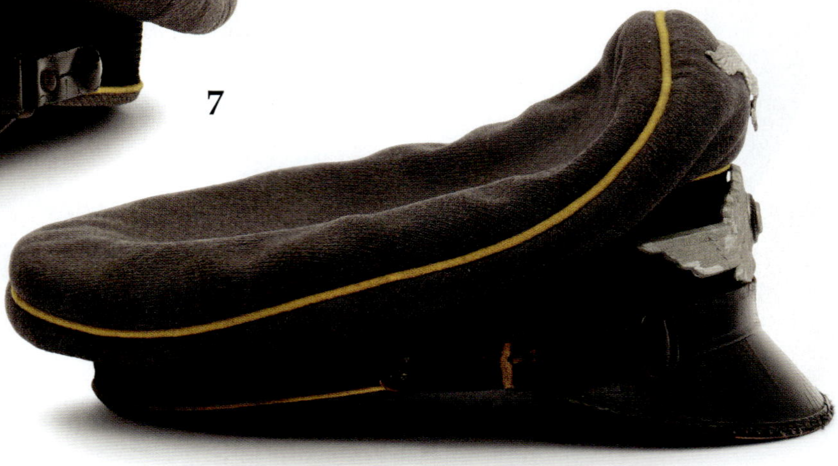

8　国家鷲章のクローズアップ写真。打ち抜きのアルミニウム製で、かたむいた鉤十字を片方の鉤爪でつかんだ空軍型鷲章をかたどっていた。裏面の爪を使って取り付けられた。国家鷲章にはふたつのタイプがあり、初期型は写真でしめした後期型よりやや小さかった。

9　帽章の国家色章とオーク葉飾りはプレスしたアルミニウム合金製だった。葉飾りは銀色に塗装され、国家色章の蛇の目模様は手塗りだった。制帽の鉢巻きの前面中央に着用された。

10　（上）裏地にあるメーカー名のアップ。（下）汗止め革は茶革製で、裏地は明るいタン色か褐色がかった黄色の木綿で製造された。水分の浸透を防ぐため縫い付けられたダイヤモンド型の板は、透明な硬いセルロイド製だった。

夏用制帽

ゾンマーミュッツェ

将校用の夏用制帽

白い夏用制帽は、一年の暖かい月（4月から9月いっぱいまで）に着用が許可されていた。ブルーグレーの制帽と同じ基本構造と特徴を持っていたが、ウール混紡の白い木綿布地で製造されていた。しかし、私費で購入された制帽には、それ以外の同様の白い布地も使われた。白い頂部は洗濯のために取り外すことができ、前面のスナップボタンで制帽の枠に固定された。夏用制帽には規定どおり、白い頂部の周囲にアルミニウムのパイピングがついていない。

12 取り外せる空軍型鷲章は白いフェルトの台布に銀アルミニウム・モール刺繍で製造され、縫い付けられた輪穴にピンを通して、頂部に固定された。帽章の葉飾りと国家色章も、黒いフェルトの台布の上に、光沢のある銀色の主要部分はアルミニウム・モール糸で製造された。

11

13 将校型の顎紐は2本のより紐で製造され、両端は細い結び紐に縫い付けられて、ボタン穴になっていた。さらに大きな可動式の結び紐がふたつ、その内側にそれぞれついていて、顎紐の長さを調節できるようになっていた。顎紐は石目仕上げのアルミニウム製ボタンふたつで制帽に取り付けられている。

11 バルカンファイバーの鍔は艶消しあるいは光沢仕上げで、縁には機械縫いを真似た革の縁取りがついていた。布製の頂部の盛り上がった縫い目は、白いパイピングとよく誤解される。

13

14

14 頂部の下縁には白い布地の帯が縫い付けられていた。この帯の前面には、帽子の枠前面に突き出した固定用の芯に通して取り付けるための、はと目穴が開いていた。枠前面にはスナップボタンがつき、頂部を固定できた。

15

15 夏用制帽をかぶったアルベルト・シャイディッヒ少尉の絵はがき。

16 写真の私費で購入された制帽のダイヤモンド型の防水用セルロイドには、「マックス・リントナー、ミュンヘン」と記されている。

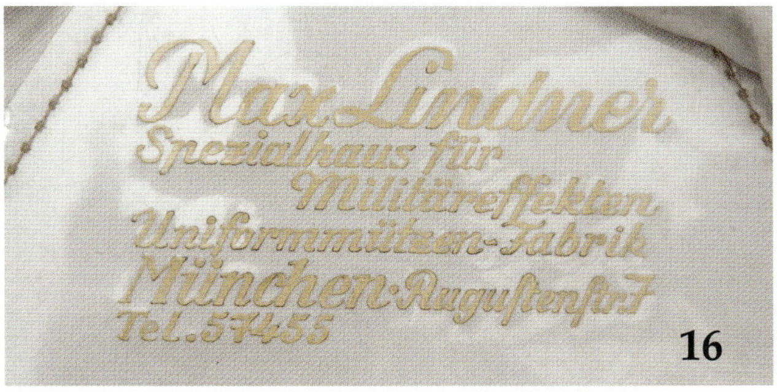

16

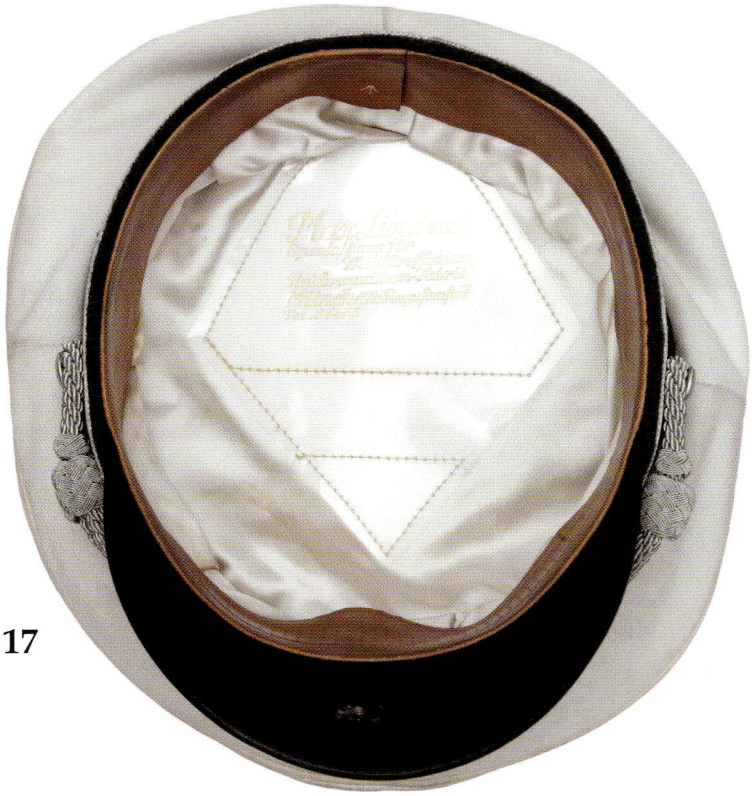

17

17 内側にはライトブラウンの汗止め革がつき、サテン地の裏地が張られている。この制帽は民間の商店で製造されたもので、ダイヤモンド型の透明な防水用セルロイド板には店名が記されている。

下士官兵用の夏用制帽

「ゾンマーミュッツェ」夏用制帽は全階級で着用できた。将校用も下士官兵用も造りはいっしょだった。制帽は白の夏期用制服の一部として夏期に着用が許可された。1937年までは綾織りの木綿ドリル地製の頂部がついていたが、以降は「ワッフル」パターンの白い木綿のダブルツイル地に変更された。規定によれば、下士官兵の夏用制帽は、黒いモヘアの鉢巻きの上下の縁に兵科色のパイピング紐飾りをつけることが求められていた。

18

18 国家鷲章は頂部の前面部分の中央にピンで取り付けられ、銀色のアルミニウム製だった。国家鷲章は、白い頂部を楽に洗濯できるように取り外すことができた。

20

19

19 下士官兵用の帽章の国家色章と、それをかこむ翼付きのオーク葉飾りのアップ。プレスしたアルミニウム合金製で、左右それぞれ5枚のオーク葉と2個の団栗が配されていた。翼は水平の4段重ねで、両端は約45度の角度に配されていた。上端の翼長は約14.5センチだった。国家色章の蛇の目模様は手塗りである。

20

20 夏用制帽を前と後ろから見たところ。前から見ると、国家鷲章と国家色章の正しい位置がわかる。上の写真は夏用制帽をかぶった状態をしめす。

21

21

21 この私費で購入された製品は、フュルステンヴァルデという町のメーカー「カール・イーゲル」社で製造された。裏地は人絹製で、中央には水分の浸透を防ぐためのダイヤモンド型のセルロイド板が縫い付けられている。

22

22 下士官兵用の夏用制帽には、黒いモヘアの鉢巻きの上下の縁に２ミリの兵科色のパイピング紐飾りがまわされていた。鍔は革もしくはバルカンファイバー製で、1936 年までは裏側に黒い模造皮革が張られていたが、同年、通達で鍔の裏側はグリーンと規定された。鍔は黒いラッカー仕上げで、縁には黒いラッカー仕上げのオイルクロスの縁取りが縫い付けられている。

略帽

フリーガーミュッツェ

初期製造の将校用略帽

略帽は1935年2月26日の公式の創設直後にドイツ空軍に採用された。写真の製品についている、翼が短い初期型の国家鷲章は、よく「尾羽が下がった」あるいは「尾羽が垂れた」鷲章と呼ばれ、1936年後半に少しだけデザインが変更された後期型の鷲章が採用されるまで使用された。将校用の略帽には通常、銀アルミニウム糸で手刺繍された国家鷲章と国家色章が縫い付けられていた。

23 誰の輪が多い？　このふたりのパイロットは「出撃杖」の輪の数をかぞえている。基地に無事帰投すると、新しい輪が描きくわえられる。戦闘機パイロットはこの種の木の杖を撃墜機数を印すためにも使った。いずれのパイロットも略帽をかぶっている。

24

24 この戦争初期の略帽には、上端が前方に向かってなだらかに下がっていく側面の折り返し部分がある。下士官兵用の略帽より上等なブルーグレーの布で製造されている。

25

25 略帽の内側にはグレーのレーヨンの裏地がついていた。写真の略帽では汗止め革が省略されているが、これはめずらしいことではなかった。前後方向の中心には、頂部をぴんとさせるために布地と裏地のあいだに芯が入っていた。

26

26 前面上部には刺繍の国家鷲章が配され、その鉤十字は折り返し上端の上に位置していた。折り返しの前方中央には3色の国家色章が縫い付けられた。銀のパイピングは3ミリのアルミニウム紐製だった。

27 将校用の略帽には銀のパイピング、銀糸で手刺繍された国家鷲章と国家色章がついていた。将官のパイピングと徽章は金糸製だった。

26

戦争中期製造の将校用略帽

略帽の使用はDLVつまりドイツ航空スポーツ連盟の時代までさかのぼる。1943年に新型の野戦帽の登場で取って代わられたが、戦争中ずっと全階級で着用されていた。その用途は、ほかの形式の帽子類の着用が規定されていない場合に着用することだった。将校用の略帽は下士官兵に支給される略帽より上等な素材で製造されていた。

28

28（上と左）将校用の略帽は上等な布で製造された。「シフヒェン」つまり小舟の形をしている。（下）一部の将校用略帽には、徽章の形にカットされたブルーグレーのウール製台布にペールシルバーの木綿糸で機械刺繍された空軍型国家鷲章がついていた。国家色章も黒と白と赤のレーヨン糸を使って機械刺繍されることがあった。国家鷲章も国家色章もいずれも手刺繍で縫い付けられている。

29 内側にはブルーグレーの木綿ツイル地の裏地がついている。汗止め革は、ついている場合には内側の下端に縫い付けられ、グレーの革製だった。サイズとメーカー名はインクで印されている。

29

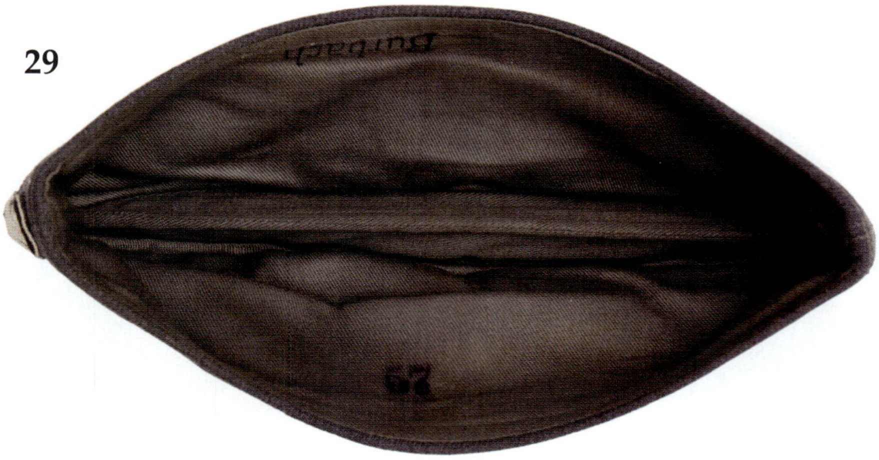

28

30（上）将校用の略帽をかぶるギュンター・リュッツオー大佐。この有名なドイツのエースはスペイン内戦と第二次世界大戦の東西両戦線で従軍中に110機の撃墜を記録した。（左と下）略帽のいわゆるシフヒェンつまり船形が写真でよくわかる。銀のパイピングは折り返しの上端にそって縫い付けられている。

下士官兵用略帽

下士官兵は官品の帽子類を支給されたが、私費で購入することも許可されていた。支給品の帽子類の品質は、私費で購入する帽子や将校用の帽子より劣っていた。規定では、略帽は右にかたむけて着用し、耳と右の眉毛との隙間は指１本分以内とされていた。同時に、国家鷲章と国家色章は顔の中心線上にこなければばならなかった。

31

31

32

32

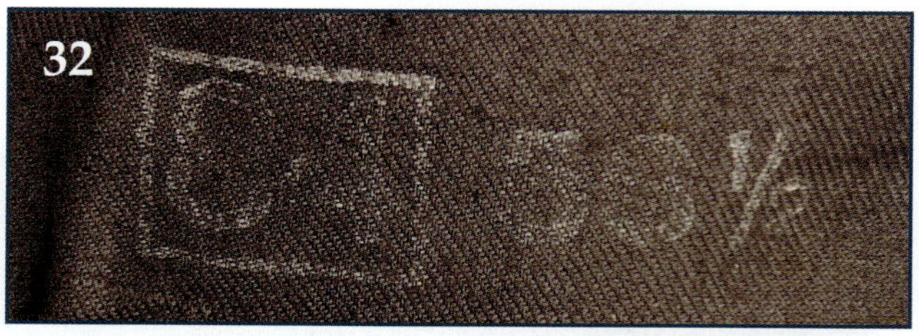

31　下士官兵用の略帽には通常、折り返し上部にパイピングがつかなかったが、オーバーフェーンリッヒやウンターアルツト、オーバーフォイアーヴェルカーのような上級士官候補生は、略帽に将校用の銀のパイピングの使用を認められていた。写真では、下士官兵が砲弾をみがいている。かぶっているのは下士官兵用略帽。

32　略帽の内側には畝のあるブルーグレーの木綿ツイル地の裏地がついている。汗止め革は戦時中の略帽ではよく省略された。写真では帽子のサイズ表示がわかる。

33 下士官兵用の空軍型国家鷲章は、ブルーグレー布地の台布にグレーの木綿糸で機械刺繍して製造されていた。折り返しの前面中央には、黒と白と赤のレーヨン糸で機械刺繍された国家色章がついている。

規格略帽

アインハイツフリーガーミュッツェ

将校用規格略帽

ドイツ空軍の規格略帽は、「フリーガーミュッツェ」略帽と「ベルクミュッツェ」山岳帽の空軍版の両方に取って代わる新型の野戦帽として 1943 年 9 月に採用された。スタイルは陸軍の規格野戦帽と同様だったが、ブルーグレーの布で製造され、空軍型国家鷲章と国家色章がついていた。将校と一部の下士官用の規格略帽には、頂部の縫い目にそって銀アルミニウムのパイピングがほどこされていた。

35

34

34 規格略帽の内側には、グレーのレーヨンの総裏地がついていた。写真の製品には額の部分にタン色の汗止め革が縫い付けられている。

35

35 規格略帽には、布でおおわれた短い鍔がついていた。鍔にはボール紙の補強芯が入り、先端の裏側の縁が少し盛り上がっていた。頂部の周囲にそって走る銀アルミニウムのパイピングが、将校用であることをしめしている。

36 規格略帽の前面中央には、機械刺繍の国家鷲章がつき、その下には黒赤白のレーヨン糸で機械刺繍された独立した国家色章が縫い付けられている。将校が、手刺繍の徽章のかわりに機械刺繍の徽章がついた規格略帽を着用するのは、めずらしいことではなかった。写真は騎士鉄十字章を授与された将校が規格略帽をかぶっているところ。

37 側面から後方の折り返しは、着用者の耳と首筋を保護するために下ろせるようになっていて、切り欠かれた前方部分は着用者の顎の下でボタン留めすることができた。折り返したときには、先端部は右側の1個か2個の小さなボタンと左側のボタン穴でボタン留めされた。ボタンはブルーグレーの樹脂や石目仕上げの銀色のアルミニウム、青く塗装されたソフトメタルなど、さまざまな素材で製造された。

37

下士官兵用規格略帽

ドイツ空軍の規格略帽はブルーグレーの布で製造され、側面と後面の折り返しを下ろすことができた。折り返しの下端は帽子本体に縫い付けられていた。切り欠きのある前面には、右側に留めボタンがひとつ縫い付けられ、左側にはボタン穴が開いていた。ボタンは折り返すと前面中央にきた。後面と側面の折り返しは、耳と首筋を保護するため下ろせるようになっていて、着用者の顎の下でボタン留めできた。

38 「アインハイツフリーガーミュッツェ」規格略帽をかぶった二等兵（フリーガー）のスタジオ写真。規定では、略帽は鍔の先端を眉毛のラインと平行にして、水平に着用するよう定められていた。当時の写真を見ると、もっとかたむけた着用スタイルが好まれていたようだ。

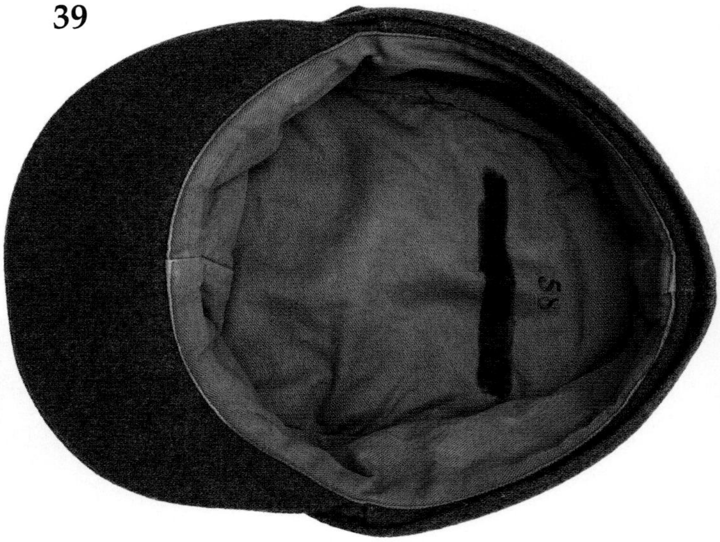

39 鍔は、樹脂もしくはボール紙の柔軟な芯を帽子本体と同じ布地で包んで製造された。裏地はブルーグレーのツイル地製だった。写真の裏地にはインクでスタンプされた「58」のサイズ表示がある。

39

40

41

41 ブルーグレーの毛織物の台布に機械刺繍された国家鷲章のアップ。空軍型鷲章の下には、別体の機械刺繍の国家色章が縫い付けられている。規格略帽のなかには、逆三角形をした一体型の台布にいっしょに機械刺繍された国家鷲章と国家色章がついたものもあった。

40 折り返し部分はふたつの部品に裁断され、後面で縫い合わされている。下端は帽子本体に縫い付けられている。折り返しを下ろしたときは、ボタンを顎の下で留めた。写真の製品のボタンはブルーグレーで塗装された樹脂製である。

42

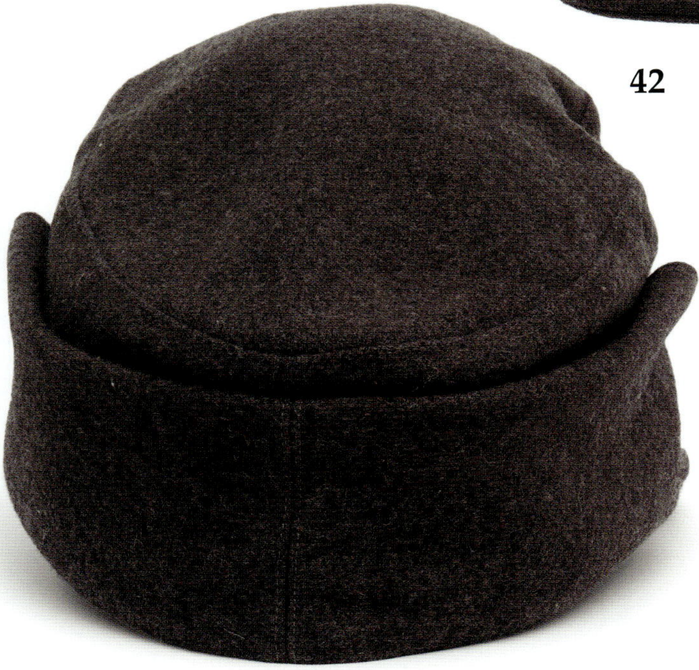

42 規格略帽のなかには製造時に、帽子本体の側面の、頂部の縫い目から約１センチ下に通気穴が左右ふたつずつ開けられたものもあった。

冬期用毛皮帽《ペルツミュッツェ》

ロシア戦線の冬の極寒に直面したドイツ軍は、完全に準備不足で、ふさわしい防寒衣料を持っていなかった。1941年から1942年の冬が去ると、最高司令部は適切な冬期被服の開発を命じた。軍標準支給型の毛皮帽は存在しなかったようだ。当時の資料写真を見ると、ドイツ空軍の将兵が使用したもっとも一般的なタイプのひとつは、側面と後面に着用者の耳と首筋を保護するための耳あてがついた製品で、「ベルクミュッツェ」山岳帽と「アインハイツフリーガーミュッツェ」規格略帽の両方のデザインをそのまま流用したものであることがわかる。

43

44

43 前面中央には空軍のブルーグレーのウール製台布にシルバーグレーのレーヨン糸で機械刺繍された国家鷲章がついている。黒白赤のレーヨン糸で機械刺繍された国家色章が鷲章の真下に配されている。国家鷲章も国家色章もいずれも帽子に手で縫い付けられている。

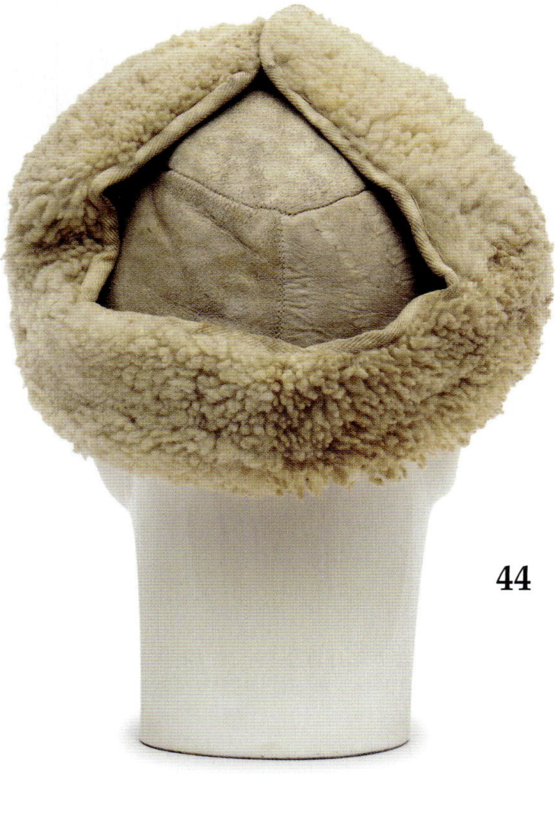

44

44 白く染色されたシープスキンの毛皮帽には、外側に羊のなめし革が、内側に羊毛がついている。折り返せる側面と後面の耳あてが特徴だ。耳あては輪穴とグレーのベークライト製ボタンを使って帽子のてっぺんで留められる。側面と後面の耳あてを上げたときは、羊毛が外側に露出する。

45

45 側面と後面の耳あては下ろして、着用者の耳と首筋を保護することができる。耳あてはボタンとボタン穴、あるいはボタンと輪穴を使って、着用者の顎の下で必要に応じて留められた。

46

46 折り返し式の耳あての両側面には、小さな円形の切り欠きがあり、スナップボタンがひとつついた水平の蓋がついていた。耳あてにはもうひとつスナップボタンのオス側がついていて、必要に応じて、蓋を開いた状態で固定して耳の部分の穴を出すか、蓋を閉じたままにすることができた。

46

47

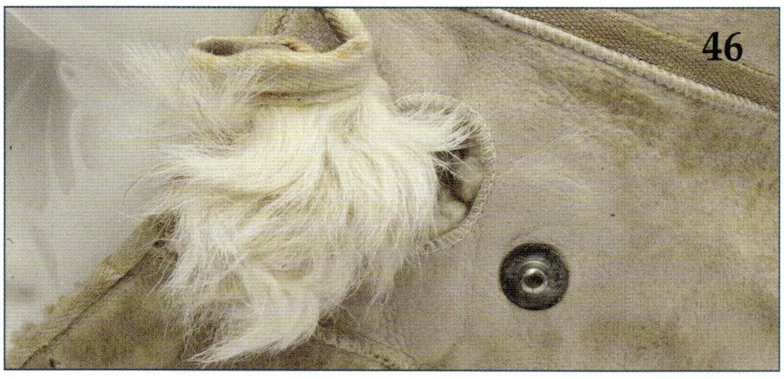

46

47 帽子の内側には白い羊毛の総裏地がついていた。裏地には「1943」の製造年と「ライヒスベトリープスヌンマー」（帝国企業番号）がスタンプされた布タグがミシンで縫いつけられている。これは以前の被服と装備の製造者名表示に代わって1942年に採用されたシステムで、ドイツの工場への空襲を防ぐことを意図していた。

47

ヘルメット

シュタールヘルム

M35 ヘルメット

ドイツ空軍の初期には、第一次世界大戦型のM16 および M17 ヘルメットが基礎軍事訓練と式典で着用された。これらの戦前モデルは、より小型で軽量のM35 ヘルメットが 1935 年 6 月に開発され、1936 年に限定数が空軍に採用されるまで使用された。ヘルメットは外側も内側もなめらかなブルーグレー仕上げで塗装された。ヘルメットの左側面には空軍型の国家鷲章のデカールがつき、右側面には 3 色の国家色の楯型章のデカールがついていた。M35 ヘルメットは 1940 年まで製造され、支給されたが、同年、新型が支給されるようになった。

49

48

48 M35 ヘルメットは縁全体が約 5 ミリの幅で内側に折り込まれていた。ヘルメットの後面中央と、両側面のこめかみよりやや前方に、内装のリベットを通すための穴が 3 つ開いていた。両側面には通気穴のはと目を差し込むための穴があった。

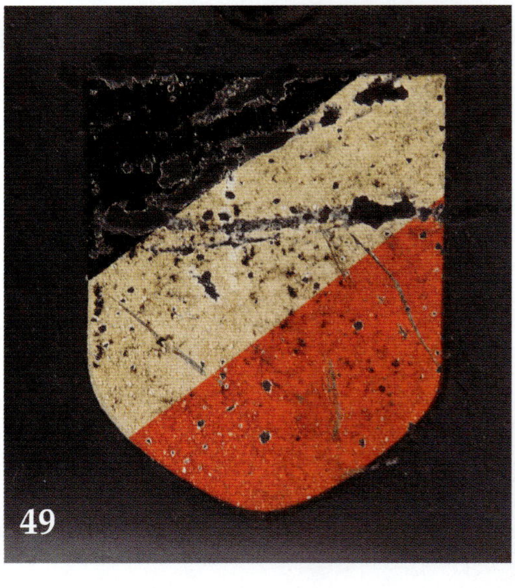

49

49 3 色の国家色のヘルメット用デカールのアップ。フランス侵攻前の 1940 年 3 月に、製造中のヘルメットから 3 色デカールの使用を中止し、既存のヘルメット、とくに戦闘で使用されるものからは、3 色デカールをはがすという通達が出された。しかし、この通達はしばしば無視された。(上) M35 ヘルメットを着用する中尉のスタジオ写真。

50 1937年に登場しはじめた後期型の空軍型国家鷲章のデカールのアップ。当時、空軍の徽章は大量生産のために規格化されつつあった。この形式のデカールは1937年から1945年まで着用されたヘルメットに典型的な特徴である。

51 顎紐のバックルはアルミニウムか鉄製だった。やや湾曲した造りで、1本の針がついていた。針の先端は平らにされ、バックルの下側の枠にかかっている。

52 M31内装システムは、軽合金製の外側のヘッドバンドと、やはり金属製の内側のヘッドバンドで構成されていた。外側のヘッドバンドには、軽合金の四角いリングがついた吊り下げ金具が取り付けられている。内装はアルミニウム・ケイ素・マグネシウム合金製の3つのリベットと割りピンで鉄ヘルメットに固定されている。8つの「指」を持つ革の内張りは、羊または山羊革製で、内側と外側のヘッドバンドのあいだに取り付けられ、1本の紐でつながれている。

52

53 ヘルメットには天然皮革製の二分割の顎紐がついていた。両方の顎紐の一端には、鼓型の金具を通すための涙滴型のボタン穴が開いていて、顎紐をヘルメット内装の吊り下げ金具に取り付けるようになっている。

M40 ヘルメット

M35 ヘルメットのデザインは、製造を簡略化し、労働コストを下げる目的で、1940 年に少し変更された。製造工程にはいまや、自動化されたプレス手順が追加された。主要な変更点は、通気穴の台座が、べつの金具を使うのではなく、ヘルメット本体に直接打ち出されていることだった。この比較的簡単な方法は、戦時の製造工程を改善するのに役立ったが、新しいヘルメットの金型を作る必要があった。その結果、M40 ヘルメットは形がM35 よりかすかに丸みを帯び、わずかに厚い鉄を使っていたせいで重くなっていた。またヘルメットに 3 色の国家色の楯形章をつける慣習も廃止された。

54

54

54

54 写真のヘルメットはめずらしい艶消しの灰緑色で塗装されているため、空軍の地上部隊で使用されたか、あるいは再支給された陸軍のヘルメットであると考えられる。

55

55 ヘルメット本体側面の国家鷲章と通気穴のアップ写真。通気穴はもはやべつの部品でできているのではなく、ヘルメット本体の鉄にそのまま打ち出されている。

56

56 割りピン付きリベットのアップ。1940 年から内装のヘッドバンドは亜鉛めっきのスチール製になった。革の内張りの質も変更された。羊革はひきつづき使用されたが、山羊革と豚革も導入された。

2　上衣

ドイツ空軍はいくつかの準軍事組織、警察組織、政治組織、航空スポーツ組織の統合によって誕生した。これらの組織は最終的に合併して、ドイツのいちばん新しい軍種となったのである。ドイツ空軍の創設とともに、制服のほとんどが、これらの組織がすでに制定していたデザインから生みだされた。ドイツ空軍の制服のデザインにもっとも影響をあたえたグループには、ドイツ航空スポーツ連盟、国家社会主義飛行団、警察集団および地方警察集団「ヴェッケ特務」と「ゲネラール・ゲーリング」がふくまれた。

服装規定は1935年4月の通達によって定められ、将兵に適用された。指揮官は野戦でこれらの規定を変更する権限を持っていた。戦時中はいくつかの理由により、服装の統一感が達成されることはなかった。その第一のもっとも重大な要因は、原材料の製造と供給が困難だったことである。その一方で、飛行要員は服装規定の厳守にほとんどしたがわなかった。とくに前線の兵士やパイロットたちは、命令にかかわらず、スマートな服装を好んだ。服装規定は戦時中、何度か状況に適応するため変更された。変更の大半は、戦訓と原材料の入手難による被服の簡略化に焦点があてられていた。

写真の一等兵（ゲフライター）は兵用のフリーガーブルーゼと規格略帽を着用している。写真は1943年に撮影されたものだが、この兵は規定で1940年3月以降廃止された襟の兵科色のパイピングをいまだに着用している。

戦時中は数種類の制服が支給された。開戦当時の標準的な通常勤務服上衣は、「トゥーフロック」だった。この標準型の通常勤務服は1935年3月、ドイツ空軍に採用され、その前身の航空スポーツ連盟の要員が1933年から着用していた制服をもとにしていた。ほかによく着用された被服は「フリーガーブルーゼ」つまり飛行上衣である。フリーガーブルーゼは小さなデザイン変更を受けながら終戦まで使われつづけた。下士官兵用のフリーガーブルーゼは当初、外ポケットがなかったが、1940年5月6日の規定で、外側に腰ポケットがついた後期型のフリーガーブルーゼが採用された。

1938年11月には新型の制服上衣「ヴァッフェンロック」が、フリーガーブルーゼとトゥーフロックの両方に取って代わることを意図して採用された。しかし、トゥーフロックの製造は新型の上衣の採用後もつづけられ、フリーガーブルーゼも終戦までひきつづき製造された。ヴァッフェンロックは金属ボタンが5個ついたシングルブレストで、襟元を開いても閉じても着用できた。

支給された上衣の素材はツイル地だった。ほかの被服と同様、将校と一部の上級下士官は軍被服廠から制服を購入するか、あるいは洋服屋からもっと上等の被服を私費で購入するか、選択することができた。そうした制服は一般に、上等な織物であるトリコットで仕立てられていて、基本的には夏用と冬用のふたつの種類があった。

写真右側に写っているのは、柏葉剣ダイヤモンド付き騎士鉄十字章を授与されてすぐあとのハンス・ウルリッヒ・ルーデル。
彼はトゥーフロックを着用し、左側の人物は私費で購入したフリーガーブルーゼを着ている。この写真は 1944 年 4 月に撮影された。

社交服上衣

ゲゼルシャフツアンツーク

夜会服上衣

夜会服はドイツ空軍の全将校が着用のため購入できた。上衣とベスト、側面に「トレッセ」のついたズボンで構成されている。上衣の前身頃には、左右４個ずつ２列のボタンがついている。襟章は使われなかった。夜会服は、胸の部分を固く糊付けした、ひだのない白シャツと、固く糊付けしたウィングカラーとともに着用される。上衣とズボンはブルーグレーのトリコットまたはそれと同様の布地で仕立てられた。上衣には人絹の裏地がついている。正式の夜会服では白いベストと蝶ネクタイの着用が求められ、略式の夜会服ではブルーのベストと黒の蝶ネクタイが着用された。白のベストはキルティング素材製で、通常、蝶貝製のボタンがついていた。

1

1

1

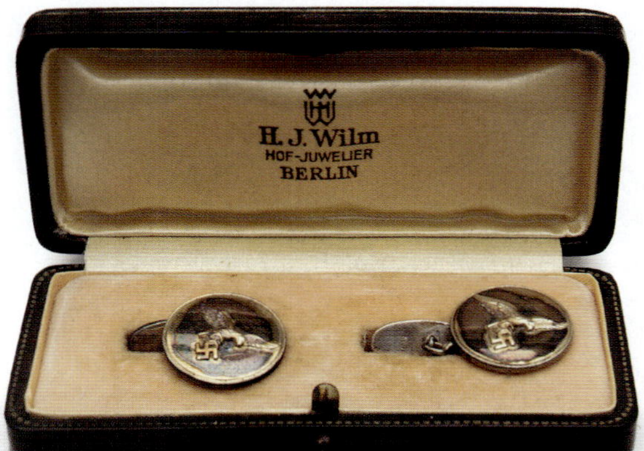

1　写真は夜会服に使われる空軍型鷲章がついた丸いカフリンクのすばらしい一式をしめす。有名な宝飾品店で銀細工店であるベルリンの〈H・J・ヴィルム〉が製造したもの。四角い箱の蓋には、国家鷲章が中央に印刷されている。

2

1

2　上衣には前身頃の下襟の端にボタン穴がふたつ開いている。このボタン穴には、７センチの同色の鎖でつながれた石目仕上げの金属ボタン２個が留められる。ボタンは将校用が銀色で、将官用が金色だった。

2

3　礼装用の飾緒は閲兵用の服装や礼装で着用された。写真は大佐以下の将校と、将校クラスの文官が着用するタイプをしめす。長さ 40 センチの平たい組紐と、組紐の両端から吊られた長さ約 39 センチの二重の丸紐からできていた。

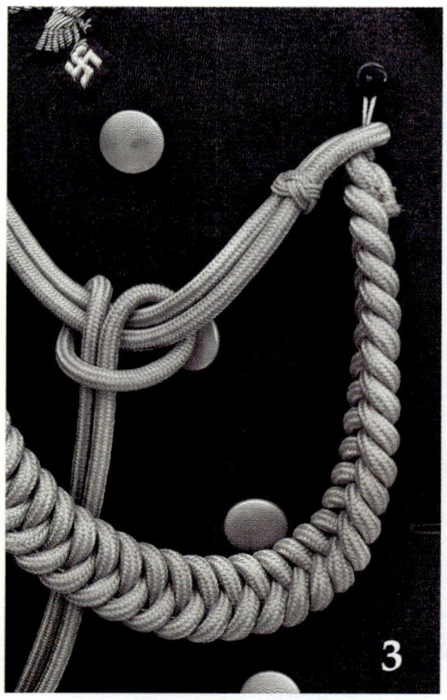

4　組紐の一端の細い輪穴は、短い丸紐の穴をくぐらせてから、右の下襟の裏のボタンに留める。組紐のもう一方の端では、丸紐がボタン穴つきの四角いモール帯をくぐっている。このモール帯を右の肩章の下にある小さな角製ボタンに留めて、組紐は右肩から右胸にかけて吊り下げられる。

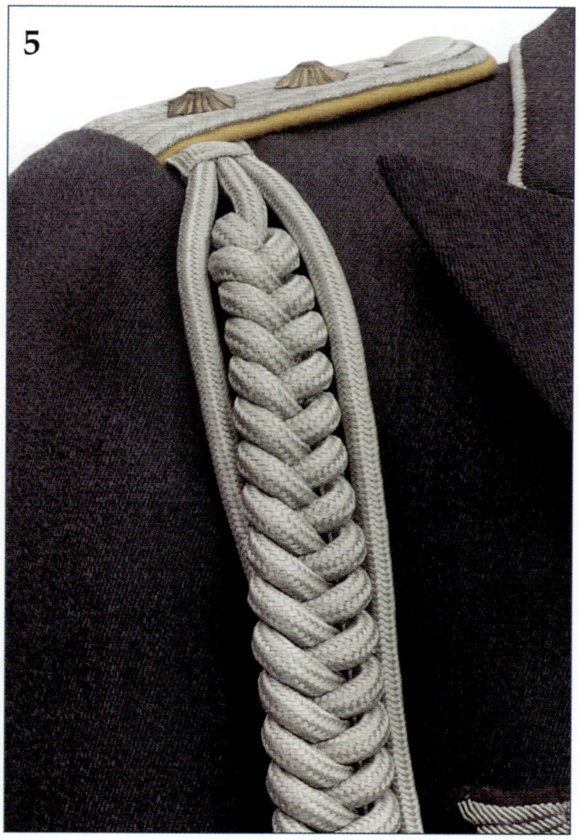

5　光沢のある銀アルミニウムの飾緒は 1935 年 4 月に夜会服といっしょに採用された。それ以前のモデルは艶消しのアルミニウムの紐で製造されていた。

6

6

6　この私費で購入された上衣は、ヴュルツブルクの有名な洋服屋〈ヴィルヘルム・クロイツァー〉製である。上衣に縫い付けられた白い布製のラベルからは、将校の名前と製造年月日がわかる。

7　上衣の身頃にはブルーグレーの人絹の総裏地がつき、袖には白い布地の裏地がついている。裏地の胸の部分には内ポケットがひとつ、場合によってはふたつ、造りつけられていた。肩章は袖の縫い目のいちばん上に縫い込まれていた。

7

飛行上衣

フリーガーブルーゼ

将校用のフリーガーブルーゼ

フリーガーブルーゼは1935年3月に採用され、そのデザインは帝政時代の1915年型上衣の影響を受けていた。飛行任務時に着用するよう特別にデザインされたものだが、そのすぐれたデザインゆえに、全将兵に愛用される被服となり、飛行以外の多くの用途でも着用された。将校用は、上等なブルーグレーのギャバジンないしは同様の布地で仕立てられた。腰には蓋のない、ややカーブしたポケットがふたつあった。右胸には国家鷲章が縫い付けられ、襟の周囲には銀アルミニウムのパイピング（将官は金色）がほどこされていた。

8　(上) 少尉の襟章のアップ写真。平行四辺形の襟章をかこむ銀色の撚り紐のパイピングに注意。(右) 尉官用の肩章は、光沢のある銀色の平行するモールで製造され、その上端は上衣に固定するためのボタン穴を形づくっていた。台布は着用者の兵科色の布製だった。

9　将校用のフリーガーブルーゼは、腰にポケットがあるという点で、下士官兵用の初期型とことなっていた。飛行任務用にデザインされたが、飛行士たちにひじょうに評判がよかったため、ほかの多くの場面でも着用された。

10　ブルーグレーの台布に機械刺繍された国家鷲章のアップ。このバリエーションは、私費で購入された上衣に着用されたタイプである。

11　記念名誉カフタイトルは、一部のエリート部隊に配属されていることをしめすために、隊員が着用した。「ヤークトゲシュヴァーダー・リヒトホーフェン」のカフタイトルは1935年に制定された。カフタイトルは、ゴチック体で文字が刺繍された3.3センチ幅のダークブルーの布で製造された。

er Richthofen

12

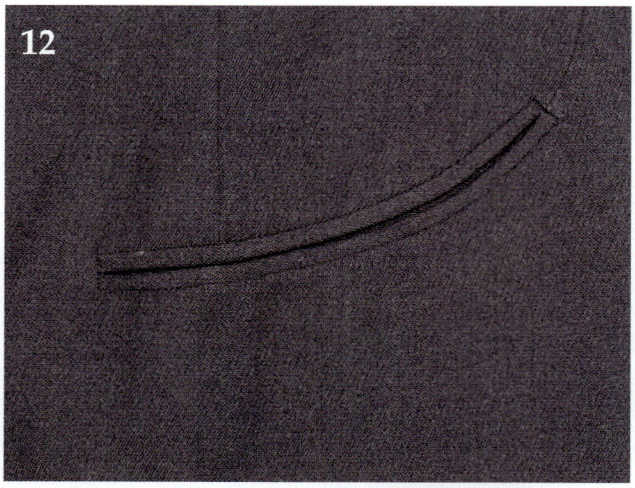

12 将校用フリーガーブルーゼの腰ポケットのアップ。ややカーブして、蓋がついていない。長さは16センチ。

13 裏地はブルーグレーのツイル地製。前合わせは4個のボタンで閉じる。右胸には国家鷲章が縫い付けられていた。

13

このふたりのクロアチア人将校はフリーガーブルーゼ上衣を着用している。いずれも「ズナク・フルヴァツケ・ズラコプロヴネ・レジエ」（クロアチア空軍義勇軍徽章）を着用している。パイロットは布製の刺繍タイプの徽章を使用した。
クロアチア人は対ソ戦で志願してドイツ軍といっしょに戦った。パイロットはこの徽章を制服に着用することを許されていた。

下士官兵用のフリーガーブルーゼ

戦前型の下士官兵用フリーガーブルーゼには腰ポケットがなかった。1940年には、下士官兵からの要望の結果、腰ポケットが規定で採用された。このポケットは、角が丸い蓋とボタンで閉じることができる。このタイプは戦時中ずっと製造され、着用された。ブルーグレーのウールとレーヨンの混紡で、垂直の前合わせは、右前身頃の5個のボタンと左前身頃の比翼仕立てのボタン穴で閉じるようになっている。フリーガーブルーゼは一般に、下士官兵用は襟を開くか閉じて、シャツとネクタイなしで、将校用は襟を開いて、シャツと黒のネクタイとともに、着用された。

14

14

14 曹長（フェルトヴェーベル）の襟章と肩章。「トレッセ」モールには典型的な市松模様が織り込まれている。

15

16

15

15 写真の二等兵（フリーガー）は、右胸に国家鷲章がついていないフリーガーブルーゼを着ている。1940年10月の通達で下士官兵用のフリーガーブルーゼにも鷲章の着用が要求された。この規定は、野戦での識別を容易にするためのものだった。

16 搭乗整備員の特技章のアップ。下士官兵は特定の軍事特技を割り当てられ、訓練を受けた。ふさわしい訓練を無事修了すると、一目でわかる特技章があたえられ、制服上衣とフリーガーブルーゼの左袖下部に識別章として着用した。

ESPAÑA

17　写真のフリーガーブルーゼは、スペインでは「エスクワドゥリリャ・アスール」（青飛行中隊）として知られる第15「シュパーニシェ・シュタッフェル」のスペイン人義勇兵のものだった。これは戦時中スペイン人のパイロットと地上勤務員によって編成されて、東部戦線で戦ったドイツ空軍の一部隊である。楯型章は機械織りで、スペインの国旗の色が配され、てっぺんに「エスパーニャ」の国名が入っていた。1941年7月にドイツ陸軍総司令部の通達で制服への着用が認可された。

18　袖口から3センチ上の後ろ側の縫い目には、一端にボタン穴が開いた布製ストラップが縫い込まれている。ストラップは袖の内側の小さな黒いボタンで留められる。前側の縫い目近くには、もうひとつのボタンが縫い付けられ、写真のように袖口を絞ることができた。

写真は、東部戦線での戦闘後、スペインに帰国する列車にこれから乗り込もうとする第15「シュパーニシェ・シュタッフェル」の整備伍長（ウンターオフィツィーア）をしめす。フリーガーブルーゼにはいくつかの勲章と徽章を着用している。胸に下げているのは、剣がついたドイツの二級戦功十字章で、左胸にはスペイン・ファランヘ党のバッジの上に、負傷者あるいは捕虜に授与されるスペインの受難章を着用している。徽章の青い色と、左袖の布製のスペインの元捕虜章から、スペイン内戦中に共和国政府地域で捕虜になったことがわかる。右胸には、ドイツ空軍の国家鷲章の上に、スペイン空軍の布製の整備員徽章を着用している。

19

20

19 上衣の袖はやや湾曲して、肘から先は先細りになっている。後ろ側の縫い目は肘にそって走っている。

20 制服の部品には一般に、工場で内側にマーキングがつけられ、通常は黒いインクでスタンプされていた。マーキングの目的は、製造元と制服のサイズを表示することだった。写真では一連の数字によるサイズ表示がわかる。上段から下段、左から右に、上衣の背丈、襟まわり、胸囲、着丈、袖丈である。

21 裏地はブルーグレーの人絹製で、後ろ身頃と袖の縫い目の周囲、そして肩の内側に縫い付けられた布片でできている。

21

22 応急用包帯をおさめるのに使われる腰部の内ポケットのアップ。じょうぶな布地でできていて、ボタン１個で閉じることができる。

23 上衣の両胸には、裏地の布地で仕立てられた内ポケットがついている。腰ポケットの口は斜めになっていて、ボタンと蓋で閉じることができる。右側の腰には応急用包帯をおさめるためのポケットがついていた。

24 ウエストラインの両脇の縫い目には、ベルト支持フックを通すために、周囲をかがったはと目穴が縦一直線に開いていた。内側には補強のために、裏地と共生地の帯が縫い付けられている。ベルトフックを取り付けるために、はと目穴が６つ開いたストラップが、この帯の上に同じ高さで縫い付けられていて、ベルトの重量をささえるようになっている。ベルトフックは、まず内側のストラップに取り付けてから、その先端をはと目穴にくぐらせるので、外側からはフックの一部しか見えていない。

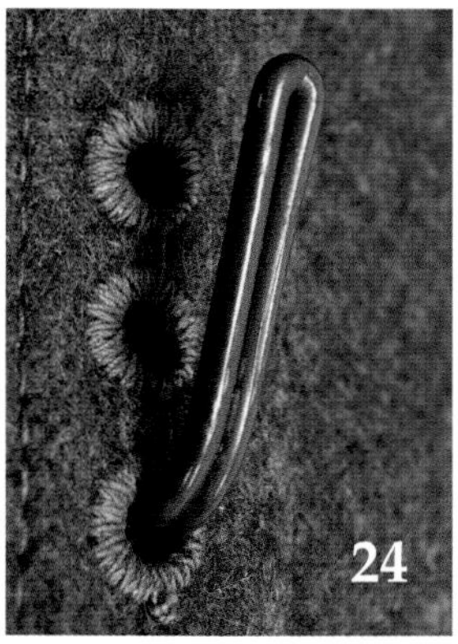

通常勤務服上衣

トゥーフロック

将校用の通常勤務服上衣

制式型の通常勤務服は1935年3月にドイツ空軍に採用され、それ以前の1933年から民間組織の隊員が着用していた制服をもとにしていた。1935年型通常勤務服上衣は「トゥーフロック」（布製上衣）と命名され、開襟で着用された。前合わせはボタン4個で閉じ、ボタン留めできる蓋のついたポケットが4つついている。将校用の注文仕立ての上衣は高級な布地でできていた。上衣に着用される徽章は、襟章、襟まわりの銀のパイピング（将官は金）、肩章、右胸の国家鷲章だった。

25 （上）大尉の襟章のアップ。平行四辺形の襟章をかこむ銀の撚り紐のパイピングに注意。（右）尉官の肩章は、2本の平行する銀モールをU字型に折り畳んで製造された。上端は輪になって、ボタン穴として使われた。台布は着用者の兵科色の布製である。大佐以下の将校の階級章の星は、金色の金属製だった。

26 この少尉は、将校用の礼装用飾緒をつけた「トゥーフロック」を着ている。左胸のポケットに見えるのは、民間の滑空記章とDRL（ドイッチャー・ライヒスブント・フュア・ライベスイーブンゲン、ドイツ帝国体育連盟）スポーツ章である。

27 モール糸で手刺繍された胸の将校用国家鷲章のアップ。将校用は銀糸製だったが、将官用は金糸を使っていた。台布はウール製で、上衣の右胸ポケットの上に手で縫い付けられた。

写真は、現地視察中のアレクサンダー・レーア上級大将（手前）とその副官をとらえた一枚。ふたりとも「トゥーフロック」通常勤務服上衣を着用している。横に２本の白いストライプが入った将軍の乗馬ズボンに注意。ストライプの着用は将官のみだった。

28

28

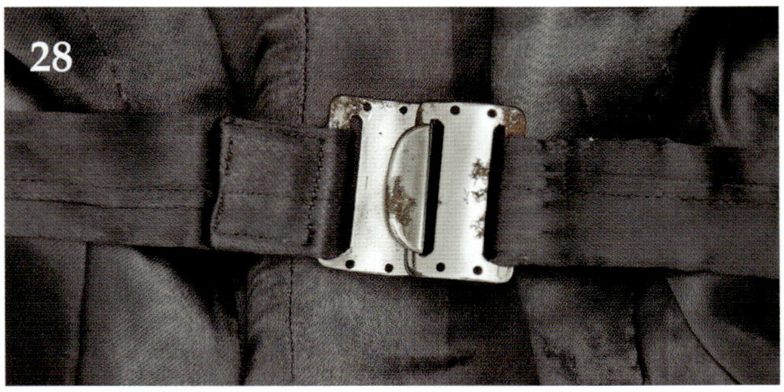

28 上衣にはブルーグレーの人絹またはサテンの総裏地がついていた。袖には通常、ストライプ入りの白い布地の裏地が張られていた。上衣には、体にしっかりとフィットするように、内側の腰の左右にベルトとバックルが造りつけられていた。

28

下士官兵用の通常勤務服上衣

下士官兵用の「トゥーフロック」は、ブルーグレーのウールとレーヨン混紡製だった。シングルブレストの上衣で、開襟で着用した。前身頃にはポケットが4つあり、長方形の蓋とボタンがついていた。袖のデザインは浅く湾曲して、肘から先がかすかに先細りになっていた。袖口は16センチほど上に折り返され、カフになっていた。前合わせは4個の金属製ボタンで閉じる。写真の上衣は私費で購入されたもので、将校用と同じ上等な布地で仕立てられている。

29 伍長（ウンターオフィツィーア）の襟章と肩章のアップ。黄色い襟章と襟の周囲の黄色いパイピングから飛行科であることがわかる。

30 刺繍された胸の国家鷲章のアップ。鷲の垂れた尾羽から、初期型の鷲章であることがわかる。

31 写真の一等兵（ゲフライター）は、白いシャツと黒いネクタイとともに「トゥーフロック」布製上衣を着用している。先がとがった上衣のポケット蓋に注意。ベルトのクロスストラップと、袖用階級章をつけていないことから、この写真はたぶんドイツ空軍草創期に撮影されたものと思われる。左袖には搭乗整備員の特技章をつけている。

32 下士官の識別章であるトレッセ（モール）の帯が、襟の縁に縫い付けられている。肩章にも、台布をのぞいた縁にトレッセが縫い付けられ、兵科色のパイピングがほどこされている。

33

33 「トゥーフロック」上衣には胸ポケットふたつと腰ポケットふたつがついている。襟は開襟でしか着用できない。国家鷲章は、鉤十字がポケット蓋のボタン穴にかかり、ボタンの真上にくるような格好で、右胸ポケットの上に縫い付けられている。

34

34 服装規定によれば、ベルトフックとその穴が必要だったが、写真の製品にはついていない。「トゥーフロック」は戦争初期には礼装用制服として全階級で着用され、将校は戦時中ずっと主として通常勤務服として着用した。

35 この伍長（ウンターオフィツィーア）は、白いシャツと黒いネクタイとともに「トゥーフロック」通常勤務服上衣を着ている。

36 この上衣は私費で購入したもので、ハノーヴァーの〈トラウゴット・ラーネ〉の製品である。メーカーのラベルは裏地の首のあたりに縫い付けられている。上衣の所有者の名前と製造年月日は、もう一枚の布製ラベルについている。

37 裏地はブルーグレーのツイル地製。裏地の左胸には水平の切り込みポケットがあり、左前身頃の腰ポケットの裏には、ウール地で補強された小さな水平の切り込みと、長剣または短剣吊り用の洋白銀めっきの「D」リングが縫い込まれていた。

この曹長（フェルトヴェーベル）は白いシャツとネクタイとともに「トゥーフロック」布製上衣を着ている。
袖には上級の高射砲兵特技章を着用している。

軍服上衣

ヴァッフェンロック

将校用の「ヴァッフェンロック」

「ヴェッフェンロック」は1938年11月に採用され、「フリーガーブルーゼ」と「トゥーフロック」の両方に取って代わるねらいがあった。しかし、「トゥーフロック」の製造は新しい上衣の採用後もつづけられ、「フリーガーブルーゼ」の製造のほうも、終戦でやっと終了した。「ヴァッフェンロック」は、5個の金属ボタンがついたシングルブレストの上衣で、襟を開いても閉じても着用することができた。素材は一般的に、高級な織物であるトリコットだった。将校は夏用冬用両方の「ヴァッフェンロック」上衣を注文することができた。両者のちがいは布地の厚さである。

38 少佐の襟章と肩章のアップ。黄色の襟章と肩章の台布は飛行科のもの。

39 1932年から終戦まで勤務したエース、ハンネス・トラウトロフト中佐の写真。560回の戦闘飛行に飛び立ち、58機の撃墜を記録した。「ヴァッフェンロック」軍服上衣を、襟元を閉じて着用している。

40 上衣の2番目のボタン穴についたリボンは、着用者が「ヴィンターシュラハト・イム・オステン」つまり東部戦線従軍記章を授与されたことをしめす。この従軍記章は、ソ連侵攻の「バルバロッサ」作戦の最初の冬に従軍した者たちを讃えるために、1942年5月26日に制定された。

41 国家鷲章は銀糸で手刺繍されている。台布は徽章の形にカットされたブルーグレーの布製で、右胸のポケット蓋のボタンのすぐ上に縫い付けられている。

42

42 式典中のアドルフ・ガーランドの写真。襟を閉じた状態で「ヴァッフェンロック」上衣を着用している。注目にあたいするのは、ふたりのパイロットの上衣に佩用された スペイン十字章で、スペイン内戦中にコンドル軍団で戦ったドイツ空軍の将兵に授与された。

43 上衣には人絹の裏地がつき、内ポケットがあった。左右の腰の内側には、端に調節バックルがついた布製ベルトがついている。ベルトは前で締めて、しっかりと腰に合わせて調節できるようになっていた。

43

44 襟を閉じるときは、右襟の陰に縫い付けられた布製のタブと、左下襟の裏側に隠れた小さなプラスチック製ボタンを使って留める。襟を開いて着用するときは、布製のタブは後方にボタン留めされる。

45 襟を開いて上衣を着用するときには、前合わせをボタン4個で閉じる。いちばん上の5個目のボタンとそれに相当するボタン穴は、下襟の陰に隠れて見えなくなる。

下士官兵用の通常勤務服上衣

下士官兵用の「トゥーフロック」はウールとレーヨンの混紡製で、そのデザインは将校用上衣と同じだった。開襟で着用し、前合わせをボタン４個で閉じる。上衣にはブルーグレーのツイル地の裏地がつき、左前身頃の内側には、応急手当用包帯をおさめるために使う、裏地と共布のポケットが縫い付けられていた。応急手当用包帯のポケットや、ベルトフックの支持ストラップとはと目穴、腰ポケット周囲のプリーツといったいくつかの要素は、私費で購入される高級品では省略されることもままあった。

46 二等兵（フリーガー）の襟章と肩章のアップ。黄色い襟章と、肩章の黄色いパイピングでわかるように飛行科の所属である。

47 ブルーグレーの台布に機械刺繍された標準的な胸の下士官兵用国家鷲章のアップ。鉤十字が上衣のポケット蓋にかかっている。

48 貨車に乗り込もうとしている、このふたりの兵士は、「トゥーフロック」上衣を着ている。カメラのほうを向いている伍長（ウンターオフィツィーア）は、シャツなしで着用している。カメラに背中を向けた兵士の上衣の脇からは、ベルトフックが突き出しているのがはっきりと見える。

49 肖像写真の砲兵（カノニーア）は、「トゥーフロック」と、アルミニウム製バックルがついた空軍用ベルトを着用している。左の腰に吊した銃剣に注意。

49

50

50

50 黒いインクでスタンプされた製造工場のマーキングのアップ。この上衣には、兵士の名前がついた布製ラベルが内ポケットのひとつに縫い付けられている。

51

52

52 上衣の左右両脇には、腰のところにフックがふたつ配されていた。その用途は、ベルトを支持し、ベルトに装着された野戦装備の重量を分散するのを助けることだった。内側には補強のため、裏地と共布の帯が縫い付けられている。この帯の上には、ベルトフックを取り付けて、ベルトの重量をささえるために、はと目穴が開いた共布のストラップが、同じ高さで縫い付けられていた。

51 上衣にはブルーグレーのツイル地の裏地と、胸に内ポケットがついていた。背中の縫い線には、下部に長さ 22 センチのセンターベンツがあった。上衣は右前身頃のボタン 4 個と、左前身頃の相当するボタン穴 4 つで閉じる。

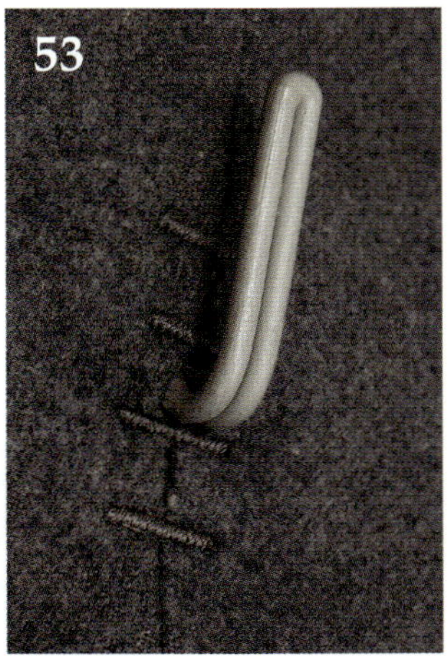

53 ベルトフックは、まず内側のストラップに取り付けてから、その先端を上衣左右両脇の縫い線のはと目穴にくぐらせるので、外側からはフックの一部しか見えていない。写真では、はと目穴のあいだの縫い線の補強用ステッチが見える。

夏期用上衣

ゾンマーロック

　ヨーロッパ大陸の夏期には、将校は白い制服をそれにふさわしい場面で着ることを許可されていた。将校用の白上衣は「トゥーフロック」布製上衣と同じデザインと裁断で、白いギャバジンまたはリンネル（麻）、木綿の布で仕立てられた。上衣はシングルブレストで、前合わせは石目模様の金属ボタン４個で閉じる。プリーツ付きの胸ポケットふたつと腰ポケットふたつがつき、ポケット蓋はボタンで閉じることができる。白いシャツと黒いネクタイとともに開襟で着用された。

54　大尉の襟章と肩章のアップ。平行四辺形の襟章は、銀の撚り紐のパイピングでかこまれている。尉官用の肩章は、平行した２本の銀モールが輪になっていて、この輪はボタン穴として使われた。台布は着用者の兵科色の布製だった。大佐以下の将校の肩章の星は金色の金属製だった。

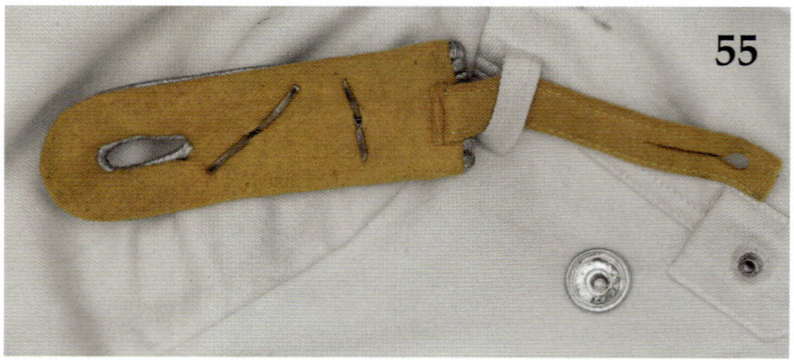

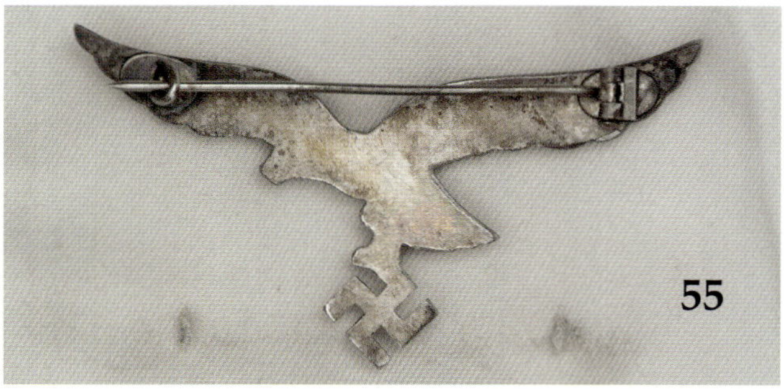

55　夏期用上衣の徽章はすべて、洗濯が楽になるように、取り外すことができた。国家鷲章は打ち抜きの金属製で、裏側の水平のピンで上衣に取り付ける。襟章はスナップボタン４つで固定される。取り外し式の肩章には、裏側の端から端までのびるボタン穴付きのストラップがついている。このストラップは、上衣の肩に縫い付けられた布製の輪穴をくぐらされて、分厚い肩章に使われる特殊なねじ込み式ボタンで固定される。

56

56　襟のパイピング飾りは省略されていた。上衣は、軍事施設内や事務所内での勤務時には、襟章なしで着用することができたし、ブルーグレーのズボンといっしょに着用する場合もあった。その場合、白い夏用制帽またはブルーグレーの制帽が選択できた。

56

57

57　裏地は白い布製で、脇の下と、襟の縫い線から下に約10センチほどしかついていなかった。夏期用上衣では襟のパイピングは使われなかった。ボタンは、はと目穴とスプリットリングで固定され、取り外しができる。

ドリル地上衣

ドリリッヒロック

ドイツ空軍のドリル地上衣は夏期に将校が野戦で着用するためのものだった。デザインは「トゥーフロック」布製上衣と同じである。じょうぶな木綿ツイル地製で、胸と腰のポケットには、ボタン留めできる蓋と、中央にプリーツがついていたが、のちの製造品ではプリーツは省略された。前合わせには、石目仕上げの金属ボタン４個がつき、ボタンは縫い付けられるか、はと目穴とスプリットリングで取り外すことができた。襟章と肩章、さらに金属製の国家鷲章は、取り外し式だった。

59 地図を前に状況を話し合うふたりの将校。立っている将校はドリル地上衣を着用している。

58 大尉の取り外し式の襟章と肩章のアップ。平行四辺形の襟章は、銀の撚り紐のパイピングでかこまれ、アルミニウム糸刺繡のオーク葉飾りがついていた。オーク葉飾りの上には刺繡の翼状徽章が中心線上にならんでいる。

60 徽章は洗濯のため取り外すことができた。襟章はスナップボタン４つで取り付けられている。取り外し式の肩章には、裏側の端から端までのびるボタン穴付きのストラップがついている。このストラップは、上衣の肩に縫い付けられた布製の輪穴をくぐらされて、取り外し式の肩章ボタンに取り付けられる。

61　国家鷲章は、打ち抜きの金属製で、裏側のピンで上衣に装着される。鷲章は規定では、鉤十字が右胸のポケット蓋のボタン穴にかかるように着用することになっていたが、そのため蓋を開けづらくなることがよくあった。

62

62　ドリル地上衣には、肩のあたりをおおう布片と、脇の下の縫い線をかこむ半円形の布片からなる裏地がついていた。

3　オーバーコート

左手にメルダース少佐、右手にガーランド少佐をしたがえたエルンスト・ウーデット上級大将の写真。ガーランドとウーデットは革コートを着ている。

オーバーコートは制服の基本的な被服品目であり、寒冷時や荒天時には全階級で着用された。デザインの基本は帝政ドイツ陸軍のオーバーコートである。ドイツ空軍型のオーバーコートはもともとDLVによって採用され、のちにドイツ空軍に受け継がれた。オーバーコートの色はブルーグレーで、デザインは全階級共通だった。戦時中、いくつかの細かなデザイン変更が行なわれている。初期に製造されたオーバーコートは、両前身頃にボタン穴があり、コートを右前にも左前にも合わせることができた。二等兵（フリーガー）から大佐までの階級のオーバーコートのボタンは銀仕上げだったが、少将から国家元帥までの階級では金仕上げだった。大戦末期には、二等兵（フリーガー）から最先任上級曹長（シュタープスフェルトヴェーベル）までの階級のボタンはブルーグレー仕上げに変わった。1940年3月の通達で、オーバーコートの肩章はすべて取り外し式になった。1942年5月の規定では下士官兵用コートの襟章の着用が廃止され、遅くとも1942年10月までに襟章を取り外さなくてはならなくなった。1943年1月のさらなる規定で、ベルリン警備連隊とヘルマン・ゲーリング師団の総統高射砲大隊の下士官兵はふたたび襟章を着用することになった。最後に1942年6月の通達で、開いた背中のプリーツの利用が規定され、オーバーコートは背中のハーフベルトのボタンをはずし、野戦装備を装着してバックルを留めた革の空軍ベルトの上から着られるようになった。ドイツ空軍は制式のオーバーコートのほかに、オートバイ部隊の隊員やオープントップ車輛の運転手用のゴム引きコートも採用した。もともと下士官兵だけが着用するためのものだったが、結局、野戦であらゆる階級に使用された。布製のオーバーコートにくわえ、将校は自費で革製のオーバーコートを購入することを許可されていた。デザインと造りは制式のオーバーコートと同様だったが、襟章はつかず、取り外し式の肩章がついていた。革コートは勤務時にのみ着用されることになっていた。ボタンは規定によれば最初ブルーグレーのプラスチック製で、のちに石目仕上げの軽金属製になった。消防部門の中級の文官だけは、通常のブルーグレー系ではなく黒い革で革コートを仕立てさせることを許されていた。

襟を閉じて標準型のオーバーコートを着用した兵士の肖像写真。下士官兵クラスの襟章は 1942 年 10 月以降、
新しく製造されたコートでは廃止され、既存のコートからは取り外されることになっていた。

通常勤務オーバーコート

トゥーフマンテル

将校用の通常勤務オーバーコート

将校は洋服屋からオーバーコートを購入することを許されていたが、写真でしめす例のように、野戦では空軍の被服廠から供給されたオーバーコートをよく着用した。オーバーコートはブルーグレーのウール製で、左右の前身頃が中心線より深く重なりあうダブルブレスト仕立てだった。左右の前身頃には腰から下襟の上端まで６個２列のボタンが垂直にならんでいる。右列のボタンは、左前身頃の前端に開けられたボタン穴に留められ、右前身頃は左前身頃の腰のところにある黒いボタン１個で留められる。左右の前身頃の腰の部分には、切り込みポケットがふたつあり、角が丸い蓋がついていた。

1

1　オーバーコートには、胸と背中上部まわりにブルーグレーの木綿ツイル地の部分裏地がついていた。両袖にも裏地がついている。写真では、右前身頃を留める黒いボタンと、腰ポケットの内側の袋が見える。

2

2　この下士官は結婚式で上等なテーラーメイドのオーバーコートを着ている。通常オーバーコートは、下襟を折り返し、ボタンを３個しかかけずに着用された。

3

3 オーバーコートの左前身頃の裏地にあるインクスタンプのアップ。数字は左側から右側、上から下に、背丈、襟まわり、胸囲、着丈、そして袖丈を表わしている。製造者名もコートにインクでスタンプされている。

4

4

4

4 かぎホックで襟を閉じたところ。悪天候の場合、着用者は襟を立てて着ることができた。左襟の裏には、ボタン穴がふたつ開いた布製ストラップが縫い付けられ、その左側にはストラップを留めるためのボタンがふたつついていた。右襟の第3のボタンは襟を立てたときにストラップを留めるために使われた。

将校用革コート

革コートは将校と将校クラスの文官専用の被服で、軍被服廠では入手できなかった。革コートを着ることを選んだ将校は、民間の洋服屋から購入する必要があった。1944 年には原材料の節約のため、製造が禁止されている。さまざまな色合のブルーグレーの厚手の革で製造され、デザインや裁断は布製のオーバーコートと同様だったが、通常、裾の部分はべつに裁断され、腰まわりで縫い付けられていた。肩章は差し込み式になっていて、ボタンはクリーニングのため取り外すことができた。

5

5　革コートには褐色がかった青いツイル地の総裏地がついているが、ボタンで取り外しができるウールあるいは毛皮のライナーがついているのはめずらしいことではなかった。裾は規定にしたがって何枚かの革でできている。背中には腰の部分にボタン２個付きのハーフベルトがついていた。裾には内側にホックとはと目穴がついていて、裾をたくし上げたとき、後ろに留められるようになっていた。

6

6

6　写真の革コートには、体によりよくフィットするように、内側にベルトがついている。革のベルトはコートの左身頃の脇のすぐ下に水平に縫い付けられている。ベルトの端にはスナップボタンのメス側がつけられ、オス側がベルトの中心線上にならんでいる。ベルトを締めるには、右前身頃の前端についたDリングにくぐらせ、スナップボタンのひとつで留める。

7

7　ポケットの内側にある布製ラベルの写真。この革コートは有名な革製衣料のメーカーである〈フェルヴァ・レーダーベクライドゥング〉によって製造された。

8　革コートには、クリーニングが楽なように、取り外しのできる石目仕上げのアルミニウム製ボタンと、差し込み式の肩章がついていた。コートの左右脇のかすかに傾斜した腰ポケットには、長方形の蓋がついている。

9

9

9　左襟の裏側には、端にスナップボタンのメス側がついた革製ストラップが縫い付けられ、これと右襟のスナップボタンのオス側を使って、襟を立てることができた。ストラップは使わないときには左襟にたたんで留めることができる。革コートに襟章を着用する必要はなかった。

8

将校と下士官用のレインコート

ヴェッターマンテル

将校と一部の下士官は服装規定で兵には禁じられたいくつかの被服を購入することが許されていた。そうした品目のひとつがゴム引きのレインコートだった。レインコートは、ウール製オーバーコートが着用されるのと同じ機会に着ることを許されていたが、閲兵時は例外だった。レインコートはオーバーコートの基本デザインを踏襲していた。初期型は、石目仕上げのアルミニウム製ボタンが縦に6個ずつ2列ならんだダブルブレストで、蓋付きの腰ポケットふたつと、裾の後ろ側の縦のスリット（センターベンツ）、そしてボタン2個で留める腰の後ろ側のハーフベルトがついていた。

10

10 初期型のレインコートはツイル地の総裏地がついていた。裾の後ろ側には、重なりあった縦のスリットがあり、ボタンで閉じることができる。前身頃にはボタンが縦に6個ずつ2列ならび、左右いずれの前身頃にも6つのボタン穴が開いていて、レインコートを右前にも左前にもボタンで留めることができた。

11

11 左の腰ポケット下にある水平の切り込みのおかげで、脇の下に縫い付けられたDリング付きストラップを使って、短剣を内側から吊ることができた。リングの高さは、布製ストラップにならんだ3個のベークライト製ボタンで調節できた。

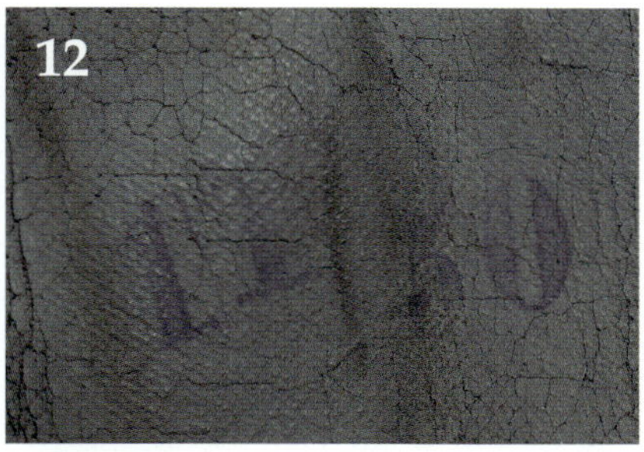

12 左ポケットの袋内側にあるサイズ表示のスタンプのアップ。

13 レインコートの腰の部分には、プリーツのない大きな貼りつけポケットがふたつついていた。ポケットの口は小さく傾斜し、ボタンなしの蓋がついていた。

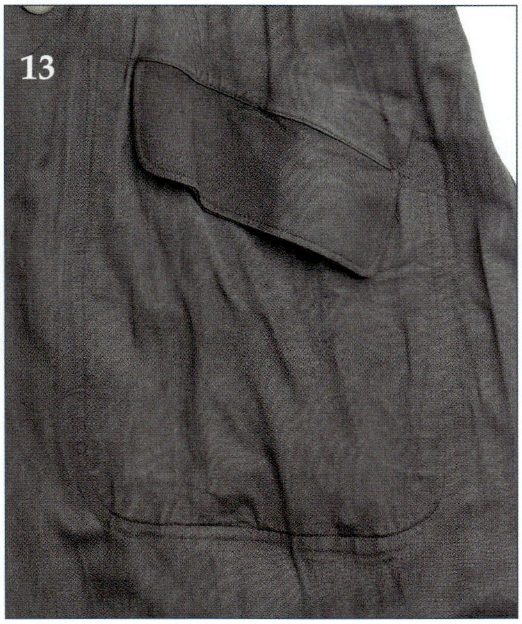

14

14 レインコートはツイル地製で、内側がゴム引き加工されていた。袖の長さは調節できず、幅広の縫い目があった。ベルトをつけずに、つねに通常勤務用の制服の上に着用するように考えられていた。

15 取り外しができる中尉の肩章の細部。1937年8月の通達で、取り外し式のボタンと差し込み式の肩章の使用が命じられた。

オートバイ兵用保護コート

クラートシュッツェンマンテル

「クラートシュッツェンマンテル」は、「クラートシュッツェン」つまりオートバイ狙撃兵部隊が着用するためとくにデザインされた。兵士たちにとても重宝され、結局、ドイツ国防軍のあらゆる種類の将兵、とくに運転手やオープントップ車輛の同乗者に着用されている。コートは 1936 年に採用され、外側はブルーグレーの分厚いゴム引きのツイル地で製造された。階級は、より一般的な肩章ではなく、袖の上部か下部につけた徽章で表わした。

16

16 保護コートは左右の前身頃と後身頃を使って仕立てられ、脇と肩で縫い合わされた。身頃の縁は布の帯で補強されていた。両前身頃はコートの前側で重ね合わされ、上部の４個のボタンで閉じた。後ろ身頃には中心線上を裾から腰まで縦に走るスリット（センターベンツ）があった。

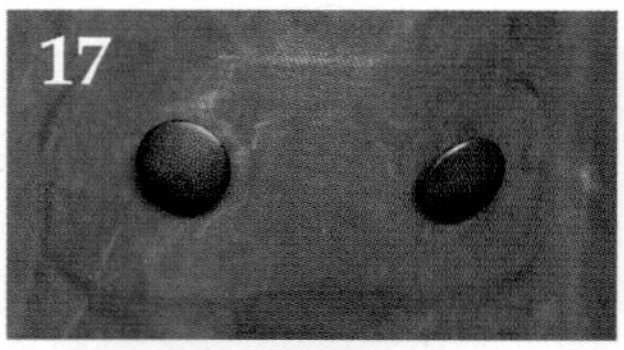

17

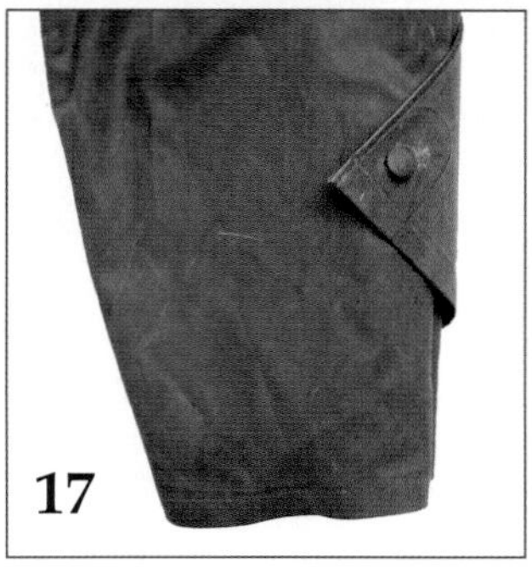

17

17 オートバイに乗るときは、裾を脚に巻き付けて留めることができた。コート内側のポケット袋の上にはボタンが２個ついていて、後ろ身頃の隅がボタン留めされた。同時に、左右前身頃の隅は、脚の後ろ側に向かって巻き付けられ、コート両裾の外側にある２個のボタンのひとつに留められる。

18 製造者とサイズ、製造年をしめすインクスタンプのアップ。

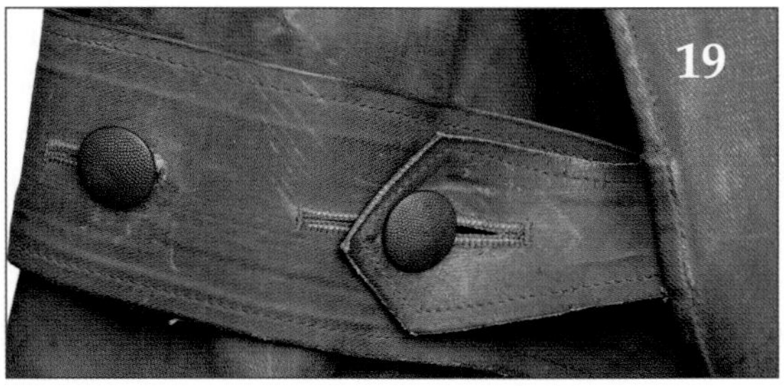

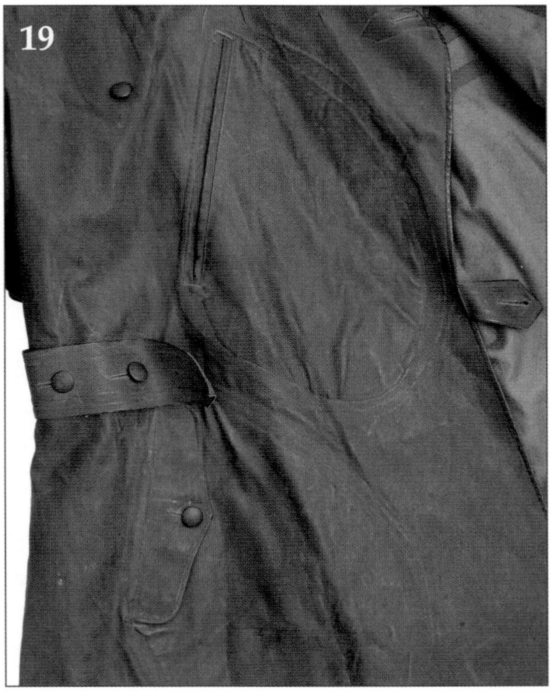

19 コートには、左右の前身頃に蓋をボタン留めできる斜めの腰ポケットふたつと、右前身頃に蓋のない胸ポケットがあった。腰はベルトを使って閉じる。ベルトは、左脇の縫い線に縫い付けられ、腰の後ろ側を通って、布製ループをくぐり、コートの右脇に３個あるボタンのひとつに留められた。さらに左前身頃の縁に縫い付けられたボタン穴付き布製タブでしっかりと留める。

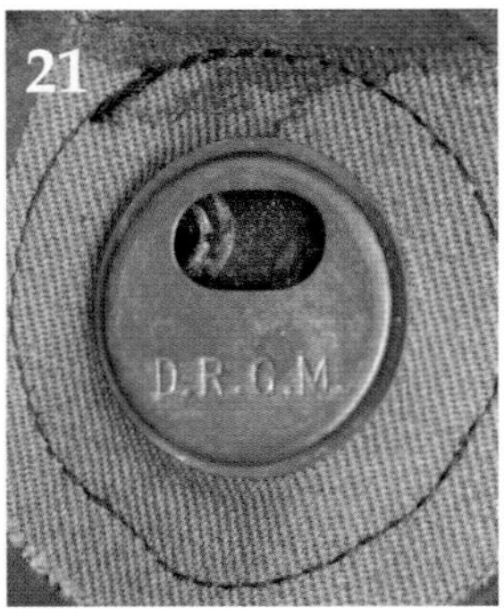

20 襟にはブルーグレーの布が張ってあった。襟を立てる場合には、裏側に縫い付けられたストラップとボタンで襟をしっかりと留めることができた。コートは前身頃の左右にある２列のボタンで閉じる。

21 脇の下には通気穴が３つ開いていた。内側には、脇の下に金属製の円盤が縫い付けられ、布片で補強されている。D. R. G. M. の略語は「ドイッチェス・ライヒスゲブラウホスムスター」（ドイツ帝国実用新案）を意味し、この方式が実用新案登録されていることをしめしている。

4　ズボン

休暇で帰省しようとするこの一等兵（ゲフライター）は、ゲートルなしの短い編上靴とストレートの長ズボンをはいている。

ドイツ空軍には服装規定にしたがって着用される数種類のズボンがあった。長ズボンは全階級で着用され、行軍用ブーツや編上靴とともに使用できた。行軍用ブーツまたはゲートルを巻いた編上靴とともに着用する場合には、規定で裾をたくしこまなければならなかった。より脚にフィットさせるため、ズボンの裾は、ゴム輪を使うか、または靴下をズボンの裾の上にずり上げて、しっかり折り畳まれた。兵士たちはズボンの裾を前にたたむほうを好んだ。そのほうが脚を楽に動かせたからである。この規定にはない慣行は、1942年2月の通達で承認され、ズボンの裾は余裕を持って膝を屈伸できるように前に折り畳まねばならないと定められた。将官と参謀部の将校は、ズボンに兵科色の飾りストライプをつけることを許されていた。ズボンの脇縫い線には1本のパイピング飾りがつき、その両側に2本の兵科色の布のストライプが縫い付けられた。飛行ズボンは飛行任務のさいに将兵に使用された。デザインと裁断は基本的に長ズボンと同じで、細部がことなっていた。飾りストライプはつけられず、ベルトか支給品のサスペンダーといっしょに着用できた。1939年、飛行ズボンの製造は原材料の節約のため中止された。しかし、1940年、スキーズボンをもとにデザインされた新型の飛行ズボンが採用されている。下士官兵用の乗馬ズボンは乗馬兵のみに承認され、乗馬部隊以外の着用は厳しく禁じられた。乗馬ズボンはブルーグレーの布製で、動きが楽なよう太ももにかけて大きく広がったデザインになっていたが、膝から下は脚にぴったりとフィットしていた。将校用の乗馬ズボンはブルーグレーのトリコットまたはそれと同様の上等な布地で仕立てられた。裁断は下士官兵用乗馬ズボンと同じだったが、個人の嗜好や流行などの理由で、私費で購入された乗馬ズボンにはデザインに多種多様なバリエーションがあった。飾りストライプは長ズボンと同じやりかたで乗馬ズボンにつけることができた。

写真の将校は私費で購入した乗馬ズボンと乗馬靴をはいている。太ももの広がりは、ほかのタイプほど大きくない。
クロスストラップがついたベルトに注意。

将校用の乗馬ズボン

シュティーフェルホーゼ

「シュティーフェルホーゼ」は将校が着用するためのもので、将校は私費で購入する必要があった。服装規定では、デザインと裁断は下士官兵用の支給品の乗馬ズボンと同様と定められていた。しかし、ズボンのいくつかの部分には、主としてファッションや将校または仕立屋の嗜好の影響で、多種多様なバリエーションを見つけることができる。もっとも目につくちがいは、太ももまわりの形と、脚の裾まわりに見受けられる。裾はボタンまたはストラップ、あるいはその両方の組み合わせで閉じることができた。乗馬ズボンはダークブルーのウールのトリコットなどの高級布地で仕立てられた。将校用の乗馬ズボンには座る部分に革の補強がついていることもあったが、通常これは騎乗に使われるズボンに限定された。

1　ズボンの右前に糸で縫い付けられたリングとその下の時計隠しのアップ。切り込みの時計隠しは、口の長さが7センチで、やや傾斜している。リングは懐中時計の鎖を取り付けるためのもので、懐中時計を時計隠しにしまったとき、楽に取りだすことができた。

2　ズボンの前あきは、隠しボタンで閉じる。内側のポケットは白い布で製造されていた。この将校は自分の乗馬ズボンに革の補強を付け加えている。この慣行は、制服姿で馬にまたがるためか、ときにはファッションで、将校たちによって行なわれた。

3　膝から下は乗馬ブーツにつつまれるため、ブーツの摩擦に耐えられる布で仕立てられることもあった。写真の製品の紐とボタンの組み合わせのように、多種多様な裾の閉じかたが見受けられた。

乗馬ズボン

ライトホーゼ

官給の乗馬ズボンはドイツ空軍の野戦師団の乗馬下士官兵にかぎって支給された。ズボンはブルーグレーの布で製造された。前あきの部分には、片側にボタンが5個、もう片側には帯で補強された比翼仕立てのボタン穴が4つあった。いちばん上のボタンはほかのものより大きく、露出している唯一のボタンだった。腰の後ろ側は前より高く、V字型の切り欠きがあった。後ろ側には針付きのバックルがついた布製ストラップが2本、水平に縫い付けられ、腰を完全に調節することができた。乗馬ズボンには、ボタンで閉じる斜めの腰ポケットふたつと、ボタンで閉じる右尻のポケット、そして右前のウエストラインのすぐ下に時計隠しがあった。

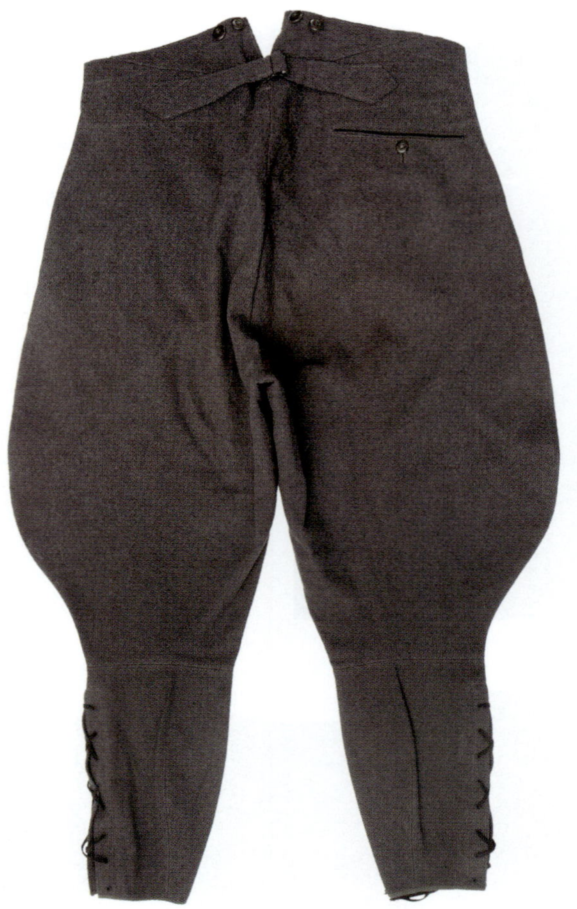

4　製造者名などの必要な情報をしめす支給品のズボンのインク印のアップ。

5　腰の部分にはブルーグレーまたは白のツイル地の裏地がついていた。ポケットはすべて切り込みスタイルで、ごく普通の白い布で仕立てられている。腰の前と後ろの外側には、サスペンダーを留めるために、さらにボタンが縫い付けられている。

6　ズボンの腰の後ろ側のアップ。両側に縫い付けられた２本の布製ストラップは、爪付きのバックルでつながれ、腰を絞ってズボンをよりフィットさせるのに使われる。

7　脚部の裾には外側に縦の切り込みが入っている。切り込みのそれぞれの縁には、はと目穴が縦にならび、紐を調節して脚部をきちんと締められるようになっている。

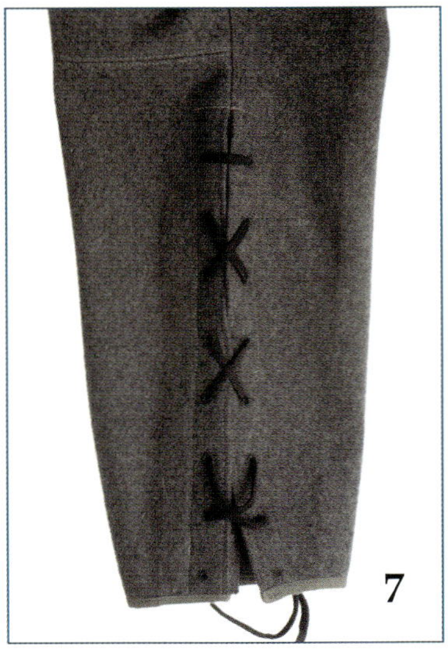

長ズボン

ランゲ・ホーゼ

ドイツ空軍の長ズボンまたは「トゥーフホーゼ」は、ブルーグレーのウール製で、ストレートなデザインだった。服装規定では、将校、下士官、兵が着用できた。デザインと裁断は、脚部がストレートな以外は、乗馬ズボンと同様だった。ズボンの裾は内側に折り返され、内側には補強として布の帯が縫い付けられている。裾の前方中央は靴にこすれないように後ろより少し高くなっていて、裾がしわになったり、擦り切れたりするのを防いでいる。ズボンは私費で購入でき、後ろ側の１本のストラップにかわる左右両脇の調節ストラップ、腰の外側のボタンの追加あるいは省略、前あきのデザインの変更といった、通常は服装規定にはない特徴を持っていた。

8　写真のズボンはテーラーメイドである。尻ポケットの内側には製造者名が入ったラベルがあり、将校の名前、製造年月日、管理番号を記入する欄がある。

9　写真には上等兵（オーバーゲフライター）ふたりと一等曹長（オーバーフェルトヴェーベル）ひとりが写っているが、全員が長ズボンをはいている。

10　写真の私費で購入されたズボンは、腰と前あきのデザインがちがっている。前あきのボタンはすべて比翼仕立てで、いちばん上のボタンは内側に移動し、ボタン穴つきの布製ストラップで留める。前側のサスペンダー用ボタンは腰の内側に縫い付けられ、後ろ側の調節ストラップにかわって、左右両脇にストラップがついている。

5　ベルトとバックル

閲兵中、ふたりの将校が下士官の軍旗旗手の両脇を守っている。ふたりともモール製の腰ベルトを締めている。

軍用ベルトとそれと対になるバックルの使用は、その起源を数世紀前までさかのぼることができる。兵士たちは昔からずっと、武器を携行し、上衣を動かないようにするために、通常は革製のベルトをよく着用してきた。ベルトの内側にはよく短剣がはさまれ、長剣は剣吊りでベルトに装着された。簡単にはずせる留め金のついた新しい革新的なバックルと、それと対になるベルトは、1847 年、プロイセンの軍人によって発明され、そのなかにはベルトから下がった装備の重量のほとんどをささえるショルダーストラップもふくまれていた。

第三帝国の時代には、ベルトとバックルの装着には決まった形があった。バックルは右側に位置し、それを受けるバックルの留め金は左側だった。ドイツ空軍の下士官兵用ベルト・バックルは 1935 年 5 月にはじめて採用され、1937 年後半か 1938 年前半に新型の鷲章がついてデザインが少し変わり、1940 年に今度は造りが少し変わった。

ドイツ空軍の将兵は最初、茶色い革の装具を使っていたが、戦争がはじると革製品は一般に黒く染められた。もともと政府契約で製造された軍用バックルには、ベルトに取り付けたり、ベルトのサイズを調節したりするのを助けるために、革製のタブがついていたが、1942 年の服装規定でこのタブは革節約のために廃止された。ただしこの通達は完全に守られたわけではなかった。

任務前に状況説明を受ける爆撃機の搭乗員たち。ほとんどの者が軍用ベルトをワンピースの飛行服とともに着用している。

写真の曹長（フェルトヴェーベル）は、通常勤務服としてフリーガーブルーゼとともに下士官兵用ベルトを着用している。
上衣の右のスペイン十字章は、彼がスペイン内戦中、コンドル軍団に従軍したことをしめしている。

将校用ベルト

ライプリーメン

将校用ベルト

1　写真の将校たちは全員、乗馬ズボンと乗馬ブーツをはいている。左の大尉はベルトにクロスストラップを装着しているが、地図を持っている将校は装着しないほうを選んでいる。彼はまた左の腰に初期型の短剣を佩用している。

将校用ベルトはライトブラウンの革製で、厚さは3.5ミリ、幅は6センチだったが、戦時中は原材料の節約のために幅が狭くなった。戦前製のベルトには両端に幅1ミリの溝が型押しされていた。この特徴は大半の戦時生産のベルトでは省略された。長方形のバックルは石目仕上げの艶消しのホワイトメタル製で、針が2本ついていた。ベルトは右から左へ締め、上衣のいちばん下のボタンの上にかぶさるように着用された。

2　2本の針を持つオープン・バックルのアップ。表面は石目仕上げで、角はかすかに丸くなっている。バックルの近くには革のベルト通しがつき、締めたベルトの端を留める。ベルトはバックルを左側に、先端を右側にして、バックルにくぐらせ、先端が着用者の左側にくるようにする。

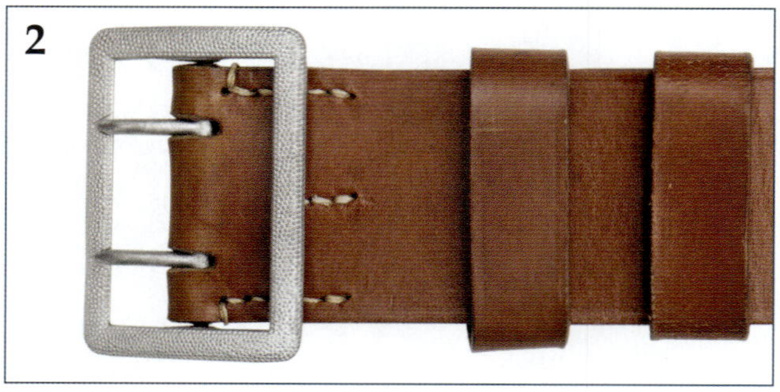

3　ベルトの先端は丸くなり、バックルの針を留めるための穴が6組か7組開いている。ベルトの幅は戦時中の革の不足によって狭くなった。

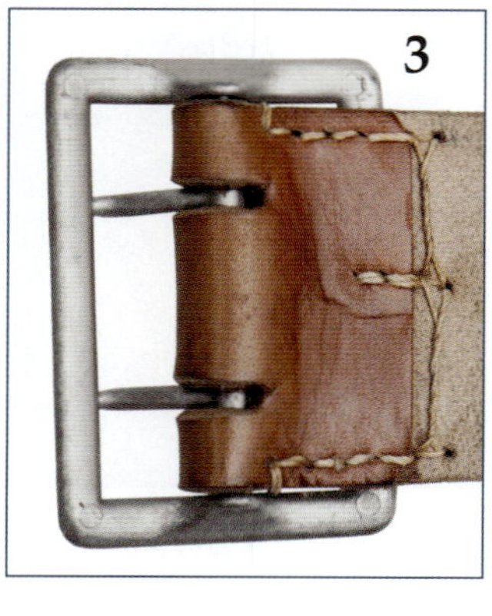

将校用クロスストラップ

もともと将校用ベルトはクロスストラップとともに着用されることになっていた。将校や将校クラスに相当する文官、楽長、音楽監督官がオプション品として着用するものだった。クロスストラップの着用は1940年2月の通達で廃止されている。ベルトと同じ茶色の革素材で製造され、金具がついていた。肩章の下をくぐらせ、右肩から袈裟掛けに着用された。

5

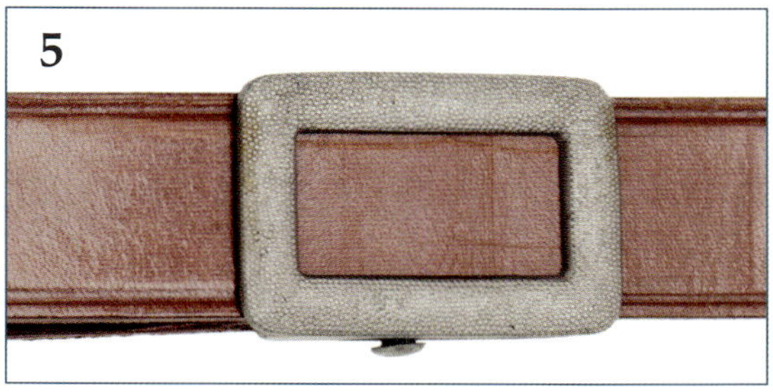

5

5　クロスストラップは幅2.4センチで、サイズを調節するためのロールバー式バックルがついていた。前端にはスプリングフック（ナス環）が縫い付けられていて、将校用ベルトの左前に取り付けられたDリング付きの革製ベルト通しに結合された。

4

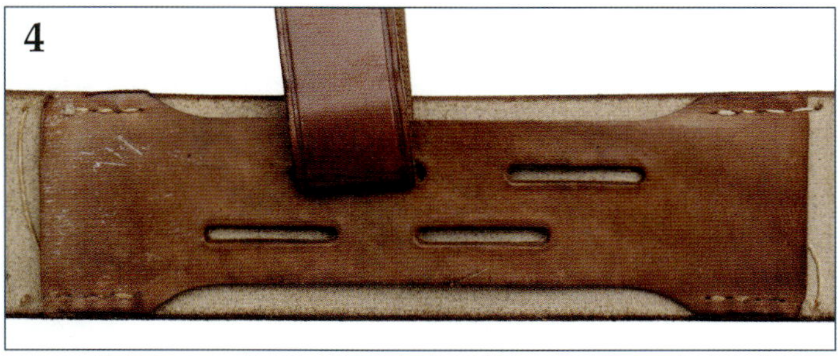

4　腰ベルトには内側の2箇所に革の帯が縫い付けられ、クロスストラップの革のベルト通しを通して固定するための水平の穴が開いている。ベルト通しは、はと目穴が両端に開いた茶革製で、鼓型の金具で留めることができる。クロスストラップの後ろ側の端にはDリングが縫い付けられ、ベルト通しが取り付けられている。

5

5

4

4

下士官兵用ベルトとバックル

コッペル・ウント・コッペルシュロス

アルミニウム製の下士官兵用ベルトとバックル

下士官兵用ベルトは、黒革のベルトと空軍型国家鷲章がついたバックルで構成されていた。ベルトの幅はおよそ4.5センチ。バックルは最初、アルミニウム製で、通常は表面が石目仕上げだった。空軍型国家鷲章が中央に打ち出され、楕円形の月桂樹の葉飾りにかこまれていた。

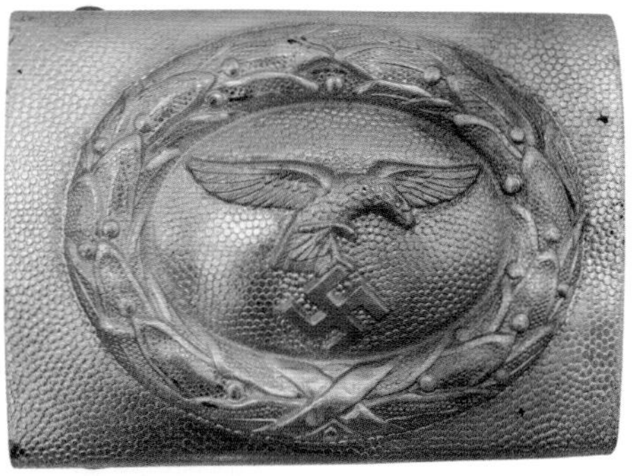

6 この二等兵（フリーガー）は黒い革の軍用ベルトにアルミニウム製のバックルを装着している。

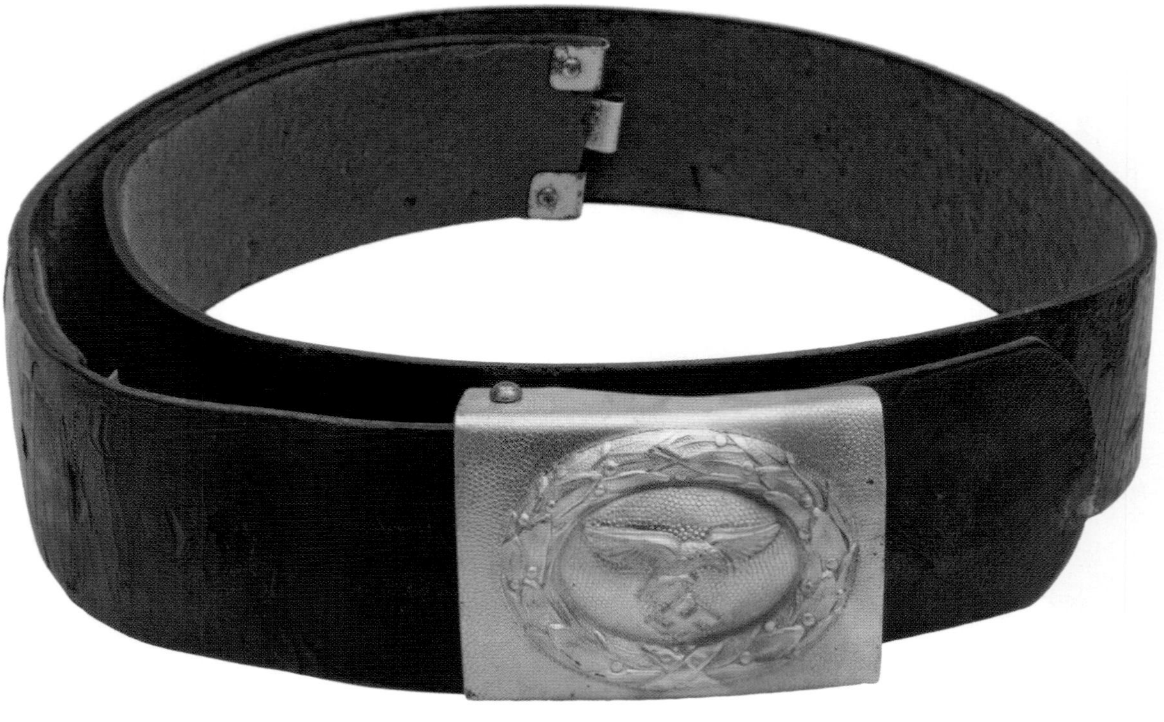

7　前列の伍長（ウンターオフィツィーア）たちは全員、アルミニウムのバックルがついた黒革のベルトを着用しているが、左の中尉は将校用ベルトを巻いている。

8　写真のベルトは黒革製である。ベルトとバックルは軍被服廠で支給されるか、写真の製品がそうであるように、専門店で私費で購入された。こうしたベルトはより高級なできばえだった。外側はぴかぴかに仕上げられ、内側には制服を保護するために布製の帯が付けられていることが多かった。

鉄製の下士官兵用ベルトとバックル

ベルト・バックルの形式は1940年ごろ、わずかに変わった。バックルはプレスされた鉄製になり、にぶいブルーグレーに塗装された。バックルの表面はなめらかになったが、楕円形の月桂樹飾りの内側の部分は例外で、ここだけは以前のタイプの石目仕上げが残っていた。バックルにはしばしば裏側に製造者名が記され、茶革のタブにはかならず製造年が押されていた。1942年には、戦時の物資不足のため、あらゆるバックルの革製タブを廃止する通達が出されている。

9

9

9 （上）鉄製のバックルをつけた兵士。（左）写真ではバックルの形式のちがいがはっきりとわかる。左の伍長（ウンターオフィツィーア）はアルミニウム製のバックルをつけているが、カメラのほうを見ている兵士は鉄製のタイプをつけている。

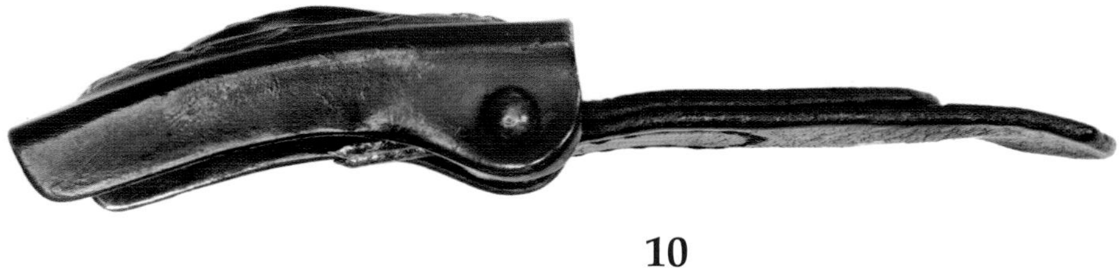

10

10 バックルの留め金には多くのバリエーションがあった。写真のバリエーションには、補強のためのプレスラインが２本入っている。バックルには金属製の軸に取り付けられた爪が２本あって、180 度回転させることができ、ベルトにバックルを取り付けやすくなっていた。ベルトの右端の内側には、じょうぶな木綿糸で革の帯が縫い付けられていた。革の帯には穴が数組開いていて、バックルを固定するのに使われた。

11

11 バックルの革製タブにある1941 年の製造年が入った刻印のアップ。

10

10

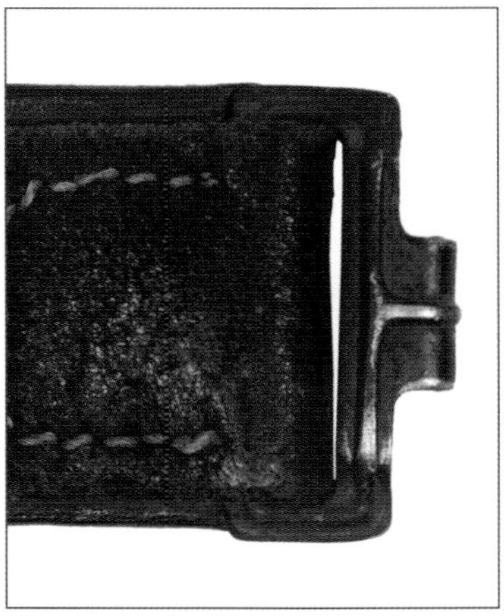

6　軍靴

編上靴とゲートルを着用した将校。
下士官兵用のフリーガーブルーゼに注意。

この将校は私費で購入した乗馬ブーツをはいているが、つぎの写真の機付整備員たちは軍靴をはくほうを選んでいる。パイロットは、とくに戦争初期には、戦闘任務時に私費で購入したブーツを好んではいた。

革製の行軍用ブーツはドイツ軍でもっとも特徴的な品目のひとつである。その起源は、ヨーロッパの貴族が乗馬や狩りのときドレスシューズにかわってブーツをはくようになった17世紀後半にさかのぼる。ヨーロッパのいくつかの国は20世紀を通じて長靴を軍服の一部として採用していた。

ドイツ空軍の下士官兵は国防軍のほかの軍種と同じ行軍用ブーツを使用した。ブーツは天然の茶色の状態で支給され、兵士は靴墨を塗って黒い仕上がりを維持することを求められた。革の靴底は耐久性を高めるため、丸い鋲を打ち込まれて補強されている。最終的に1941年、新しい丈の短い編上靴が全階級に支給されるようになった。将校と下士官は靴を自分で購入することを許されていたが、そうした靴は通常、より上等だった。将校と一部の下士官は乗馬ズボンを着用するとき、好んで乗馬ブーツをはいた。開戦当初、多くの戦闘機パイロットは戦闘任務時にこうしたハイブーツをはくことを好んだが、負傷時に治療のためにブーツを脱がすのに手間取って傷が悪化した例が何度かあったために、かならず飛行ブーツをはくよう命じられた。

つぎの任務のため飛行機を整備する地上整備員たち。左の整備員は行軍用ブーツをはいているが、もうひとりは編上靴をはいている。

将校用ハイブーツ

ホーエ・シュティーフェル

ハイブーツの着用は乗馬ズボンをはいた将校に許可されていた。戦争初期には、一部の戦闘機パイロットは戦闘任務時に飛行ブーツのかわりにハイブーツをはくのを好んだ。そのほとんどは民間の靴屋が製造したブーツで、上等な革を使って作られ、すばらしいできばえだった。大半のブーツは民間のデザインをもとにしていて、服装規定に反する特徴を持っていたが、戦闘機乗りはドイツ空軍のなかで特別あつかいされていたおかげで、上官からしばしば大目に見られた。

1

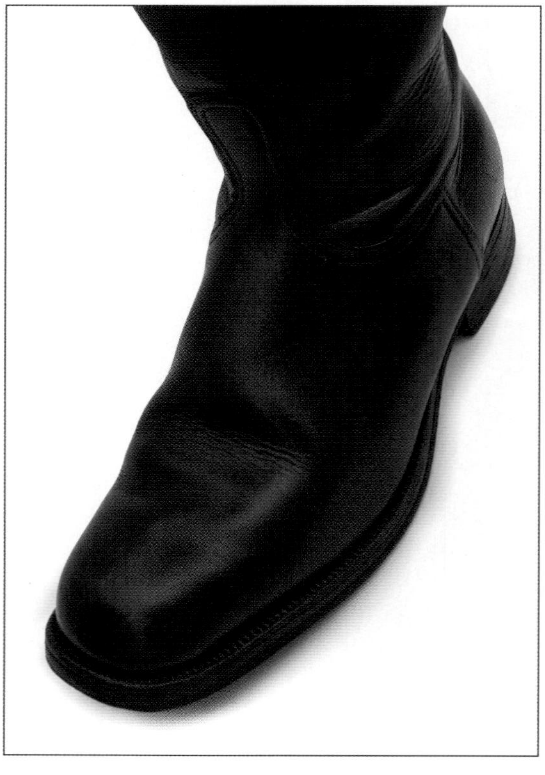

1　ブーツの脚の部分の丈は、製造者によってちがっていたが、一般に行軍用ブーツより高かった。

2

2　私費で購入された乗馬ブーツは民間のデザインをもとにしたものが多く、写真の製品でしめしたように、脚の部分の上端のバックルとストラップといった、服装規定にあきらかに反した特徴を持っているのが普通だった。

3

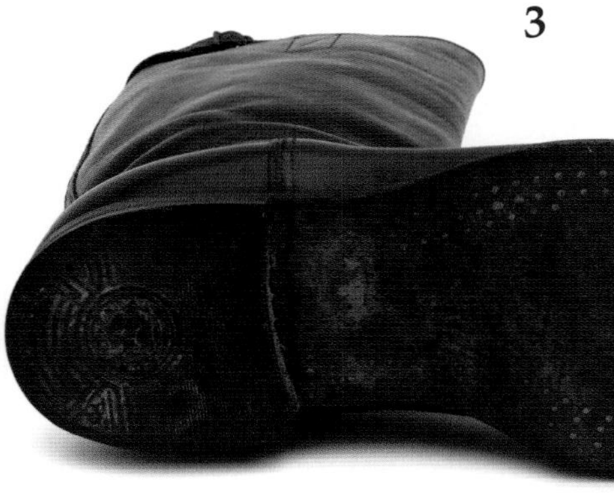

3　靴底は分厚い革製で、ゴムまたは革製の踵が釘で固定されていた。通常は革またはゴム製のハーフソールがついていたが、写真のブーツの場合のように、ハーフソールがまったくないものもあった。

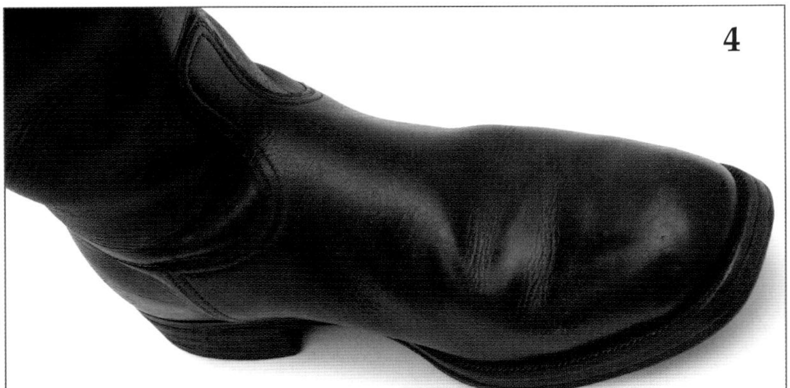

4

4　パイロットが着用したハイブーツの造りは行軍用ブーツと同様だったが、より細身のデザインに、高品質の仕上がりで、やわらかくなめらかな革を通常使っていた。

行軍用ブーツ

マルシュシュティーフェル

行軍用ブーツは下士官兵が着用するために支給され、黒く仕上げた革でできていた。革の不足への懸念から、1939年9月に通達が出され、丈の高い革製の行軍用ブーツの着用は野戦勤務の兵員に限定された。1939年11月のべつの通達により、行軍用ブーツの丈は革の節約のため低くなった。革の不足はますます深刻になり、1943年の通達で、丈の高い行軍用ブーツの製造は完全に中止された。

5　この下士官兵の集団は全員、行軍用ブーツをはいている。

6　ブーツの足の部分は2枚の革部品でできていた。大きな前側の部品は舌のような形をして、足の甲に達している。踵の部分をおおう小さな後ろ側の部品とは、側部の二重の縫い線で縫い合わされている。

7　ブーツの脚部の丈は上端から踵まで約40センチあった。両サイドの内側には、上端の上から5センチほど引き出せる、黒い綿製のつまみ革がついている。つまみ革は二重になっていて、上端の約3センチ下に縫い付けられていた。

8　この一等曹長（オーバーフェルトヴェーベル）は行軍用ブーツをはいている。（ミリタリア・アルガンスエラ）

9　ブーツの足と脚部は二重の縫い線で縫い合わされている。ブーツ1足の重さは、鋲と踵の鉄製金具をふくめて約2200グラムだった。ハーフソールの前部には、ブーツのサイズによって35個から45個の鋲が打たれていた。靴底の前端には鉄の金具がついている場合もあったが、規定では要求されていなかった。

10　革製の踵は3重の革でできていて、サイズによるが3センチほどの高さがあった。外側の縁にそって鉄製の金具で補強されている。

7　長剣と短剣

にこやかに笑う少佐は革コートを着ている。

装飾的な飾緒のついた刃物は、もともと19世紀はじめにプロイセン軍に採用された。この伝統は20世紀はじめまで守られ、第三帝国時代もずっとつづいた。1935年、航空大臣は将校と上級下士官用の短剣の採用を通達。航空機搭乗員の下級下士官と兵も短剣の佩用を認められた。1937年10月、ドイツ空軍は、将校と将校クラスに相当する文官が着用する新型の剣吊りとともに、後期型の短剣を採用し、1940年にその佩用は上級下士官にまで広がった。初期型の短剣の製造はその結果、中止された。

1944年、戦況の悪化と、連合軍がいまにもドイツ領に侵攻してくる恐れに直面して、短剣の佩用を制限する通達が出されはじめた。この状況では、短剣を佩用するよりも、護身用に銃を使うほうがより現実的だった。これらの規定は最初、占領地で公布され、最終的に1944年12月23日の規定でドイツ空軍の全要員に短剣の佩用が廃止された。被服や装具のほかの品目と同様、将校とそれに相当する文官は、短剣と剣吊りを自分で購入することを求められた。将校は専門店で短剣を購入したが、そうした店では通常、象牙のようなもっと高級な素材を付け加え、金属部品に装飾的な模様を入れて、短剣を高級品に仕上げた。こうした装具は一般に、大手の武器工場ではなく、下請けの専門業者が製造していた。

新婚カップル。ヴァルター・バウムバッハ中尉は自分の結婚式で私費で購入したオーバーコートを着ている。短剣を左側に下げ、剣吊りはポケット蓋下の切り込みを通して、コート内側にあるリングにつながれている。バウムバッハは有名な爆撃機パイロットで、柏葉剣付き騎士鉄十字章を授与されている。

飛行士用長剣

フリーガーシュヴェルト

将校用の長剣は1934年に「フリーガーシャフト」つまりLDV飛行団の幹部が佩用するために採用され、規定によって求められた場合に着用された。長剣はドイツ空軍が創設されたときに受け継がれ、その佩用を規定するため、新しい通達が出された。最初の通達は1935年に出され、全将校と上級下士官はある種の軍装で長剣を佩用してよいと定めた。初期型の長剣は銀めっきの金具を使っていたが、原材料の不足から、1936年にはアルミニウム製になりはじめた。

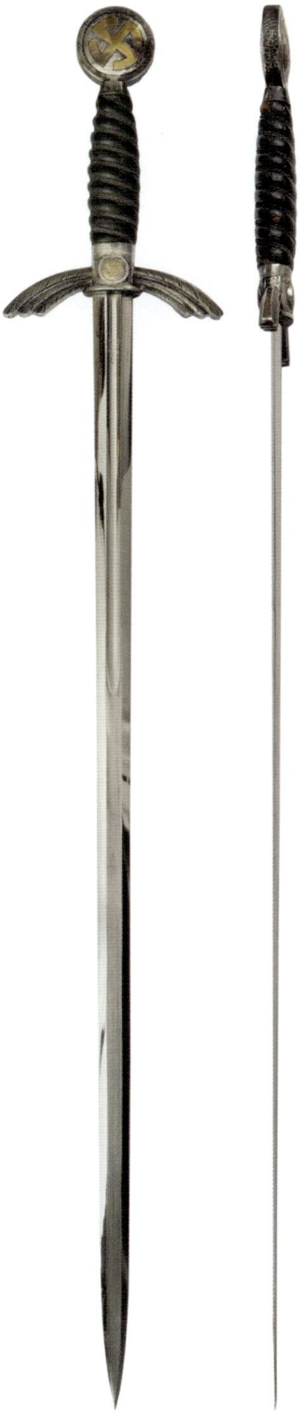

1　サンホイール型の鉤十字がついた平たい銀の円盤型の柄頭の側面にある、精緻に彫刻されたオーク葉のアップ。

2　写真は、式典で飛行士用長剣を握ったオーバーコート姿の大佐。

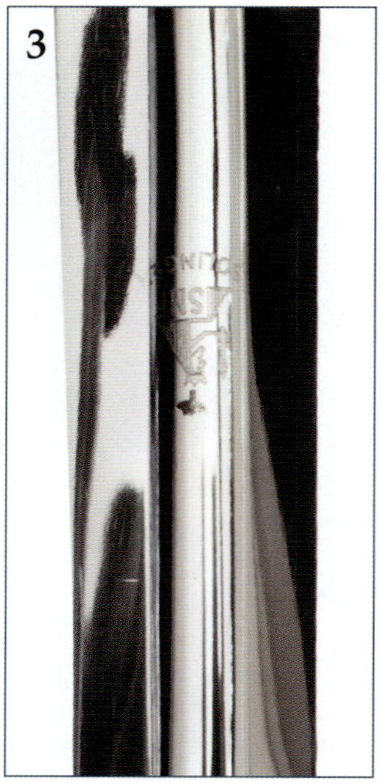

3　ニッケルめっきの刀身には、製造者シュトッカー＆Coの商標が入っている。社名の頭文字「SMF」の上には、剣を上向きに持った王が配されている。社名の下には所在地のゾーリンゲンが記されている。

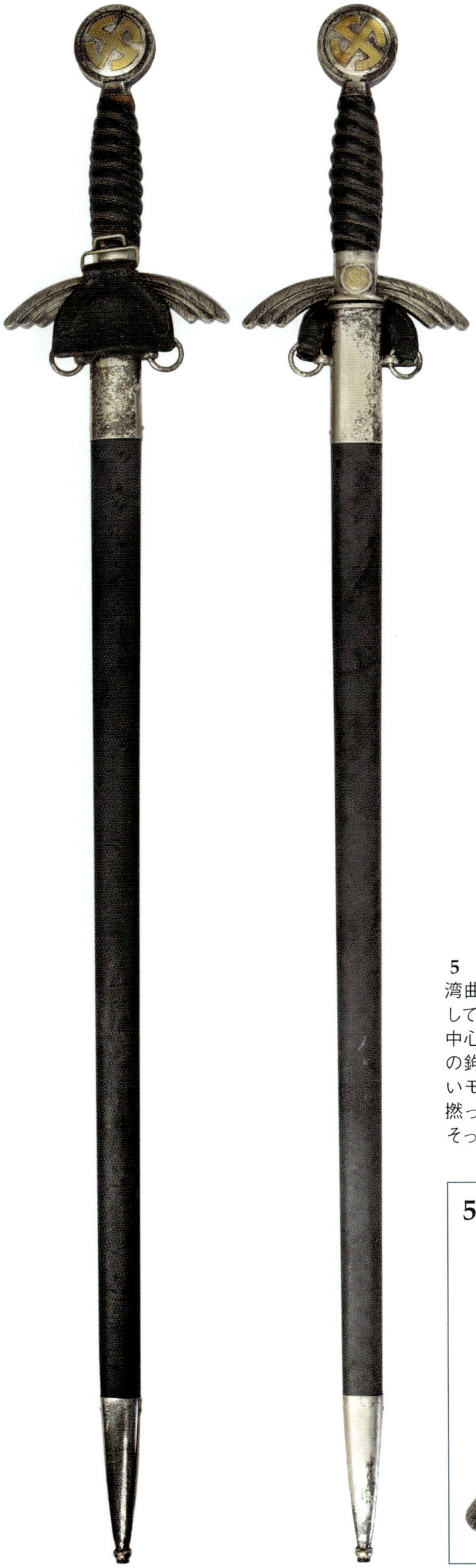

4

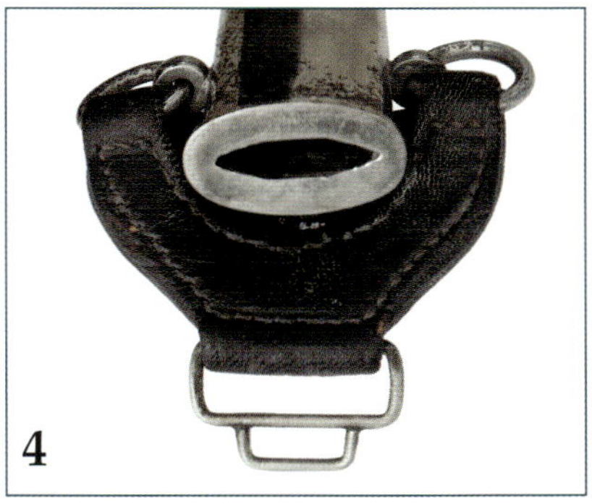
4

4

4　鞘の洋銀製の口金物のアップ。止めねじ4本で鞘に固定されている。青い革の剣吊りは、口金物の左右に半田付けされたふたつの吊環に取り付けられた。長剣は上衣とオーバーコートの上から佩用された。剣吊りの上部のループ金具は内側のベルトに取り付けられた。

4

5　鍔は、下に向かってなだらかに湾曲した左右対称の一対の翼の形をしていて、羽が細かく彫刻されている。中心には表側と裏側にサンホイール型の鉤十字がついている。グリップは青いモロッコ革でつつまれ、表面には、撚ったワイヤ2本が上から下まで溝にそって螺旋状に巻かれている。

5

飛行士用短剣

フリーガードルヒ

将校と下士官用の飛行士用短剣（初期型）

「フリーガードルヒ」つまり飛行士用短剣は、航空省の通達で、「フリーガーシャフト」つまりLDV飛行団の将校と下士官と、操縦士徽章を持つ兵が佩用するために、1934年3月に採用された。短剣は1935年、一連の規定とともにドイツ空軍に受け継がれ、その規定によって短剣の佩用はまず上級下士官全員に、それから航空徽章のひとつを着用する権利を持つ下級下士官と兵にまで拡大された。フリーガードルヒは外出着と礼装で佩用することができた。将校と上級下士官と下級士官候補生は短剣を飾緒つきで佩用したが、下級下士官と兵は飾緒をつけなかった。

6　ニッケル製の円形の柄頭には、サンホイール型の鉤十字がついた真鍮製の円盤のインサートがあった。鉤十字が鍔の中央の表側と裏側にもついている。円盤と柄頭はともに銀めっきされ、鉤十字はさらに金めっきされていた（写真では金色が失われている）。

7　外出着姿でカメラに向かってポーズを取る上等兵（オーバーゲフライター）。規定どおり、左の腰に「フリーガードルヒ」を佩用している。

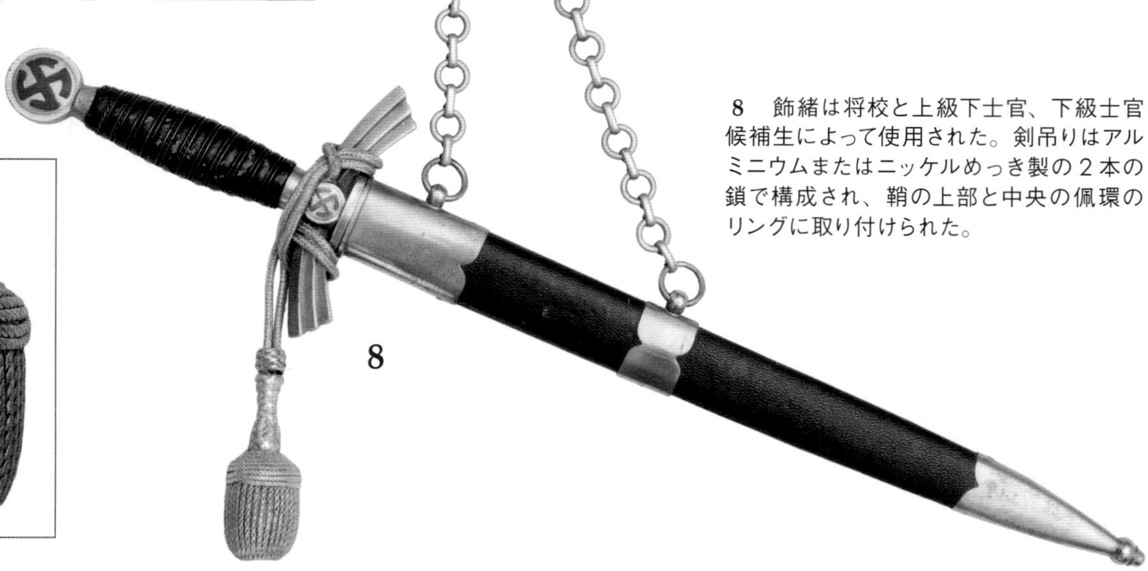

8　飾緒は将校と上級下士官、下級士官候補生によって使用された。剣吊りはアルミニウムまたはニッケルめっき製の２本の鎖で構成され、鞘の上部と中央の佩環のリングに取り付けられた。

9　短剣には磨き上げた両刃の刀身がついていた。鍔は両側に左右対称の翼が１対つき、下になだらかに湾曲していた。中央には表側と裏側にサンホイール型の鉤十字がついていた。鞘は青い革につつまれた筒で、３カ所に金具がついていた。

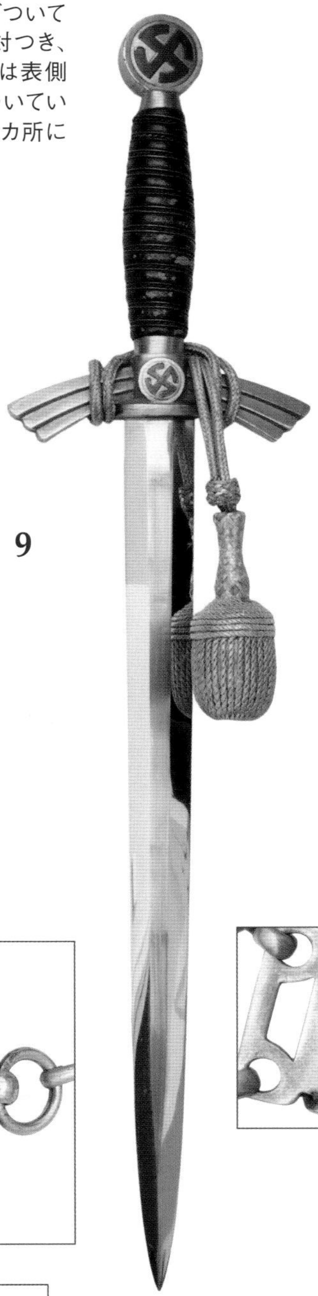

9

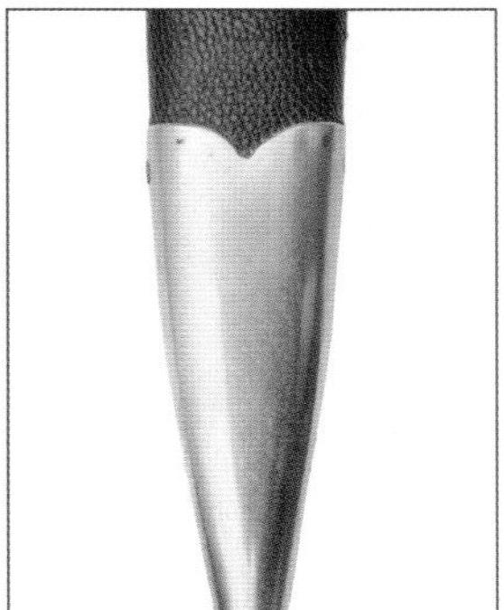

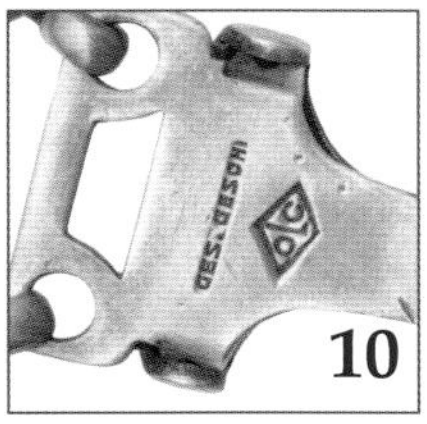

10

10　剣吊りの上部のスプリングフック（ナス環）は、上衣の内側に縫い付けられたＤリングに取り付けられる。上部と中央の佩環には可動式の金属製リングがついていて、剣吊りの鎖と接続されている。フックの刻印には、〈オーヴァーホーフ＆Ｃo〉の商標である、ダイヤモンドのなかの「OLC」の頭文字の上に、「GES. GESCH」と書いてある。これは「法的に保護された」（実用新案登録、登録意匠など）を意味する。

10

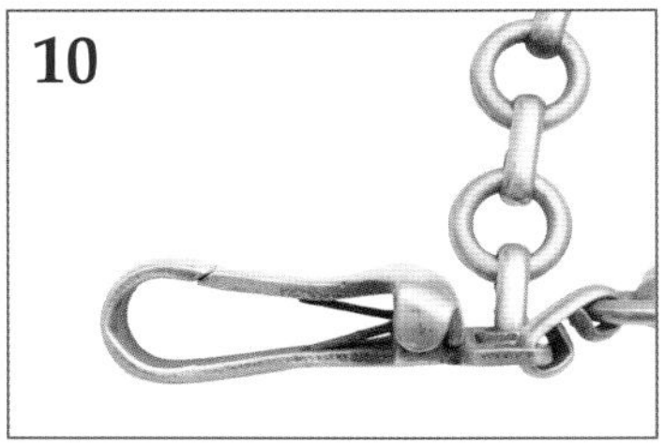

将校と下士官用の飛行士用短剣（後期型）

後期型の空軍用短剣は将校と上級士官候補生が佩用するため 1937 年に採用され、のちに上級下士官、予備役上級下士官、下士官相当の文官にも佩用が拡大された。より安価で簡単に製造でき、初期型といくつかの点でことなっていた。柄は硬質プラスチック製か、あるいは木で製造され、セルロイドでつつまれていた。色はオレンジから白まであった。鍔は国家鷲章の形をしていて、鷲は頭を右に向け、両足で鉤十字をつかんでいた。柄頭はグリップにねじこまれ、柄を固定していた。1944 年にはあらゆる種類の短剣の佩用が礼装から廃止されている。

11　この曹長（フェルトヴェーベル）は飾緒がついた後期型の短剣を佩用してポーズを取っている。短剣は上衣の上に佩用されている。剣吊りの上端のフックは、左腰ポケットの蓋の裏にある水平の切り込みを通し、内側のベルトか、あるいは上衣の内側に縫い付けられたDリングに引っ掛けられた。

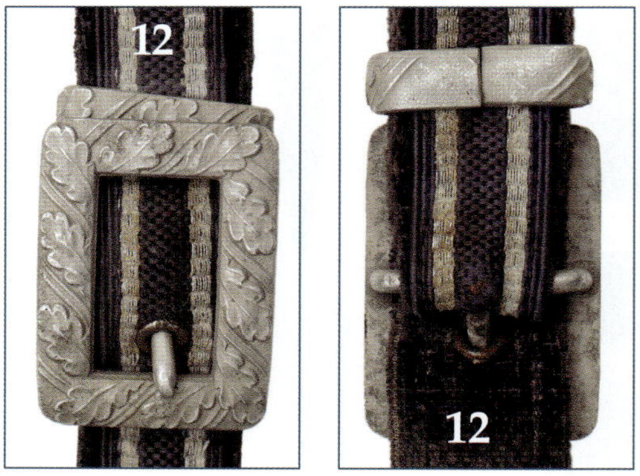

12　剣吊りのバックルは長方形で、周囲にオーク葉の装飾がついていた。バックルは飾りであるだけでなく、剣吊りの長さを調節することもできた。

13 短剣のデザインには、球根形の柄頭もふくまれていた。柄頭の側面はオーク葉の装飾でおおわれ、前面と後面には鉤十字があしらわれていた。柄頭は刀身の茎（なかご）にねじ込まれ、グリップと鍔と刀身を固定していた。

14 上部のフックのアップ。フックは上衣の内側に縫い付けられたDリングに取り付けられた。なかにはオーク葉の模様がついた留め金もあった。剣吊りの表側には、両側にアルミニウムの帯が２本走ったブルーグレーのモール製の吊りバンドがついていた。剣吊りの裏側は、黒いビロード製だった。

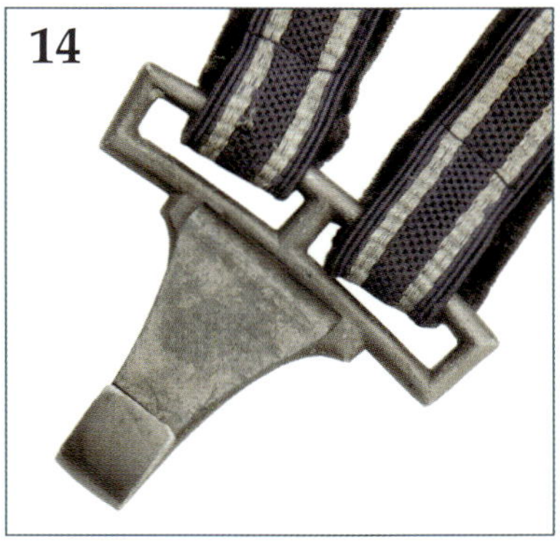

15 短剣は、鞘の可動式の佩環ふたつにスプリングフックで取り付けられた布製の剣吊りで佩用された。

16 鞘の石突きには、縦にならんだ３枚のオーク葉の装飾が表側にも裏側にもある。先端は丸くなっていて、溝が３本入っていた。

500 回の出撃で 118 機の撃墜を記録した有名なドイツの戦闘機エース、エーリッヒ・ライエ中尉。

第3章：飛行服と装備

ライト兄弟が1903年に重航空機を使ってはじめて空を飛んだとき、そのわずか数年後に、飛行機が兵器として戦争にどれほど決定的に重要なものになるかを想像した者はほとんどいなかっただろう。

その初飛行に使われた衣服と装備は基本的に、自転車に乗るときに使われたものと同じだった。この新しい驚異の機械に乗るのに特別な衣服と装備が必要になるとは、当時だれも思わなかった。ライト兄弟以降、発明家たちは飛行機の改良をつづけ、じきに衣類と装備の製造工場は航空界の技術の進歩を追いかけなければならなくなった。飛行機がどんどん速く、どんどん高い高度を飛ぶようになると、操縦士は初期の飛行機の開放式コックピットでもっと快適さと安全性を提供してくれる衣服と装備を求めたからである。

しかし、飛行用の特別な被服と装備の開発が軍の研究部門の手で活発に行なわれだしたのは、この新しい発明が軍の目にとまってからだった。軍は強力な戦争の兵器としての航空機の潜在的な役割を理解した。第一次世界大戦が終わったときには、電熱飛行服のようないくつかのじつに画期的な着想が試みられ、試験されていたものの、まだ発展途上だった。

戦争の終結により、衣服と装備の開発はふたたび民間企業の手にゆだねられ、企業は民間市場を対象に製品をデザインして販売した。軍の研究開発予算は激減した。ドイツの航空隊はヴェルサイユ条約締結後、解隊されていたし、連合国は航空戦の実効性に疑問をいだいていた。一部の熱心な軍人のねばり強い働きかけのおかげで、ドイツ以外の国で空軍が完全に消滅することは避けられたものの、空軍廃止の可能性は、戦争の苛酷さを経験した国民の一部だけでなく、あれほどの被害をもたらした戦争のあとで軍の部門をもうひとつ増やす必要はないと考える政府の一部メンバーにも支持されていた。

空軍力の復活には時間がかかった。特別な装備や被服の開発にまで資金がまわらない最小限の予算で活動するパイロットたちの大半は、旧式な第一次世界大戦の衣服や装備にくわえて、民間の飛行装備を使っていた。ドイツにとって、飛行服の研究開発における転機は、ヒトラーのナチ党の権力掌握だった。第一次世界大戦の結果課せられた制裁にうんざりしていた彼らは、ドイツ軍をふたたび立ち直らせるヒトラーの政策のもとに結集した。巨額の予算が飛行服と装備の開発に向けられた。ドイツ軍の開発担当者は、第一次世界大戦後、ヴェルサイユ条約で動力付き飛行機の使用が禁じられていた当時、政府にあと押しされたグライダー飛行クラブが発展するなかで自分たちのモデルをテストし、ソ連とドイツのパイロット交換訓練から経験を得ていた。しかし、たぶんドイツの飛行服や装備にとってもっとも重要な試験場は、スペイン内戦への参加だった。

ヨーロッパの戦争が1939年にはじまったとき、ドイツ空軍は敵に6年の優位を持ち、いかなる敵も打ち負かせる、高度な訓練を受け、まちがいなく自信に満ちあふれた戦闘部隊を作りだしていた。マシーンを操作する男たちは、当時手に入る飛行装備の最新テクノロジーを思うままに使えた。連合軍の技術者が技術的解決策の一部を模倣したほどである。しかし、この当初の飛行服と装備の開発とデザインの優位はついにはなくなり、さらなる開発では連合軍に遅れを取ることになった。

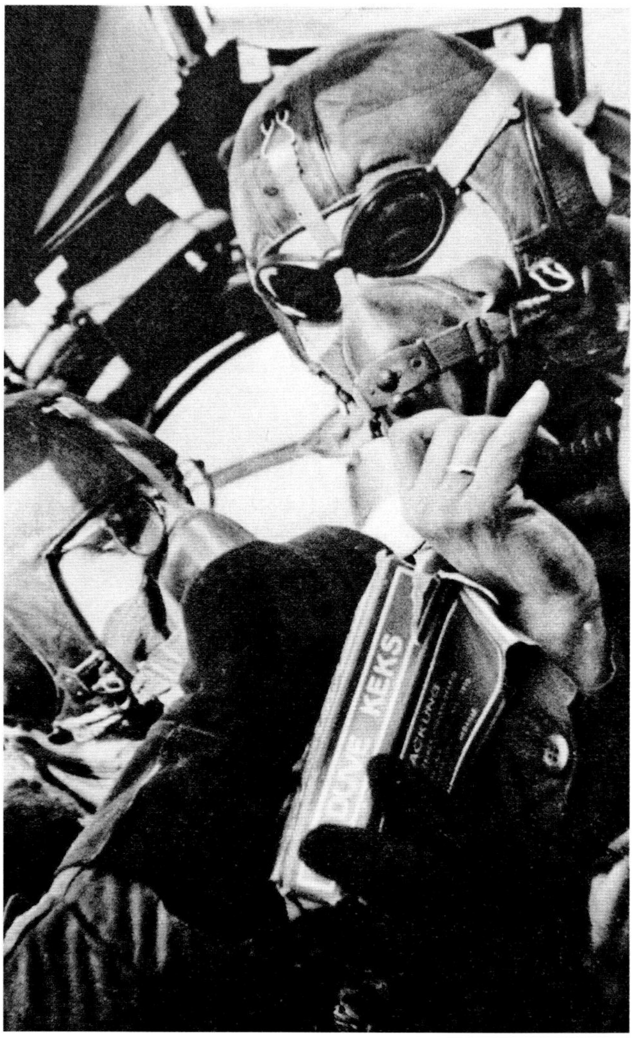

敵地上空を高高度で飛行中、3本ストラップの10-67酸素マスクと弾片防護眼鏡を着用する搭乗員。

以下のページでは、大戦中ドイツ空軍が使った飛行服と装備のもっとも重要で特徴ある品々に焦点をあてる。以下はその簡単な概要である。

ドイツ空軍には特定の気象条件で使用される3種類の基本的なワンピース飛行服があった。夏用の薄手の飛行服と、海上飛行用の冬用飛行服、そして陸上飛行用の冬用飛行服である。戦争が進むと、ツーピースの飛行服が採用された。イギリス海峡を横断する必要のある爆撃任務で

出撃から帰投した第54戦闘航空団「グリュンヘルツ」第3飛行隊第9飛行中隊所属のBf109 G-2を整備する地上整備員。

はじめて使われたために、非公式に「カナール」つまり「海峡」飛行服と呼ばれるこの飛行服は、ワンピースの飛行服より着心地がよく、体に楽にフィットしたため、すぐにパイロットや搭乗員に愛用されるようになった。のちには電熱式の飛行服も採用されている。この仕組みは、裏地と飛行服の外被とのあいだに仕込まれたいくつかの絶縁物に発熱線を通して、搭乗員の体や手足を暖めようというものだった。私費で購入された革製飛行ジャケットの好例もいくつか項を割いて言及するつもりだ。空軍のパイロットが私費で購入したジャケットを着用するのは、戦時中にはめずらしいといっていい出来事で、そのジャケットも着用者と同じぐらいめずらしいものだ。

ドイツ空軍の飛行帽の基本的なデザインは戦前にさかのぼり、戦時中もほとんど変化しなかった。基本的には3種類の飛行帽が存在した。ひとつめは冬期に使用するもので、毛皮裏の革製だった。2番目のタイプは夏期に使用するようデザインされ、布製で、サテンの裏地がついていた。最後の3番目は、頭をおおう部分がネットになった飛行帽で、戦時中、温暖な作戦地域で使用するためにデザインされた。これらの飛行帽はいずれも戦時中に、主として通話装置や、飛行眼鏡、酸素マスクといったほかの装備を装着する金具やベルト類がわずかに変化した。

飛行眼鏡にかんしては、ふたつの基本的なタイプについて考察することになる。ひとつめは左右それぞれのレンズが独立したフェイスパッドにかこまれているタイプで、二番目のタイプは2枚のレンズがひとつのフェイスパッドに取り付けられている。一番目のタイプには調節可能な鼻のブリッジがついていて、左右のレンズの間隔を調節できた。一方で、フェイスパッドがひとつのタイプは、着用感はいいものの、レンズの間隔を調節できないため、いくつかのサイズを用意しなければならないという欠点があった。

ドイツは20年代前半にパイロット用の酸素呼吸装置の研究開発を開始した。戦時中は数種類の酸素マスクが製造され、2本の装着ストラップを持つものと、3本の装着ストラップを持つものがあった。ドイツの酸素マスクは通常、連合軍のものより小型で軽量だった。マイクを内蔵する用意がなかったせいである。

ドイツ空軍のパイロットが飛行手袋を使うかどうかは、基本的に彼らが飛ばす機種によっていた。デザインは戦争中、ほとんど変わらなかった。戦闘機乗りのなかには、手袋をしないほうを好む者や、私費で購入したか支給された礼装用手袋を使っていた者もいた。毛皮裏の分厚い革製長手袋は、主として高高度任務用の大型機の搭乗員に使用された。電熱式の長手袋についても触れるつもりだ。

飛行ブーツにも触れるつもりだ。開戦時、多くのパイロットは、はいているズボンによって、革製のトップブーツまたは普通の編上靴を着用するほうを好んだ。飛行ブーツは基本的なデザインにほとんど変化がなかった。飛行ブーツのデザインのもっとも重要な変化は電熱式ブーツである。最初、飛行ブーツにはふたつのジッパーがついていたが、戦争が進むにつれて、主として戦時の物資不足からジッパーのひとつが省略された。終戦近くには、素材と仕上がりの質は目に見えて悪化した。

ドイツ空軍の救命胴衣は主として不時着水時の浮きとして使われた。ふたつの主要なタイプが使われ、本章ではその両者を取り上げる。ひとつは炭酸ガスのボンベで膨らますタイプで、もうひとつはカポックを詰めたタイプである。

パイロットと搭乗員用の飛行服と装備にくわえて、基本的な航法器具の数々がさまざまな任務で使用された。目標への正確な航法が任務の成功にはきわめて重要だったからである。時計や航法計算盤、リスト・コンパスをふくむ航空計器と航法器具はくわしく取り上げる。

最後に本章では搭乗員とパイロットが護身用に使用したもっとも代表的な携行武器を取り上げる。とくに戦闘機乗りはコックピットが狭かったため、ハンガリーのフェーマールーM37拳銃のような小型の武器を使用した。ルガーP-08拳銃を好んだ者もいた。〈クリークホフ〉は第二次世界大戦中、ドイツ空軍のいちばんの納入業者であり、同社のルガー拳銃はそのすばらしい精度と仕上げで珍重された。

Me 109 G－6 のパイロットがドイツ上空の任務で乗機に搭乗する前に、地上整備員がパラシュートの装着を手伝っている。
落下式の増加燃料タンクが機体下面に見える。

飛行服のラベル表示

ドイツの飛行服と装備を研究しようとするとき、いちばん目につく点は、各品目のラベル表示がまちまちであることだ。製造者名と下請け業者名、サイズ以外ほとんど書いていないラベルもあれば、モデル名とモデル番号、装備番号、製造／発注番号、ドイツ空軍の契約／発注番号、そして製造者コードをふくむ完璧なデータがずらりと記されたラベルもある。戦争中には、製造場所がわかるのを防ぐための手段が取られた。1943 年、ラベルに記された契約業者とその所在地の情報のほとんどが、RB番号に置き換えられた。RB番号はハイフンで区切られた 3 組の数列からなり、その頭には「ライヒスベトリープスヌンマー」（帝国企業番号）の略語であるRBNrの文字がついていた。のちに 2 文字あるいは 3 文字のコードも納入業者と契約業者の識別用に使われた。

混乱をさらに付け加えるように、大半の品目は戦時中に多くの変更を受けている。主として製造規定の変更をともなう素材や色、デザインや製造手段の変更である。多くの品目は、着用者個人の特性に合わせて、規定外の現地改修を受けた。考えられるバリエーションをすべてリストにして説明することは不可能だ。

ドイツ空軍のラベルにはおおむね以下の情報がふくまれていた。器材番号（ゲレーテンヌンマー）、調達符号（アンフォルデルングスツァイヒェン）、製造番号（ヴェルクスヌンマー）、製造者番号（ヘーアシュテラーヌンマー）、サイズ（グレーセ）、製造年月日（ターク・デア・ヘーアシュテルング）、そして最後に、該当すれば重量（ゲヴィヒト）と形式（バウアルト）。関連するコードと数字はすべて、ラベルの詳細なアップとともに列挙して説明するつもりだ。

8　飛行帽

飛行帽の使用の起源は航空史の草創期にまでさかのぼる。とくに第一次世界大戦で軍事航空が発展して以降のことだ。当時の開放式操縦席を持つ飛行機では、パイロットの頭を寒さや風から守る必要があった。やがて通話装置と呼吸装置が追加されて、頭部を守るヘッドギアの着用は、軍用機のパイロットと搭乗員の飛行服に欠かせない一部となったのである。ドイツ軍の飛行帽の開発担当者には有利な点があった。第一次世界大戦後、ヴェルサイユ条約で動力付き飛行機の使用が禁じられていた当時、政府によってグライダー飛行クラブが発展するなかで、自分たちのモデルをテストし、またソ連とドイツのパイロット交換訓練によって、経験を積みかさねていたからである。しかし、たぶんドイツ軍の装備にとってもっとも重要な試験場は、スペイン内戦への参加だった。内戦中、ドイツはそれまでに開発した多種多様な被服や装備を実戦でテストし、さらなる開発と改良に役立つひじょうに貴重な情報を入手したのである。

しかし、大戦勃発前に技術的優位を得ていたにもかかわらず、ドイツ軍の飛行帽のデザインは、開戦時からほとんど進化しなかった。それと対照的に、連合軍の飛行帽のデザインは戦時中、大きく進歩し、近代化された。30年代に確立されたドイツ軍の飛行帽の基本デザインは戦時中、大きな改修も改良も受けなかった。この基本デザインは、頭部をつつむ５つの革または布の部品を縫い合わせ、左右両側面に、耳を保護し、通話装置をおさめる、金属またはゴム製の部品を追加するというものだった。ドイツ空軍用の飛行帽の研究開発でもっとも旨味のある部分はシーメンス社にあたえられ、同社は通話装置のほとんどを設計製造した。飛行帽自体の製造はドイツ国内と占領地内の広範囲の工場に分散していた。

ドイツ空軍の飛行帽には３種類の基本タイプがあった。革で製造された冬期用飛行帽と、布製でサテンの裏地がついた夏期用飛行帽、そしてネット製飛行帽である。各タイプにはそれぞれ、通話装置を取り付ける必要性や使用される予定の戦域など、いくつかの要素によって、多くのバリエーションがあった。飛行帽のデザインに影響をおよぼしたもうひとつの要素が、飛行眼鏡や酸素マスクといった、ほかの装備の装着である。２本ストラップまたは３本ストラップの酸素マスクを装着するための取り付け金具がついた、いくつかの仕様が製造された。

さらに夏期用と冬期用の飛行帽のもっとも重要なちがいは素材だった。冬期用飛行帽の外被は革製で、快適さと防寒のために羊毛の裏地がついていた。夏期用飛行帽は前述のように同じ基本デザインだったが、茶色がかった木綿の布製で、サテンの裏地がついていた。いずれのタイプの飛行帽も通話装置つきとなしでデザインされ、戦時中に小さな改修を受けた。咽喉マイクは、Ｍｉ４と名付けられた丸い磁気タイプか、Ｍｉ４ｂと名付けられた楕円形のカーボン・タイプ、あるいはＭｉ４ｃと名付けられた改良型だった。マイクを留める方式は数種類が戦時中にデザインされて使用されたが、咽喉の振動を正確に拾うためパイロットの首にしっかりとフィットすると同時に、きつすぎて首に不快感をあたえないようにする必要があった。初期の方式では、片方の顎紐に咽喉マイクがひとつだけついていたが、スナップボタンとバックルを組み合わせた方式に発展して、満足のいく性能をしめした。飛行帽にはイヤホン受話器が金属製またはゴム製の収容部に取り付けられ、外被と裏地のあいだの内側にコードが配線されていた。

たぶんドイツ空軍でもっとも人気のあった飛行帽は、ネットまたはメッシュ飛行帽だろう。かぶり心地がずっとよく、極寒時でないかぎりはどんな天候でも着用することができた。頭部はほかの飛行帽と同様の部品で構成されたごく軽量の飛行帽だったが、布や革のかわりにメッシュで製造されていた。

この肖像写真の一等兵（ゲフライター）はLKp S 101飛行帽をかぶっている。飛行帽上部中央にある、３本ストラップの酸素マスク装着用の隠し調節ストラップとDリングがはっきりとわかる。ほかの２箇所の装着用フックは飛行帽の両側面についている。

このMe109 のパイロットは、LKp N 101 ネット製飛行帽と、ニッチェ＆ギュンター社製の折り畳み式硬質フレームつき「シュプリッターシュッツブリレ」破片防護眼鏡モデルFl. 30550 を着用している。写真は地中海の某所、おそらくイタリアで撮影されたもの。

冬期用飛行帽

ヴィンターコップフハウベ

K33 飛行帽

K 33 飛行帽は無線交信を必要としないパイロットや搭乗員のためにデザインされた。寒いときに使用するための飛行帽である。30 年代はじめに開発されたもので、5 枚の山羊革の部品を縫い合わせて製造され、毛皮の裏地がついていた。額の部分の内側には、飛行帽を汗から守るための汗止め革が縫い付けられていた。セーム革の裏地がついた顎紐 2 本が取り付けられ、顎紐は顎の下で交差して、反対側にある金属製バックルで留められ、バックルの上の水平の革製ループで固定される。酸素マスクの装着方式は、飛行帽両側面にあるふたつの金属製フックと、端にDリングがついた、飛行帽上部中央の調節式ストラップで構成されている。

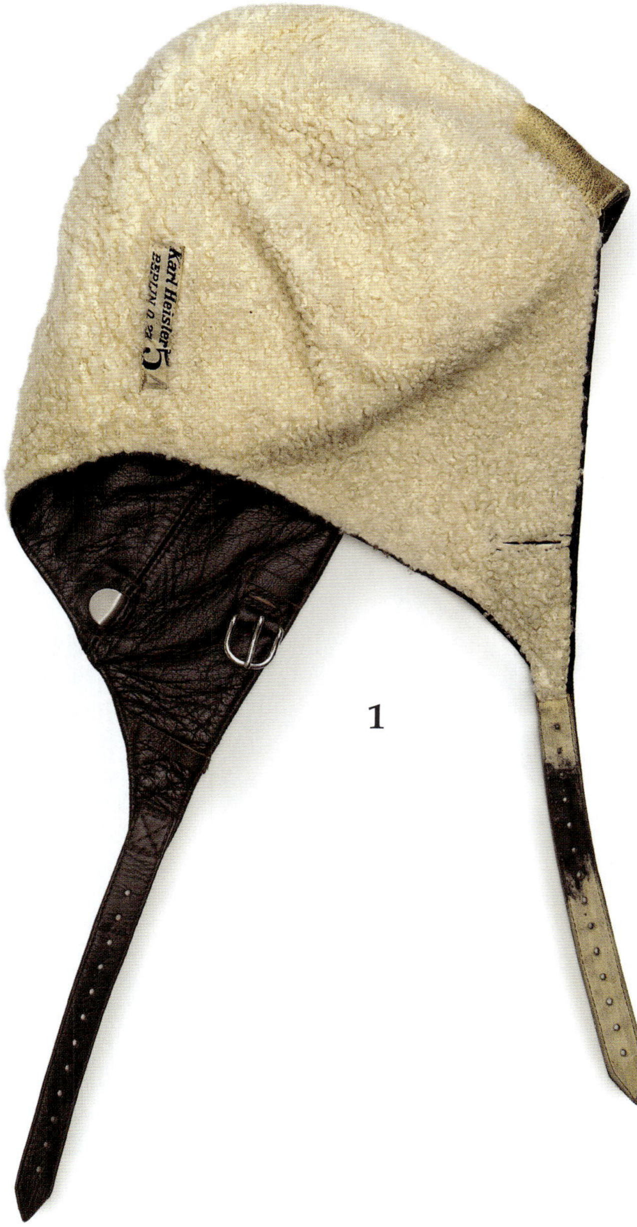

1

1　飛行帽の内側は、冬の寒さからパイロットの頭部を守るために、毛皮裏になっている。写真では額の部分の内側にある汗止め革と、かぶり心地をよくするためにセーム革の裏地がついた 2 本の革の顎紐がわかる。

2

2　飛行帽の内側には布の仕様ラベルが縫い付けられ、製造者名とサイズをしめしていた。この飛行帽は有名な製造者のカール・ハイスラーによって製造され、サイズは 54 である。

3　３本ストラップの酸素マスクを上部正面に装着するのには、飛行帽の上部中央に縦に縫い付けられた調節式ストラップを使った。ストラップの端には、マスクのフックを装着するためのＤリングがついていた。ストラップのもう一方の端はＤリングに通され、金属製の調節バックルで固定された。

3

4

4　飛行帽には通話装置がなく、側面には耳穴が開いていない。飛行帽の両側面にあるふたつの金属製の平フックで酸素マスクを装着できた。フックの前にあるバックルは、左右の革製の顎紐を留めるのに使われた。

K33 飛行帽（改）

　この飛行帽の基本デザインは30年代にさかのぼり、通話装置を取り付ける用意はなかった。子牛の革の部品5枚で製造され、毛皮の裏地がついていた。額の部分の内側には汗止め革が縫い付けられていた。2本の顎紐は、飛行帽の両側からのびて、顎の下で交差し、両側にある金属製バックルで留められる。写真の製品は標準モデルの数多いバリエーションのひとつで、酸素マスクを取り付けるための側面のフックなしで製造されたものだ。この飛行帽にはイヤーパッドのかわりに、初歩的な伝達システムを装着するための耳穴がふたつ開いている。耳穴は使わないときにはスナップボタンつきの革製の耳覆いを使って閉じられる。

5

5　飛行帽の後ろ側には、飛行眼鏡のバンドを固定して、飛行中風に持っていかれないようにするための、標準の小さな縦ストラップがついていない。

6

6　顎紐を留める側面のバックルのひとつが見える。このモデルには2本ストラップの酸素マスクを装着するための平フックがついていない。

7　両側面にある革製の耳覆いは、開いてスナップボタンで固定できた。耳覆いの下の耳穴には、搭乗員が開放式操縦席の飛行機で言葉をかわすための初期の伝達システムを取り付けることができた。この特徴はＫ33 モデルの標準ではない。通話装置を使う必要のない搭乗員が使用するために製造されたからである。戦時中には、被服に正式の需品マニュアルに載っていない多くの製造バリエーションが出てくるのはめずらしいことではなかった。

7

8

8　飛行帽には羊毛または兎の毛皮の部品５枚で裏地が張られていた。長い顎紐は飛行帽両側面にあるふたつのバックルで留められる。顎紐には、かぶり心地をよくするためにセーム革の裏地がついていた。この飛行帽の基本デザインは、それにつづくドイツ空軍の飛行帽の原型だった。

8

LKp W 53 飛行帽

　このモデルは冬期に使用するためのもので、無線通話装置のコードが内側に配線されていた。LKp W 53 はほかの飛行帽と同じ基本デザインを使って製造された。外被は山羊革の部品５枚を使って製造され、羊毛または子羊の毛の裏地がついていた。毛皮の裏地には、額の部分に汗止め革が縫い付けられていた。通話システムはマイクと左右のイヤーカップの受話器で構成された。飛行帽の右側の顎紐のすぐ上には、丸い咽喉マイクがひとつ内蔵されていた。顎紐をパイロットの首で締めると、咽喉マイクが首の咽喉近くにしっかりと押しつけられ、マイクが音波を拾えるようになる。飛行帽には酸素マスクのサイド・ストラップを取り付けるための平フックが左右両側につき、後ろ側には飛行帽のバンドを固定するための縦ストラップがあった。

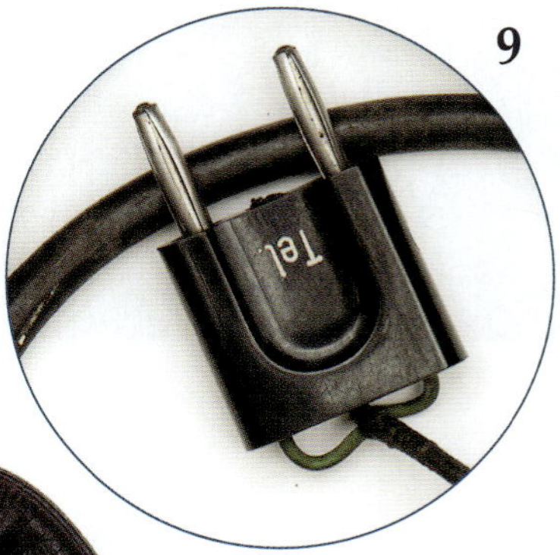

9

9　飛行帽と飛行機の無線管制器をつなぐ２ピン・プラグ。黒いプラスチック製のプラグ覆いには、プラグの種類をしめす文字が成形されている。これはスペイン内戦中に広く使われたごく初期型のコネクターだが、第二次世界大戦勃発時には旧式とされていた。

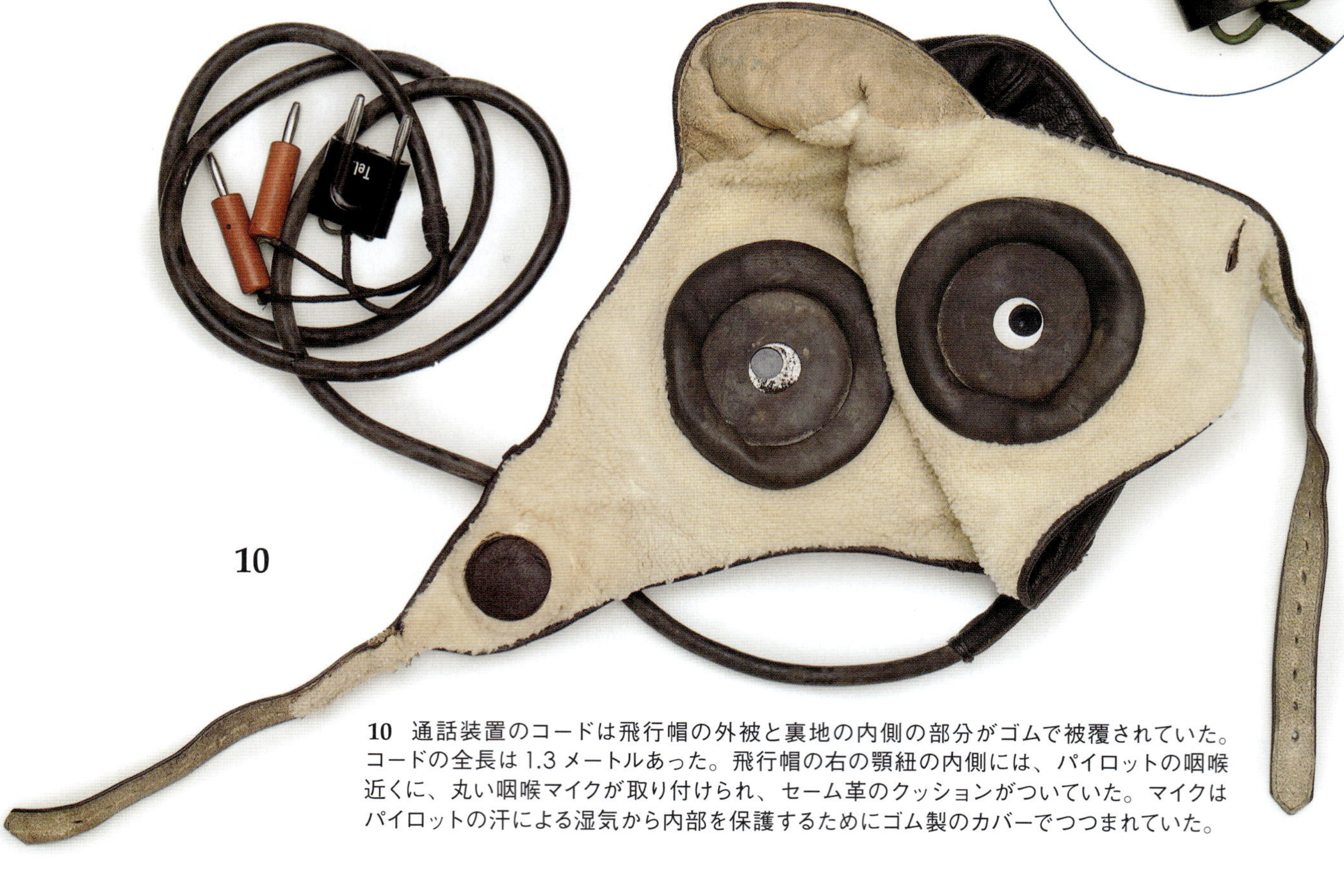

10

10　通話装置のコードは飛行帽の外被と裏地の内側の部分がゴムで被覆されていた。コードの全長は 1.3 メートルあった。飛行帽の右の顎紐の内側には、パイロットの咽喉近くに、丸い咽喉マイクが取り付けられ、セーム革のクッションがついていた。マイクはパイロットの汗による湿気から内部を保護するためにゴム製のカバーでつつまれていた。

11　飛行帽には、左右の後ろ側に、スナップボタンで留める短い縦ストラップがふたつついていた。これは飛行眼鏡のバンドを固定するのに使われた。

11

12

12　この初期の布製ラベルは、飛行帽の内側に縫い付けられ、通信装置の製造者と飛行帽の型式にかんする情報をしめしている。ラベルに記載された情報は戦時中、しだいに詳細になっていった。

13

13　飛行帽の製造者とサイズをしめすもうひとつのラベル。この飛行帽の場合、サイズは 58 である。

14

14　イヤホンは黒く塗装されたアルミニウム製の丸いカバーのなかに取り付けられたが、これはのちに黒または茶色で塗装された硬質ゴム成形のイヤーカップに取って代わられた。

LKp W 100 飛行帽

LKp W 100 飛行帽は 1936 年に採用され、1938 年に改良された。シンプルだが革新的なデザインで、戦時中ずっと、通話システムに小改造をくわえながら 使用された。外被は山羊革製で、裏地は兎の毛皮もしくは子羊の毛皮だった。

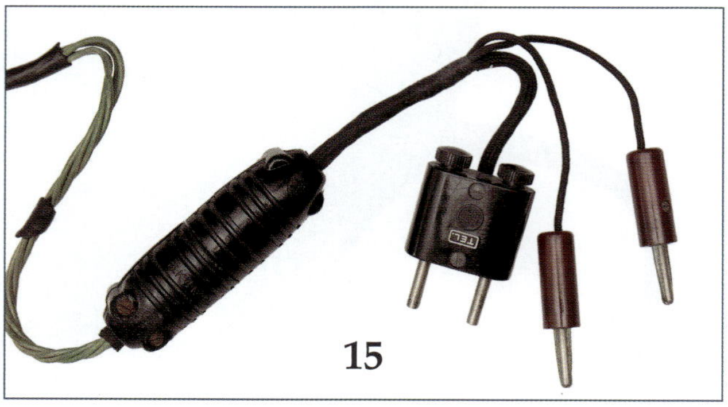

15

15 コードは長さが約 1 メートルあり、先端には飛行機の無線管制器に差し込まれる標準のDIN–4 蜂の巣形ピンプラグがついている。写真の飛行帽のDIN–4 プラグには、以前の型式のプラグがついた延長コードが接続されている。

16

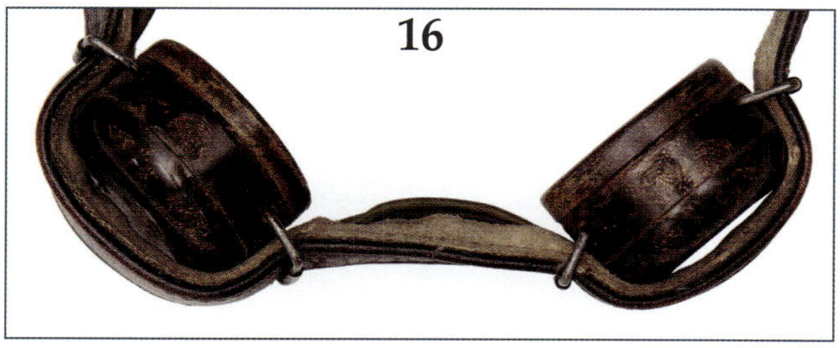

16

16 飛行帽にはモデルMi 4 咽喉マイクがふたつ取り付けられていた。マイクはベークライト製ケースの両側面に出ている金属製リングふたつを使って、革製の顎紐に取り付けられていた。

17 飛行帽の裏地は兎の毛皮または子羊の毛皮製だった。イヤーカップの内側には、かぶり心地がいいように、クッション付きのセーム革のイヤーパッドが入っている。

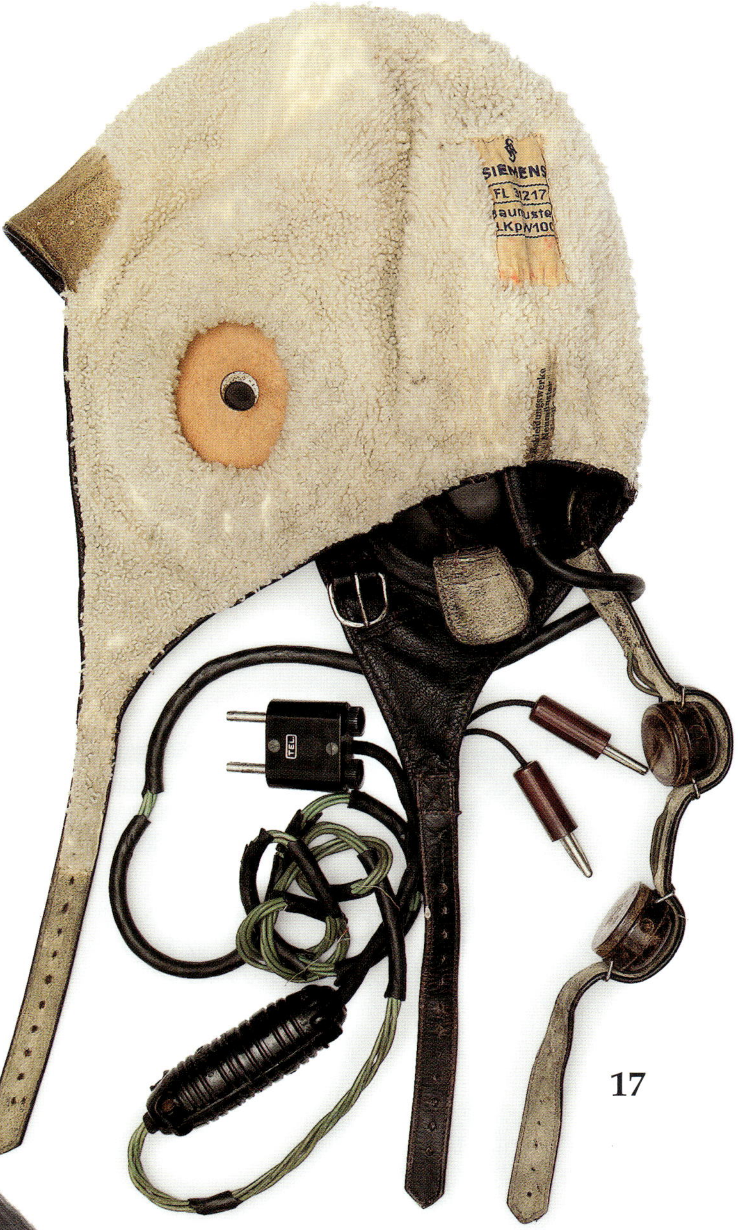

17

18

19

18 飛行帽のラベルは初期製造のモデルに典型的に見られるものだ。

19 製造者の名前と所在地はのちに、製造工場の場所にかんする情報を隠し、連合軍の爆撃を避けるために、3文字のコードがついた仕様ラベルに代わった。

LKp W 101 飛行帽

1938年に採用されたLKp W 101冬期用飛行帽は、実際には以前のモデルをシーメンス社製の新型通話システムで改良したものだった。イヤホンは、以前のモデルで使われた金属またはプラスチックのかわりに硬質ゴムのイヤーカップのなかにおさめられ、革でカバーされていた。イヤーカップの上部には、飛行眼鏡のバンドがしっかりと固定され、パイロットの頭からずり落ちないようにするための窪みが追加された。この新しいイヤーカップのおかげで遮音性は向上した。咽喉マイクの収容部とストラップも変更され、パイロットにとってより快適になった。飛行帽には3本ストラップの酸素マスクを装着するために、左右側面に以前と同様のフックがついていたほか、端にDリングがついた調節式の隠しストラップが新たに額に付け加えられた。

20

20 改良型のMi 4 b咽喉マイクのアップ。バックル付きの2本のストラップで飛行帽の項の部分に取り付けられ、2個のスナップボタンを使って喉の前で留められる。スナップボタンのおかげですばやい着脱が可能だった。

21

21 マイクがついた2本のストラップは、飛行帽後部に縫い付けられた大きなT字型の革製部品によって、項の部分でつながれ、バックルで調節できる。コードの端には、標準の4ピンDINプラグがついている。

22 パイロットがLKp W 101飛行帽を使って戦闘機に搭載された通信装置を点検している。3本ストラップの酸素マスクを装着するための、額のストラップとDリングがはっきりと見える。

22

23

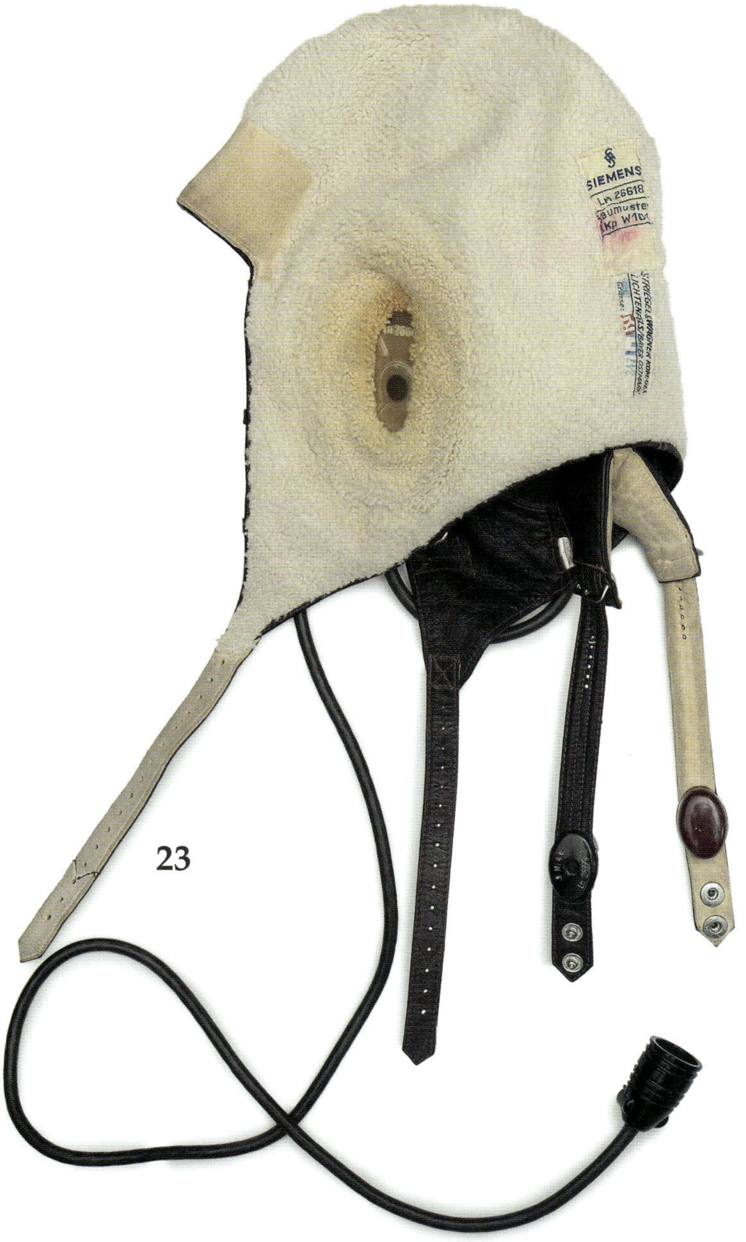

23 飛行帽には羊毛の裏地がついていた。通話装置の製造者の情報をはじめとする関連データは、戦争初期の製品ではべつべつの布製ラベルに記載されている。

23

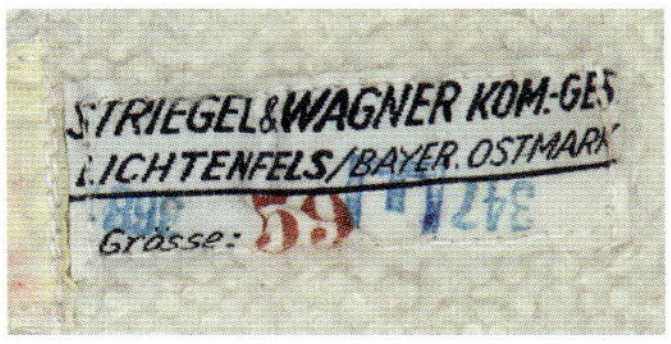

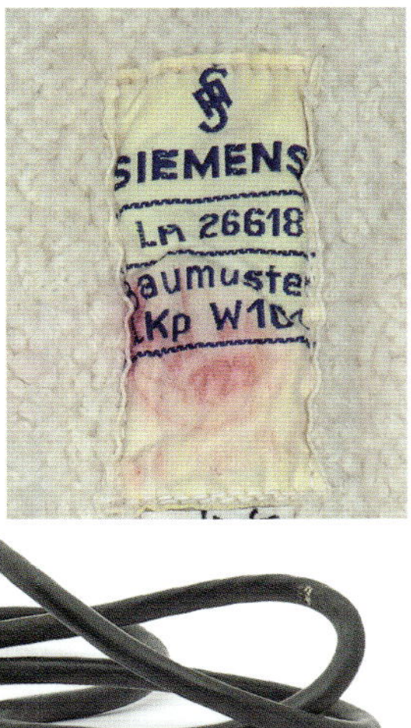

LKp W 101 飛行帽（改）

この飛行帽は、前ページで紹介したLKp W 101飛行帽の改造型で、通話システムが取り外されている。この種の改造は、意志の伝達がそれほど重要ではない、グライダーまたは開放式操縦席の飛行機で使用するためなどの、いくつかの理由で行なわれた。飛行帽のイヤーカップは取り外され、かわりに穴をふさぐ革の部品が取り付けられている。その中央部には耳覆いが追加され、スナップボタンが2個あって、耳覆いを閉じた状態にも開いた状態にも固定できる。耳覆いの下には耳穴が残されていて、パイロットが飛行していないとき周囲の音を聞いたり、ほかの搭乗員と話すためのゴム管を使った初歩的な通話装置である伝声管を使用することができた。飛行帽の項の部分には、コードが飛行帽から出る穴をふさぐために革の部品が使われ、革製の帽垂れが追加されている。

24

24 通話システムの改造の細部写真。大きな外側のイヤーカップはなくなり、かわりにふたつの耳覆いがついている。耳覆いは開いて、小さな丸い耳穴を出すことができた。スナップボタンのもうひとつのオス側は、外装式の通話装置を使用するときに、耳覆いを開いた位置で固定する。

25 飛行帽の後ろ側には、スナップボタンで留める２本の革製縦ストラップが残されている。飛行眼鏡のバンドを固定し、激しい空中機動中にはずれたり、開放式操縦席の飛行機で飛んでいるとき強風で飛ばされたりするのを防ぐために使われた。

25

26 飛行帽には毛皮の裏地がついていた。イヤーカップの部分には、かぶり心地をよくするためにクッションが入っている。この飛行帽からは通話装置が全部取り外されているが、搭乗員同士の古風な通話装置を取り付けられるように、耳穴は残されている。スナップボタンがついた耳覆いに注意。耳覆いはスナップボタンを使って開または閉の位置で固定することができた。

26

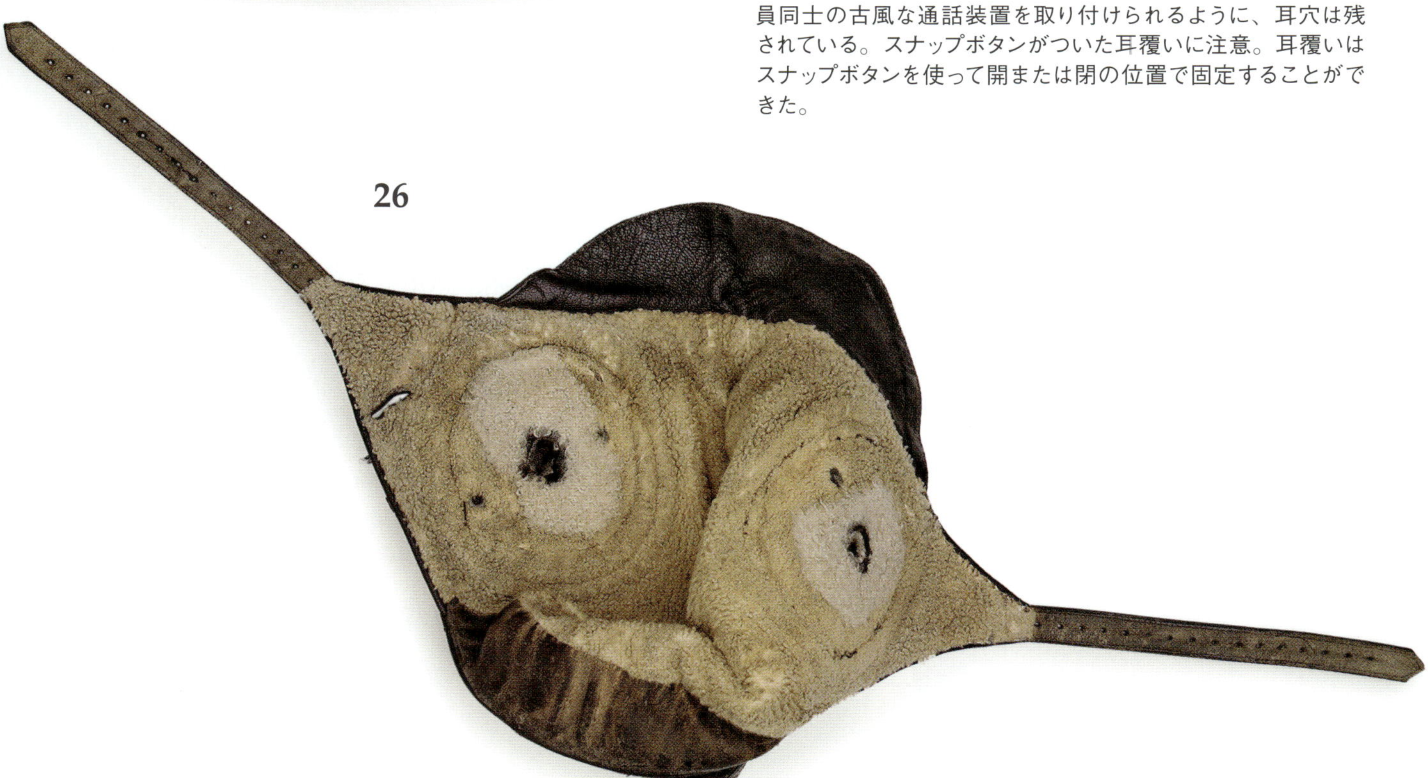

夏期用飛行帽

ゾンマーコップフハウベ

FK 34 飛行帽

夏期用飛行帽モデル FK 34 は 1936 年に採用された。練習機の搭乗員や、爆撃機の一部の機銃手配置、あるいは旧式機を飛ばす戦闘機乗りなど、通話装置が必要ない搭乗員が、夏期に使用するためのものだった。この飛行帽の製造は 1943 年に終了したが、通話装置がついた、もっと進歩した LKp S 100 と LKp S 101 の両モデルの採用以降は旧式となっていた。織り目の細かい茶色の木綿布製で、オリーブグリーン色の木綿サテンの裏地がついていた。顎紐は飛行帽両側面についた 2 本の革製ストラップからなり、顎の下で交差して、それぞれ反対側にあるバックルで装着できた。

27 （上）左右の顎紐は飛行帽の反対側にある切れ込みまたは革製ループを通して、金属製のバックルで留める。（下）下の写真では、飛行帽の額にある、3 点式酸素マスク用の D リングが見える。調節式のストラップは、飛行帽の上部中心線上に縦に縫い付けられていた。

28 飛行帽の内側にはグレーのサテンの裏地がついていた。顎紐のセーム革の裏地がはっきりと見える。飛行帽の裏地には布製のラベルが縫い付けられ、製造者であるベルリンのカール・ハイスラーの名前がついている。

28

29

29 ドイツの飛行帽の標準的な特徴のひとつが、飛行眼鏡のバンドを取り付けるための２本のストラップだった。革製で、飛行帽の後ろの左右両側に縦についている。一方の端は飛行帽に縫い付けられ、もう一方の端には茶色のスナップボタンがついていた。写真では飛行帽の中心線上に縫い付けられたストラップも見える。このストラップは、飛行帽の左右両側面にあるほかのふたつの平フックとともに、３点式酸素マスクを装着するのに使われた。

LKp S 100 飛行帽

無線通話装置がついたLKp　S　100 夏期用飛行帽は、冬期用とともに 1936 年以降、ドイツ空軍の標準型飛行帽だった。1938 年には新しい改良型が支給されたにもかかわらず、この飛行帽は英本土航空戦のときにも依然としてドイツ空軍のパイロットにもっとも広く使われていた飛行帽だった。造りは冬期用と同じ型式だったが、茶色がかった木綿織物製で、グレーのサテンの裏地がついていた。受話器は黒く塗装されたアルミニウムまたはベークライト製の楕円形のイヤーカップで外側を保護され、内側には羊毛のクッションがついていた。飛行帽には、革製のストラップで咽喉マイクがふたつ装着されていた。このストラップの一方の端は、伸縮性のあるバンドで飛行帽の左側に縫い付けられていた。飛行帽の右側にはやはり伸縮性のあるバンドでバックルが縫い付けられ、パイロットの首にまわしたマイク付きの革ストラップを装着できた。

30

30 内側にあるふたつのラベル。大きなほうには、無線通話装置の製造者であるシーメンス社の名前が入り、もう一方からは飛行帽の製造者シュトリーゲル＆ヴァグナーＧ．Ｍ．Ｂ．Ｈ．と、56 というサイズがわかる。シーメンスはドイツの飛行帽用通話装置の製造契約で、いちばん旨味のある部分を手に入れた。

31 イヤーカップの内側は羊毛のクッションがつき、顎紐のほうはセーム革の裏地がついていた。内側には製造者の布製ラベルがついていた。

32 イヤホンとマイクのコードは、飛行帽の外被と裏地のあいだの内側に配線され、飛行帽の項の部分にのびていた。項には短い革の接合部が縫い付けられ、コードをまとめて1本にして外に出していた。革製の接合部のおかげで、コードはひっぱられても力を吸収することができた。絶縁コードの端には、飛行機の無線管制器に差し込むための、「蜂の巣」形のDIN-4コネクターがついている。

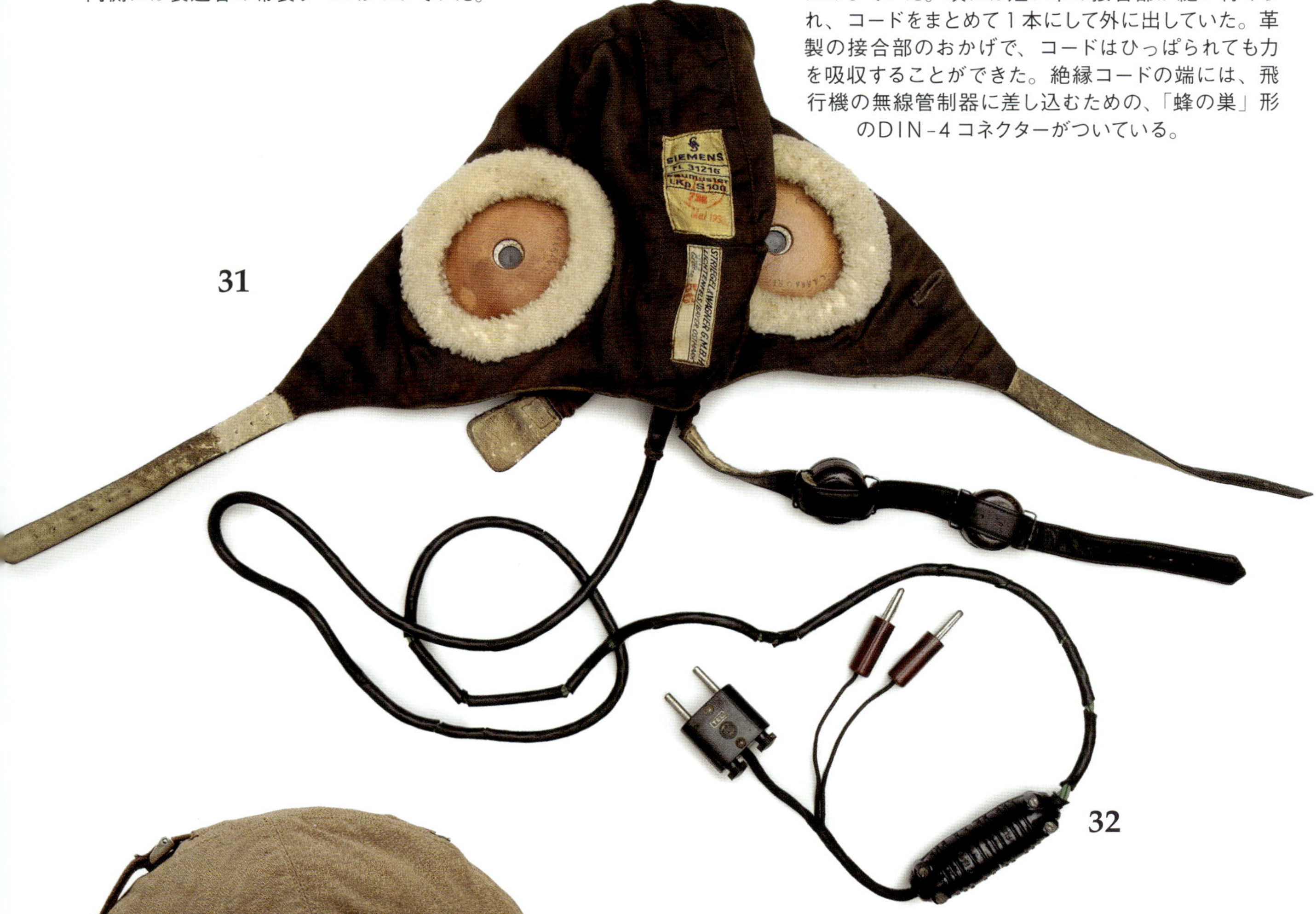

31

32

LKp S 101 飛行帽

この飛行帽は無線通話を必要とするパイロットが夏期に使用するためのものだった。1938年に採用され、以前のLKp S 100飛行帽に取って代わるよう考えられていた。冬期用も夏期用も、製造に使われる素材以外は同型で、夏期用の素材は茶色がかった木綿織物だった。飛行帽の左右両側面には2本の顎紐があり、反対側の金属製バックルで留めて、飛行帽がずれないようにした。受話器には茶色の革でおおわれた楕円形のゴム製イヤーカップが外側につき、内側には羊毛のクッションがついていた。通話装置のコードは飛行帽の項の部分から出ている。4つのサイズで製造された。

33 初期の典型的なラベルのアップ。最初のラベルには飛行帽の製造者名が記載され、もう一枚は通話装置の製造者名のシーメンスと、そのほかの関連データをしめしている。

33

34 LKp S 101を着用したところ。咽喉マイクのひとつがパイロットの左肩にかかっている。(《ジグナール》)

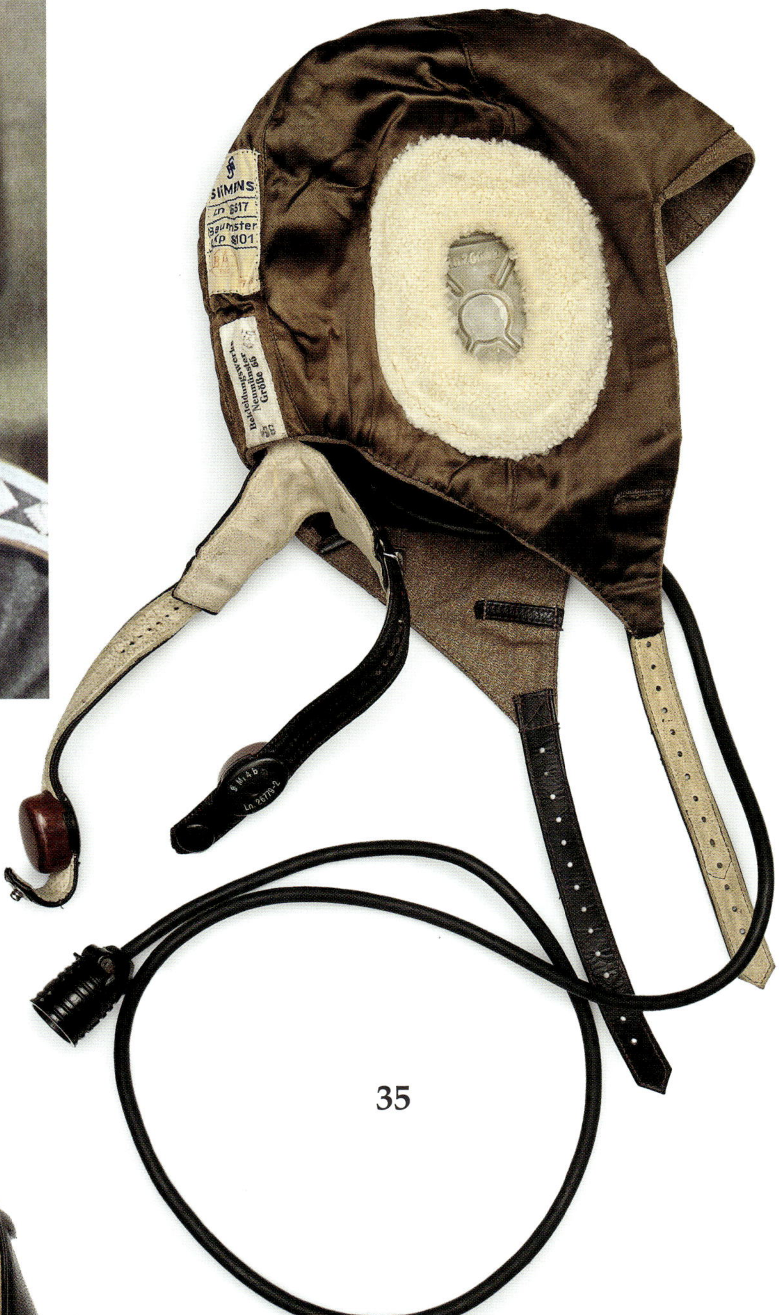

35

35 咽喉マイクは項に縫い付けられた三角形の革部品で飛行帽に接続されている。三角形の革部品には、2本の水平の革製ストラップが針付きの調節バックル2個で接続されていた。革製ストラップはパイロットの首に心地よくフィットして、咽喉マイクが咽喉の近くにおさまるようデザインされていた。両方の革製ストラップには、ベークライト製のケースを持つ改良型のMi 4bカーボン・マイクが取り付けられていた。ストラップはスナップボタンを使って喉の前で留める。受話器とマイクのコードは長さ1メートルの1本の絶縁コードとなって項の部分から出て、受話器とマイクの両方を飛行機の無線管制器に接続した。大半の飛行帽と同じように、後ろ側には、飛行眼鏡のバンドを固定するための、金属製スナップボタンが1個ついた革製の縦ストラップがふたつついている。

ネット製飛行帽

ネッツコップフハウベ

LKp N 101 飛行帽（その1）

このネット製飛行帽は、温暖な作戦地域で使用するためのものだった。メッシュの部品と内側の補強革を使って製造された。このモデルと夏期用および冬期用飛行帽の大きなちがいは、顎紐がないことだった。飛行帽がずれないようにする役目は、酸素マスクのストラップにゆだねられていた。このきわめてかぶり心地のいい飛行帽は1941年に採用されると、もっとも愛用され、多くのドイツ軍戦闘機乗りが選ぶ飛行帽となった。前のLKp N 100モデルを改良したデザインで、前のモデルと同じ通話装置が取り付けられていた。外側のイヤーカップは茶色または黒の革でおおわれていた。内側には半透明の膜が取り付けられ、不要な雑音を取りのぞき、ほこりや湿気がデリケートなメカニズムに入りこまないようにする役目をした。戦時中にはいくつかのバリエーションが製造されたが、そのうちのふたつを以下のページで紹介する。

36

36　飛行機の無線管制器と接続する「蜂の巣」形の４ピンDINプラグのアップ。黒または茶色のベークライト製ケースを持ち、外側に仕様の数字が成形されている。

37

37　モデルMi 4c咽喉マイクのケースはプラスチックまたはベークライト製で、飛行帽の項の部分についた首ストラップに取り付けられていた。首ストラップはスナップボタンを使って前側で留められた。

38

38 カメラに向かってほほ笑む第15「シュパーニシェ・シュタッフェル」別名「エスクワドゥリリャ・アスール」のスペイン人パイロット、フアン・エンリケ・デ・フルトス・ルビオ大尉。2本ストラップの酸素マスクを装着するフックがついたタイプのLKp N 101ネット製飛行帽をかぶっている。パイロットの首には、ベークライト製のMi 4b咽喉マイクが見える。

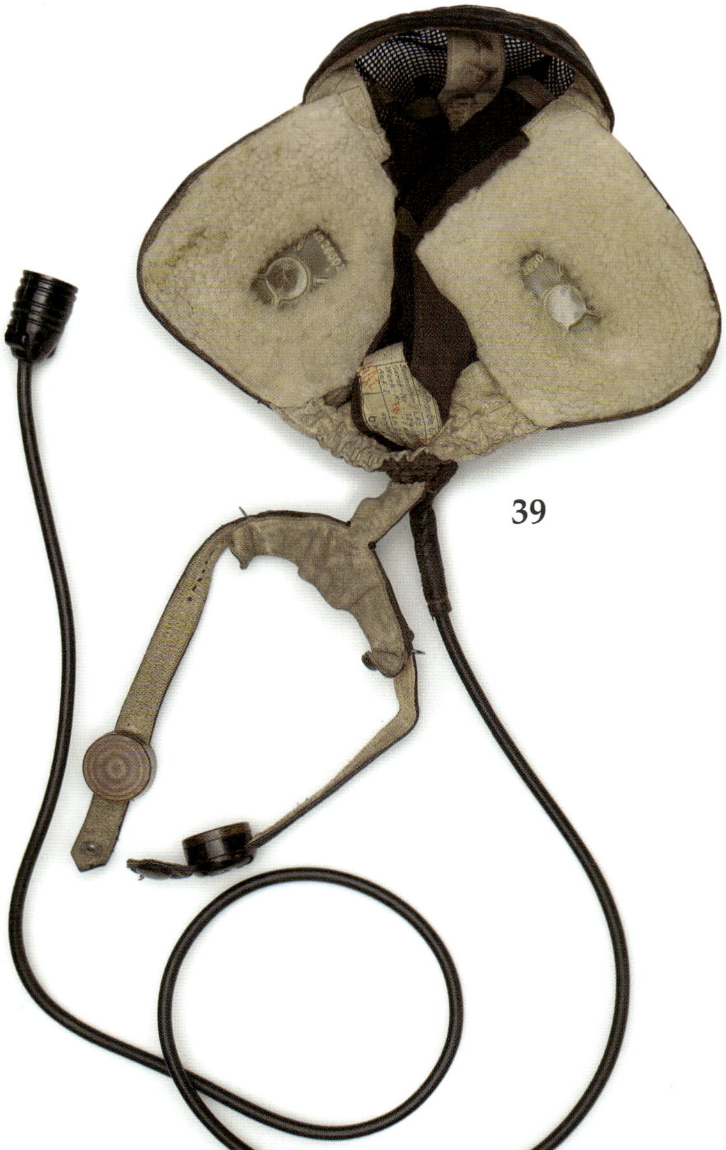
39

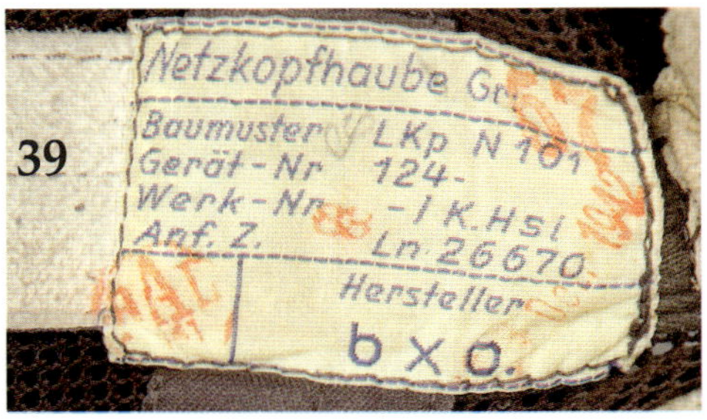

39

39 初期型には項から出る1メートルの絶縁コードがついていた。飛行帽は2本ストラップの酸素マスクを装着する仕様になっていて、左右両側に2個の留め金具がついている。上は戦争中期の典型的なラベルで、製造者名は、工場がつきとめられて連合軍の爆撃を受けるのを防ぐために、3文字のコードに取って代わられている。

LKp N 101 飛行帽（その 2）

LKp N 101 飛行帽のふたつ目のタイプは、ひとつ目と同型だが、3 本ストラップの酸素マスクを装着するために、飛行帽の頂部を縦に走るストラップと先端のDリングがついている。それ以外の些細なちがいは、項から出るDIN-4 プラグのついた通話装置のコードがずっと短いことだ。飛行帽の両側面には羊毛の裏地がつき、メッシュ部品の内側は、セーム革の裏地がついた革帯で補強されている。飛行帽には、咽喉マイクのストラップやメッシュの素材と色に、さまざまなデザインのバリエーションがあった。

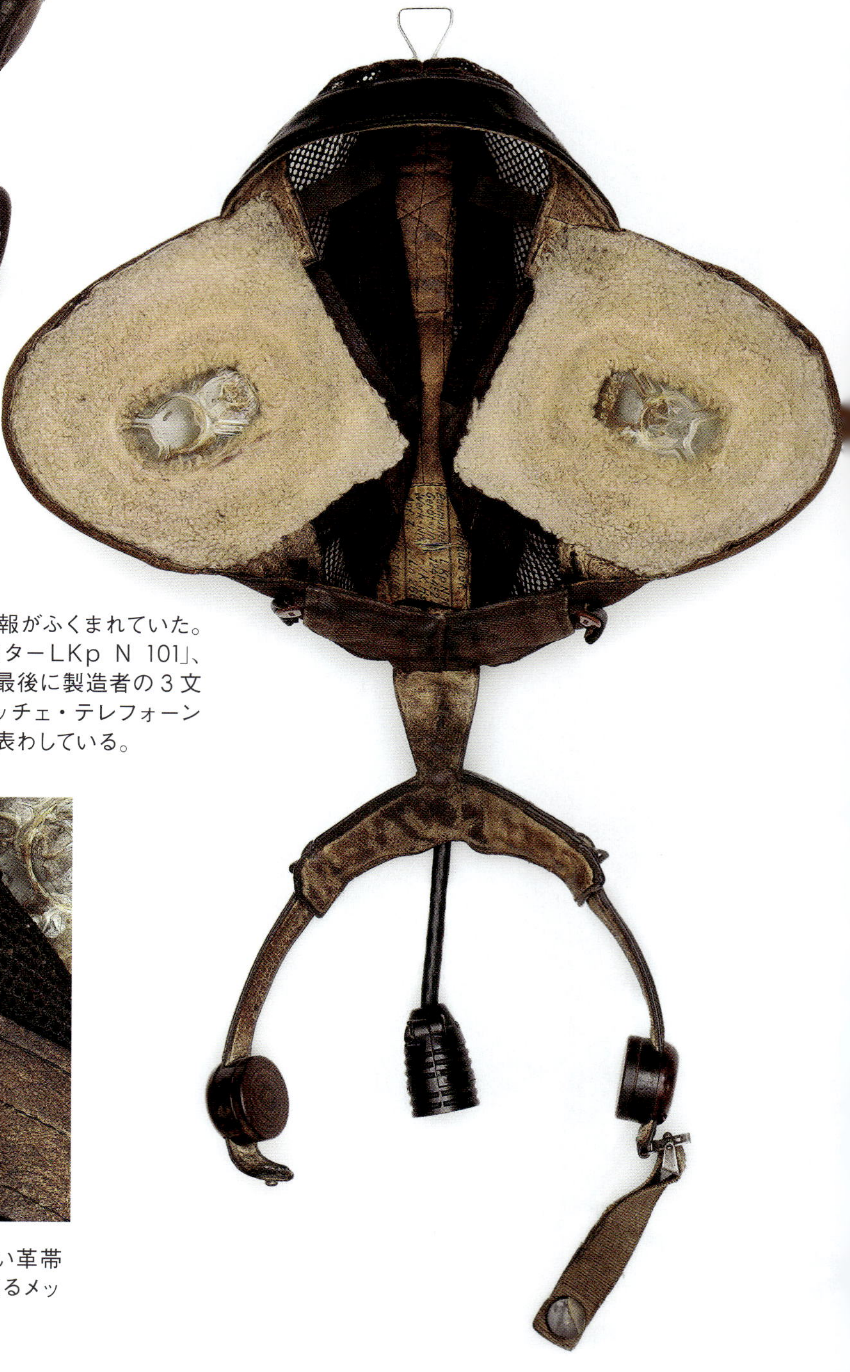

40 典型的な戦争中期の布製ラベルには、以下の情報がふくまれていた。品目名：「ネッツコップフハウベ」、形式名：「バウムスターLKp N 101」、器材番号、製造番号、ドイツ空軍の調達符号、そして最後に製造者の３文字のコード。この場合は「bxo」で、ベルリンのドイッチェ・テレフォーンヴェルケ・ウント・カーベル・インドゥストリーA.G.を表わしている。

41 飛行帽の内側には、セーム革の裏地がついた太い革帯が頂部中央を後ろから前側まで横切り、飛行帽を形づくるメッシュの部品に縫い付けられている。

42 飛行帽は、頭部と項の6枚のメッシュの部品で形成される構造で、各部品の縁は機械織りの布の帯で縫い合わされていた。外側の額の部分は革帯で補強されている。左右の両側面では、受話器の収容部が飛行帽に縫い付けられ、内側には羊毛またはウールの裏地がついていた。飛行帽の後ろ側にはもうひとつの革製部品が縫い付けられ、飛行帽から出る無線用コードを固定していた。

42

43

43 LKp N 101 飛行帽を側面から見る。側面にはさまざまな酸素マスクを装着するために留め金具と平フックがついている。

44

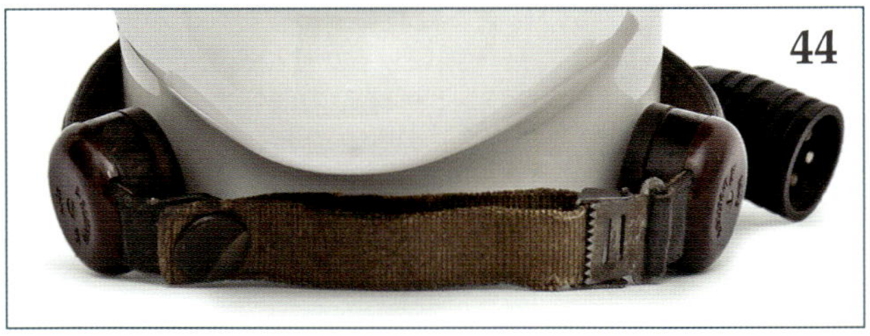

44 モデルMi 4b 咽喉マイクは、2本の革製ストラップでパイロットの首に固定される。革製ストラップは端の2個の金属製バックルで調節でき、スナップボタンを使って前で留める。

飛行帽カバー

タルンベツーク・フュア・コップフハウベ

カバーは昼間の任務で飛行するパイロットによって使用され、飛行帽の頂部をおおうよう装着された。薄い黄色か白の布で製造され、ふたつの機能があった。色は太陽光線を反射して、飛行帽を耐えられる暑さにたもち、パイロットの頭部を太陽から保護すると同時に、海上に撃墜されたパイロットを救助チームが発見するのに役立つ。飛行帽カバーは何枚かの布製部品で製造され、飛行帽やそれが使用される作戦地域によって、数種類が支給された。なかにはリバーシブルのものもあり、通常は４隅についたいくつかのフックで飛行帽に装着された。

45

45 保護カバーは通常、飛行帽の側面まではおおわなかった。カバーの形は飛行帽の前側に合わせてあった。カバーの隅にはフックがついていて、飛行帽にしっかりと装着できる。保護カバーの後ろ側は、ゴムバンドが縁の内側に縫い込まれ、通話装置がついた飛行帽にカバーの形を合わせることができた。

46

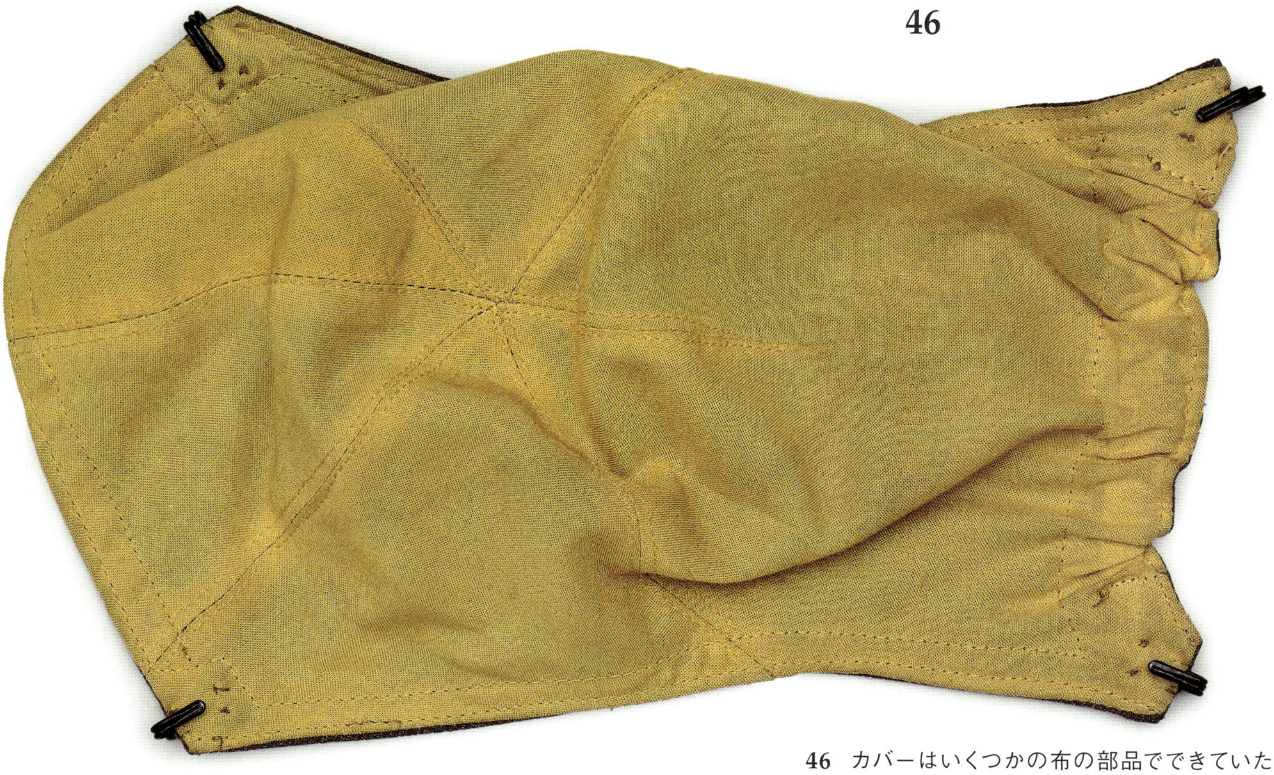

46 カバーはいくつかの布の部品でできていた。薄い黄色は光を反射して、パイロットの頭を直射日光から守ると同時に、海上で撃墜されたパイロットを航空救難チームが発見するのを助けた。

47

47 カバーの内側は茶色の木綿織物製だった。写真の製品はリバーシブルで、両面フックがついている。

48

48 飛行帽に装着するための、カバー縁にある固定フックのアップ。フックの付根は、内側と外側の層のあいだに縫い込まれている。

9　飛行眼鏡

航空草創期から、風や飛んでくるあらゆる種類のごみからパイロットの目を守る必要性はきわめて重要と考えられ、飛行眼鏡は飛行装備の必要不可欠な一部となった。飛行眼鏡を使用する場合には、雨風や寒さ、ほこり、空中浮遊物、そして昆虫といったごく一般的なもの以外にも、多くの考慮すべき要素があった。色付きガラスは、太陽の赤外線と紫外線をさえぎるために必要だった。操縦席が火災の場合には、飛行眼鏡は火花から目を保護し、炎にたいしてさえある程度の防御を提供する必要があった。最後に、一部のモデルは、空中戦時にパイロットの目にあたりかねない小さな弾片をある程度防ぐことができた。

ドイツの飛行眼鏡は、私企業の光学研究所とドイツ空軍の科学者による徹底的な研究開発の成果だった。ほかの国では、多種多様な飛行眼鏡があったが、それらは主として民需品をもとにしたもので、試行錯誤の原則でテストされていた。それにたいして、ドイツの航空機搭乗員が使用した数種類の飛行眼鏡は高性能で、開戦当初からその目的をじゅうぶんにはたした。長期にわたる調査と試験の結果、飛行眼鏡のレンズは最大限の周辺視野をあたえるように大きくてかすかに湾曲している必要があると決められた。ただし、視野がゆがむほど湾曲していてはならなかった。同時にレンズは、ぶつかってくるかもしれない小さな空中浮遊物にたいしてある程度の防御を提供するのにじゅうぶんな凸形状を持ちながら、大きすぎてはならず、また必要な場合には通常の矯正眼鏡を下にかけられなければならなかった。これらの要素を念頭に、レンズが割れてその破片でパイロットの目を傷つけることなく、小さな弾片をはじくことができる、特殊なガラスが開発された。これらの軍用品にくわえて、ドイツのパイロットや搭乗員は、20年代と30年代にデザインされ、民間市場に出回っていたさまざまな市販モデルも使っていたことが当時の写真でわかる。

このスタジオ写真のパイロットは、冬期用飛行帽とアウアーのモデル295飛行眼鏡を着用している。航空草創期のパイロットの優先事項は目を保護することで、そのため風や物体から目を守ってくれると同時にかけ心地のいい飛行眼鏡を着用した。

飛行眼鏡にはふたつの基本仕様があった。1番目は、左右のレンズ部をべつべつのフェイスパッドがかこんでいるタイプで、2番目は、ふたつのレンズを取り付けるのにひとつのフェイスパッドを使っていた。1番目のタイプには調節式のブリッジがついていて、レンズ同士の間隔を調節でき、さまざまなタイプの使用者に合わせるのに向いていた。また可動式のブリッジのおかげで、飛行眼鏡は折り畳んで、狭い飛行機の操縦席内でほとんど場所を取らない金属製容器のなかにしまうこともできた。その一方で、フェイスパッドがひとつの飛行眼鏡は、かけ心地がよく、パイロットの顔を保護する能力も高かったが、レンズ間の距離を調節できないため、数種類のサイズを製造する必要があった。

飛行眼鏡のデザインをまかされた研究所が解決しなければならない最大の難題のひとつが、飛行眼鏡を顔にしっかりと固定し、はずれるのを防ぐ方法だった。高速で激しい空中機動をしているときや、開放式の機銃座では、飛行眼鏡は強烈な圧力を受け、着用者の顔から飛ばされる傾向があった。試験で決定的な解決策を見つけることはできなかったが、眼鏡の左右両側にフックをふたつつけて、そこにゴムバンドを顎紐として取り付ける方式が考案された。この方式は搭乗員には好まれなかった。飛行帽の顎紐や酸素マスク、通常の飛行眼鏡のバンドですでに満杯の顔のスペースに、また新たなストラップを付け加えなければならなかったからである。

パイロットの視覚を太陽から守るために、いくつかの方式が開発されたことは、触れておく価値がある。この方式は、交換用の色付きレンズで構成され、任務に応じて光線を効果的にさえぎるいくつかの色調が用意された。レンズは簡単に交換できた。ドイツの光学メーカー数社は、さまざまな用途に合わせた特殊フィルターも開発していた。たとえば、墜落したパイロットの捜索にとくに鮮明な視界を提供するために使われた「ネオファン」レンズや、「ウンブラル」あるいは「ウルトラジン」といったフィルターレンズである。飛行眼鏡の製造を担当したドイツのもっとも重要な光学メーカーには、つぎの各社がふくまれていた。アウアー、ツェロヴァロ、クノーテ、リーツ、ニッチェ&ギュンター、ウフェックス、フォグラー、ヴァグナー、そしてヴィンター。

モデル 295 飛行眼鏡を着用したところ。湾曲したレンズは、実戦パイロットにとって必要不可欠な特徴である、広い周辺視野を可能にした。

飛行眼鏡

フリーガーブリレ

モデル 295
「ヴィントシュッツブリレ」飛行眼鏡

30年代前半に開発されたこの飛行眼鏡は、戦時中ずっと使用された。パイロットの目を風から守るためだけにデザインされている。開放式操縦席の飛行機だけでなく、爆撃機の機銃手のような外気にさらされる搭乗員配置でも使用された。レンズは楕円形で、良好な周辺視野を提供した。左右のフレームは金属製で、使用者の顔の大半をおおうゴムのフェイスパッドに取り付けられていた。調節可能な伸縮性のある布製の眼鏡バンドにくわえて、同一の素材でできたもう1本のストラップを、眼鏡の左右両側についているフックに取り付けて、顎紐として使うことができた。

1

2

1 開戦当時に支給された飛行眼鏡は、アルミニウム製の保護ケースに入っていた。蓋の裏の小さなプレートには、ケースの中身と使用の手引きが書かれている。外側のもう一枚のプレートは、モデル番号と製造者などの関連情報をしめしている。

2 ケースには予備のレンズとセーム革の眼鏡拭きをおさめた小さなアルミニウム製容器が入っていた。

3

3　伸縮性のある眼鏡バンドはグレーの布製で、正しくフィットさせるための調節バックルが縫い付けられていた。飛行帽の後ろ側の左右には革製の縦ストラップが２本取り付けられていて、飛行眼鏡の伸縮性バンドを通して、飛行眼鏡を留めることができた。

4

4

4　バンド側面のDリングについたフックのアップ。追加の伸縮性バンドをここに引っ掛けて、顎紐として使い、飛行眼鏡がプロペラ後流につかまったとき機銃手の顔から吹き飛ばされるのを防ぐことができた。どちらのフレームに取り付けるかを指示する「L」と「R」の文字が印刷された、レンズ脇の小さな紙片に注意。

モデル306「フリーガーブリレ」飛行眼鏡

モデル306飛行眼鏡にはひじょうに大きな曲面レンズがついていて、広い視野を得ることができた。そのため下に普通の矯正眼鏡をかけることが可能だった。左右の金属フレームはべつべつのゴム製フェイスパッドに取り付けられていた。戦争の全期間を通じて、ドイツ空軍の搭乗員に広く使用されている。以下の写真で紹介する飛行眼鏡はゲオルク・フォグラー社製である。

5

6

6　冬期用飛行服を着たパイロット。LKp W 101飛行帽の上にモデル306飛行眼鏡を着用している。

5　伸縮性のある眼鏡バンドのアップ。飛行帽の2本の革製縦ストラップに通して、固定されている。

7

7　金属製のフレームには、レンズが曇らないように、縁に小さな通気穴があった。ふたつに分かれたゴム製フェイスパッドがついている。レンズは透明と色付きのものがあり、写真でしめした製品の場合は後者である。

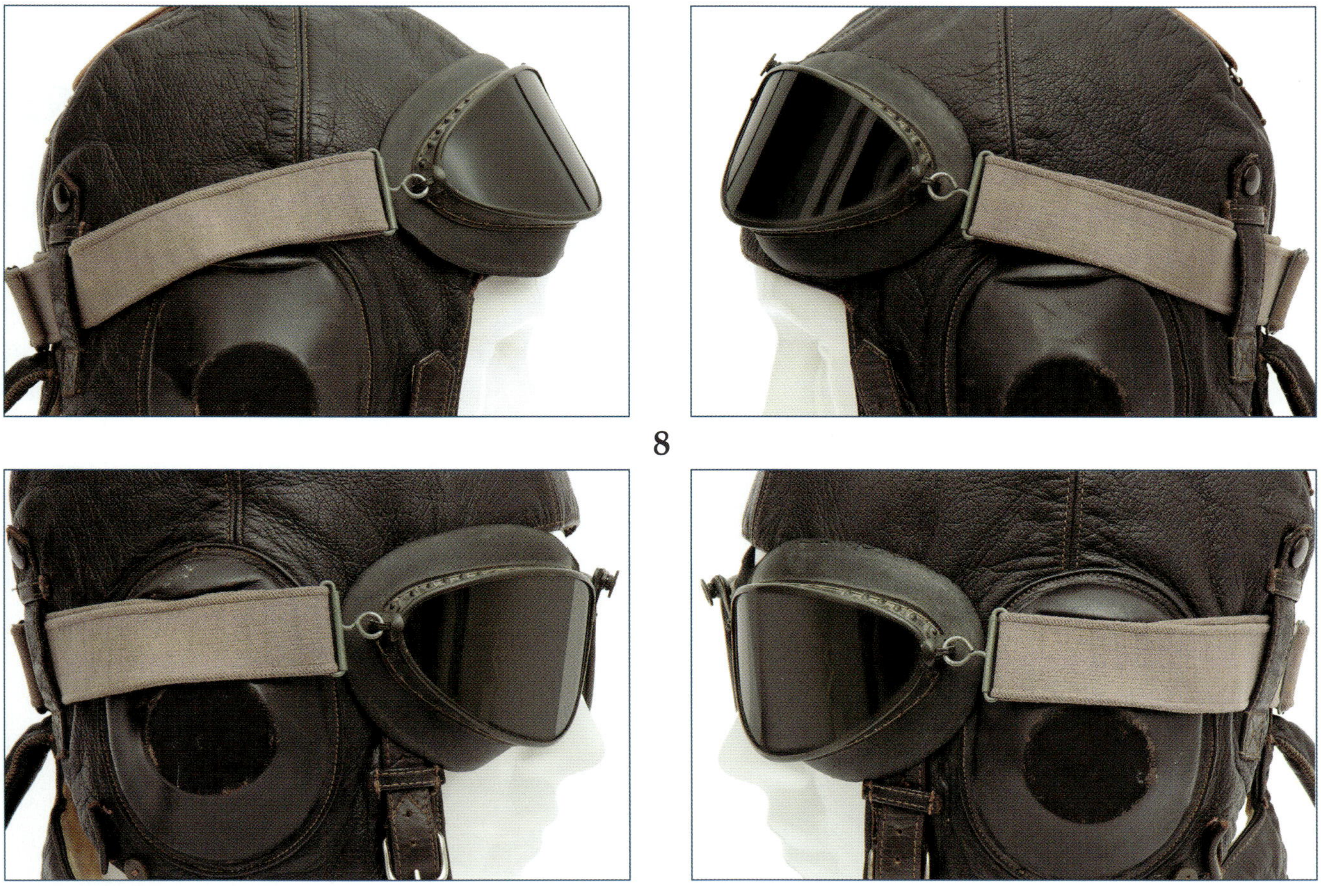

8

8　写真のLKp W 101のような一部の飛行帽には、イヤーカップの上に小さな窪みがあり、飛行眼鏡のバンドを引っ掛けて、激しい空中機動のさいに固定することができた。

9

9　交換レンズは透明と色付きがあった。フレームの上半分は簡単に開いて、レンズを交換できた。鼻のブリッジは重なりあったふたつの金属部品からなり、ねじで留められていた。水平に動かすことができ、左右のレンズの間隔を調節できた。

モデル Dr 652
「フリーガーゾンマーブリレ」飛行眼鏡

モデルDr 652 飛行眼鏡の製造は 1936 年にはじまり、温暖な気候で低い高度の飛行に使用することを意図していた。大きなレンズがふたつつき、広い周辺視野を得ることができた。左右の金属製レンズ・フレームにはべつべつのゴム製フェイスパッドがついている。メーカーによって 1 本か 2 本の小ねじを使うことで、レンズの間隔を調節でき、焦点を正しく合わせられた。伸縮性のある布製バンドは、左右側面の金属製フックで眼鏡にしっかりと取り付けられ、バックルで長さを調節できた。

10 楕円形のレンズは広い視野を得るのにじゅうぶんな曲面を持っている。

11 バンドの長さは、作り付けのバックルで調節できる。バンドは飛行帽の後ろ側の革製縦ストラップに通され、眼鏡を固定できた。

12 側面のバンドの取り付け部のアップ。フレームの上端には通気穴が見える。

13 鼻のブリッジは、各フレームに取り付けられたふたつの金属部品でできていて、たがいに重なり合い、1本または2本のねじで留められていて、水平に動かすことができた。

14 伸縮性のあるバンドはタン色の布製である。ゴム製のフェイスパッドは左右のフレームをべつべつにかこんでいるため、眼鏡を折り畳むことができた。

15 飛行眼鏡は小さな金属製ケースにおさめられたが、戦争末期には粗末なボール紙の箱に取って代わられた。ケースには専用の金属容器に入った色付きレンズひと組みと、予備のバンドもおさめられていた。

モデル Fl. 30550
「シュプリッターシュッツブリレ」飛行眼鏡

この飛行眼鏡は、小さな弾片などの飛来する破片をはじくことができる曲面ガラスを取り入れてデザインされた。「シュプリッターシュッツブリレ」つまり弾片防護眼鏡という制式名称は誤解を招く。実際には割れないガラス製ではないからだ。もともとサングラスとしてデザインされ、通常の眼鏡のつるがついていた。のちに、つるを伸縮性のあるバンドに代えた第2のモデルが支給されている。透明のレンズがついたものと、色付きのレンズがついたもの、2種類が製造された。

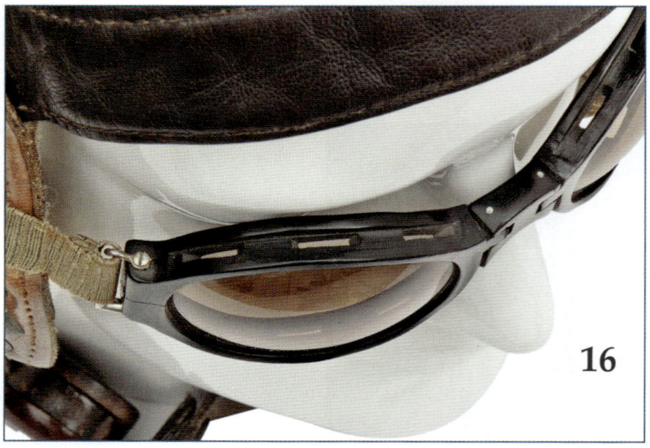

16

16 楕円形の分厚いレンズは、初期型では一体成形のプラスチック・フレームに、後期型ではブリッジに蝶番がついた3分割フレームに取り付けられている。フレームの上面には通気穴が開いていた。

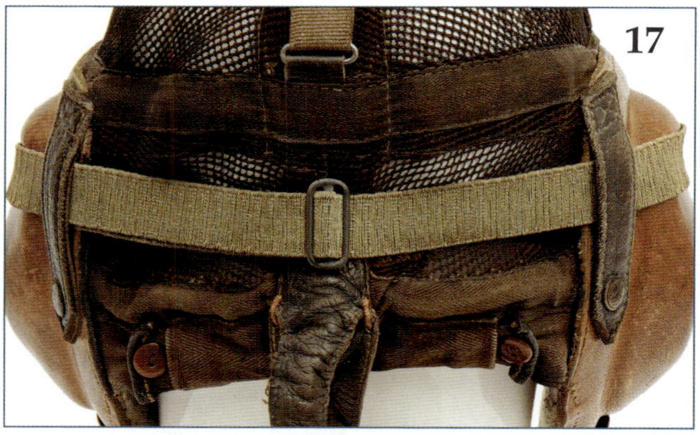

17

17 伸縮性のあるグレーの布製バンドは、小さな金属製Dリングでフレームの左右に固定され、金属製バックルでバンドの長さを正しく調節できた。飛行眼鏡のバンドは、飛行帽の後ろ側にある革製の縦ストラップで固定される。

18

18 黄金柏葉剣ダイヤモンド付き騎士鉄十字章の叙勲者であるハンス・ウルリッヒ・ルーデル。LKp N 101ネット製飛行帽と、色付きレンズがついたニッチェ＆ギュンター社製のタイプ「D」飛行眼鏡を着用している。

19

19 光学メーカーのニッチェ&ギュンター社は、ドイツ空軍の医学専門家の密接な指導のもとで、この飛行眼鏡モデルの研究開発を担当した。同社は2種類の飛行眼鏡を製造した。ひとつ目が透明レンズを持つタイプ「A」で、もうひとつが色付きレンズを持つタイプ「D」である。

20

20 飛行眼鏡は、3行の仕様が刻まれた円筒型の金属製収納ケースに入って支給された。最初の1行目は型式(フリーガー・シュプリッターシュッツブリレ)をしめし、2行目はレンズのタイプ(タイプ「A」または「D」)を、3行目は調達符号(Fl. 30550)を表わしている。

汎用眼鏡

ブリレ

モデル 302「クラートブリレ」オートバイ用ゴーグル

このゴーグルはもともとオートバイ兵が使用するためにデザインされたものだが、ドイツ空軍の航空機搭乗員に広く使用された。レンズは左右べつべつのニッケルめっきされた金属製フレームに取り付けられ、それぞれに革製パッドのクッションがついていた。左右のフレームは革製のブリッジでつながれている。

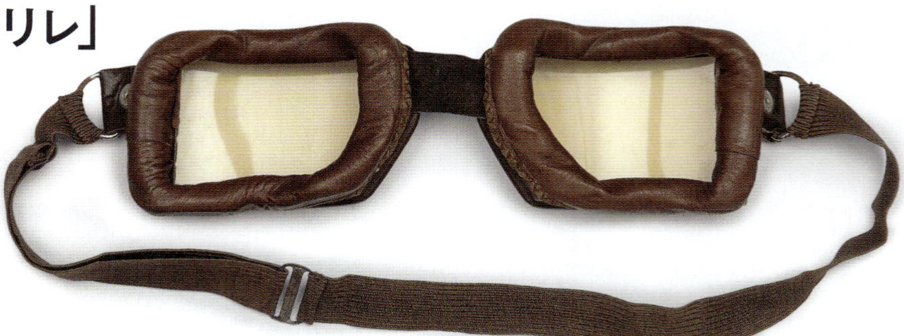

21 フレームの下面には通気穴が開いていた。伸縮性のあるバンドはグレーの布製で、長さを調節するための金属製バックルがついている。のちのモデルではすばやく着脱できるようにフックが追加された。かけ心地をよくするために、左右のフレームには革製のフェイスパッドが縫い付けられている。

21

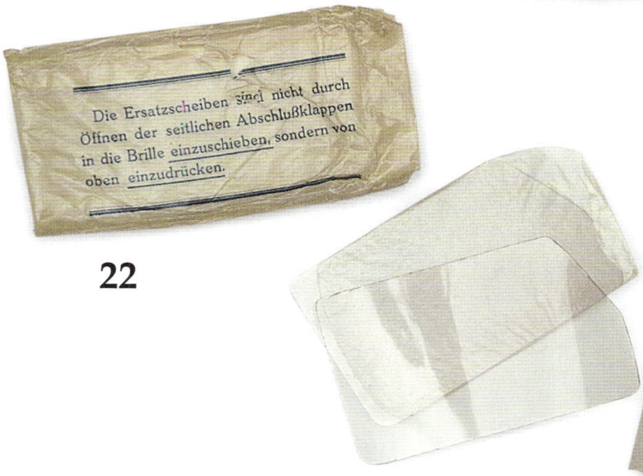

22

23

24

22 交換レンズは紙の包みで支給された。長い曲面レンズはプレキシガラス製で、広い視野が得られた。

23 交換レンズはさまざまな色合いで支給された。あるものは透明で、あるものは色付きだった。レンズは簡単に交換できる。

24 左右のフレームをつなぐ革製のブリッジのおかげで、ゴーグルは半分に折り畳むことができた。収納ケースは茶色く塗られた金属製で、交換レンズもおさめられた。

防塵日除けゴーグル

このゴーグルは、ほこりと太陽光線から目を守るのに使われた。レンズは直径5.8センチの円形で、アルミニウムのフレームに取り付けられ、フレームの端には通気穴が開いていた。左右のフレームは革製のフェイスパッドに取り付けられ、セーム革の裏地がついていた。フェイスパッドの左右端には、Dリングつきの革製タブがあり、左右のバンドを端のスナップボタンで取り付けることができる。左側のバンドは革製で、端にDリングがついている。右側のバンドには、長さ7センチの革製の部分があり、その先には伸縮性のあるバンドと金属製のフックがついている。ゴーグルはレンズの間隔がことなるふたつのサイズで支給された。

25

25 金属製の収納ケースには、交換レンズと小さなレンズ拭きをおさめる黒革製の袋が入っていた。レンズはフレームの縁の小ねじをはずすことで簡単に交換できる。

26

26 アルミニウム製のフレームには小さな通気穴が開いていて、気象条件によって機内でレンズの内側が曇るのをふせいだ。

27

27 楕円形の収納ケースには、ゴーグルと、交換レンズ入りの袋がおさめられた。茶色に塗装された金属製で、金属製の蓋がついていた。

10　マスク

ドイツは20年代前半にパイロット用の酸素呼吸システムの研究開発に着手した。他国とちがい、ドイツの科学者たちは酸素マスク自体より供給装置のほうに優先権をあたえた。パイロットは病院で使っているのとさほど変わらないごくシンプルなマスクを使用した。ほかのもっとシンプルなシステムもテストされていた。30年代はじめまでは、パイロット用の酸素供給システムは基本的に、蛇腹状のホースがゴムのマウスピースにつながれたもので、使用者はマウスピースを歯でしっかりと噛む必要があった。この装置には、パイロットがほかの搭乗員と話すとき呼吸装置を口から放さねばならないとか、吐いた息の水分がホース内で結露して低温で凍りやすいといった、大きな問題点があった。

1935年、ドイツの科学者たちは酸素マスクのデザインで大きな質的進歩をなしとげ、連合国の装備にくらべてはるかに進歩した画期的解決策を考案した。連合国は鹵獲したドイツの製品の技術を一部コピーしたほどである。戦争がはじまると、ドイツの科学者たちは信頼性と安全性に重点を置いてひきつづき新しいマスクのデザインを開発しつづける一方で、飛行帽にマスクをしっかりと装着して、激しい空中機動中に顔から飛んでいくのを防ぐようなシステムに取り組んだ。いくつかのモデルが戦時中、工場から送りだされた。あるものはマスクの装着用ストラップが2本だったが、あるものは3本で、飛行帽の改造を必要とした。マスク本体とホースの素材にはさまざまな色があった。グリーンやグレー、茶色、黒、タン色のゴム製の例が見受けられる。

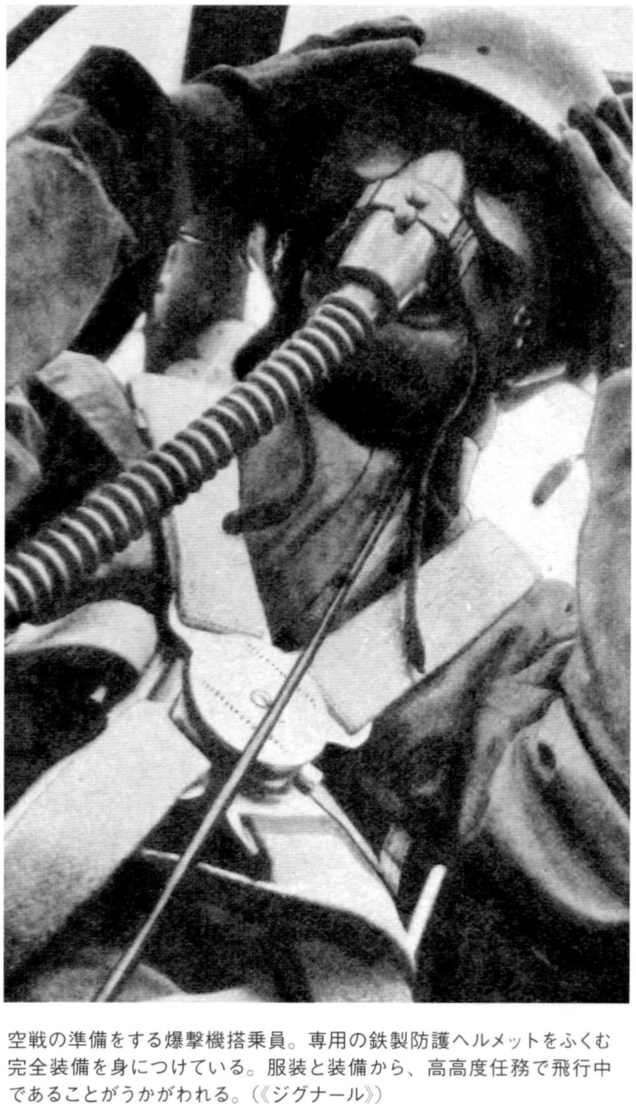

空戦の準備をする爆撃機搭乗員。専用の鉄製防護ヘルメットをふくむ完全装備を身につけている。服装と装備から、高高度任務で飛行中であることがうかがわれる。(《ジグナール》)

ドイツの酸素マスクにはホースの先にすばやく取り外せる装置がついていて、比較的弱く引いただけで飛行機の酸素供給システムからマスクを切り離すことができた。この手段は搭乗員が乗機から脱出しなければならない場合に、マスクを簡単にはずせるようにするためのものだった。ドイツの酸素マスクは通常、連合軍のものより小さくて軽量だったことは一言触れておく価値がある。通話装置の一部であるマイク一式は飛行帽についていて、酸素マスクにはマイクを取り付ける用意がなかったためである。

ドイツ空軍が使用した最初の酸素マスクのひとつは、HM5とHM15シリーズである。設計されたのは1935年だったが、第二次世界大戦に入ってもまだ使われていた。このモデルのマスクには、ゴム成形の面体がつき、マスク前面から畝つきの平たいホース接続部が下にのびている。畝は凍結を防止するための工夫だった。ホース接続部には呼気弁がおさめられ、酸素吸入用ホースに接続されている。マスクは左右の2本のストラップと正面の1本の縦ストラップの3点式で飛行帽に取り付けられた。このマスクは満足のいくものだったが、欠点があった。高高度で凍結する傾向があったのである。ドイツ軍の酸素マスクのつぎの型式はモデル10-69だった。1937年に採用され、基本的にはHM5/15シリーズと同じ面体を持っていたが、2点式ストラップつきで製造された。凍結防止の畝なしで製造されたため軽量で、縁にセーム革の裏地がついていた。4種類のサイズで製造され、前のモデルと同じ凍結の問題はあったが、軽いうえに、2本ストラップの装着方式は楽だったために愛用された。

凍結の問題は最終的に、モデル10-67マスクの採用で解決された。このモデルでは、呼気弁はマスク本体の内側に隠され、吐いた息の湿気に外気が接触しないため、凍結を防ぐようになっていた。マスクは1939年に採用され、ドレーガーヴェルケ製の製品はHm51と命名されたが、制式名は最終的に統一のため変更された。ドイツ空軍はもうひとつの改良型である10-6701マスクを採用した。これは以下の各ページで取り上げられている。

酸素マスクの研究開発はいくつかの会社で行なわれた。もっとも重要な製造者はドレーガーヴェルケとドレーガーゲゼルシャフト、そしてアウアーだった。

モデル 10－67 酸素マスクを着用するパイロットのアップ。マスクには 10－67 という制式名称があったが、最初の製品を設計製造したドレーガーヴェルケは最初、Hm 51 と命名した。写真は有名なドイツの雑誌《デア・アドラー》のスペイン語版の表紙から取った。

酸素マスク

ヘーエンアーテムマスケ

モデル 10-67 酸素マスク

10-67 酸素マスクは、設計したドレーガーヴェルケが最初「HM-51」と名付けたが、のちに制式名称に改称された。一体成形のゴム製面体に革製のフェイスカバーがついていて、しっかりとフィットし、低温から顔を守るようになっている。マスクには、高高度での使用時に凍結を防ぐための断熱手段として、内側に二重の中空壁があった。呼気弁はゴム製面体の鼻のすぐ上にある。左右両側面にふたつの装着金具と、前面上部に装着リングがついた飛行帽とともに使用するようデザインされていた。

1

1

1　10-67 マスクは、伸縮性のある部分がついた２本のストラップで装着する。ストラップの先端にはＤリングがついている。いずれのストラップもサイズが調節できた。前面のストラップは目のあいだを走り、先端には金属製の平フックがついている。このフックは、飛行帽の額の部分にあるＤリングに取り付けられた。

2

2

2　10-67 酸素マスクの上部の装着ストラップの細部。額の装着金具はのちのモデルでは廃止されたが、２箇所の装着金具だけではマスクをしっかり固定できないことがわかったので、最終的に後付けされた。

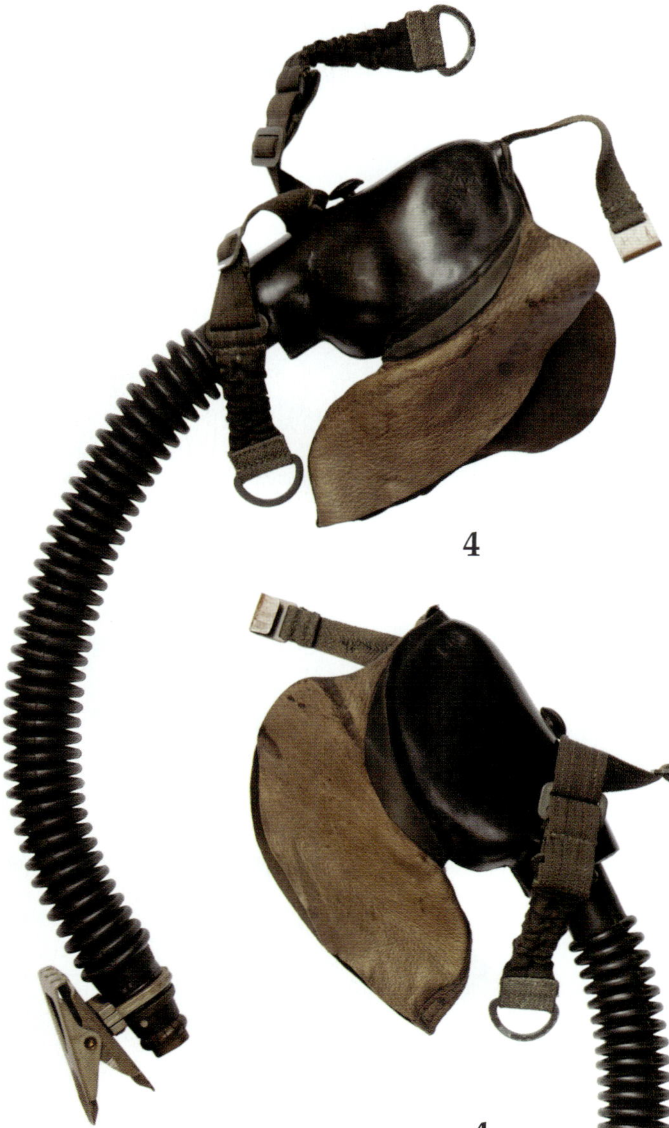

4

4

3

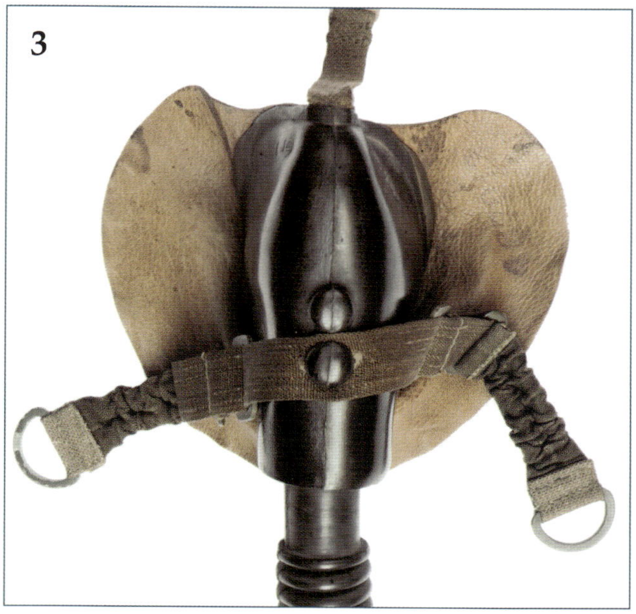

3　大きな革製のフェイスカバーが低温から頬と顎を保護していた。両端にDリングがついた伸縮性のあるストラップは、形成されたゴム製の突起にはと目穴を通して、面体に取り付けられた。

3

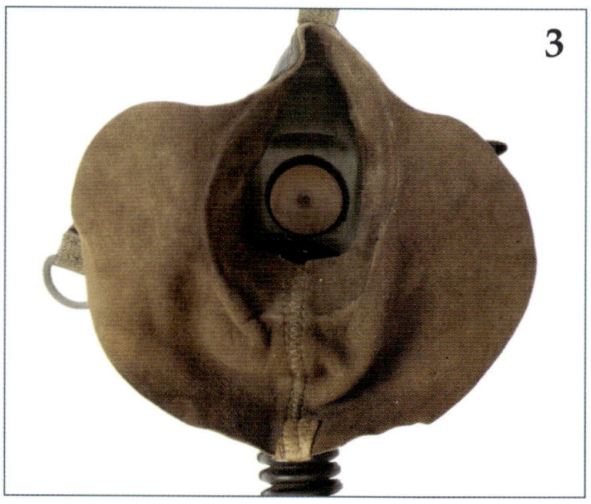

3

4　マスクには柔軟な蛇腹状のゴム製酸素吸入ホースが取り付けられ、その先端には簡単にはずせる弁がついていた。ホース先端の金属製クリップは、飛行服または飛行ジャケットにはさんで、マスクの重量を軽減することができた。

4

5

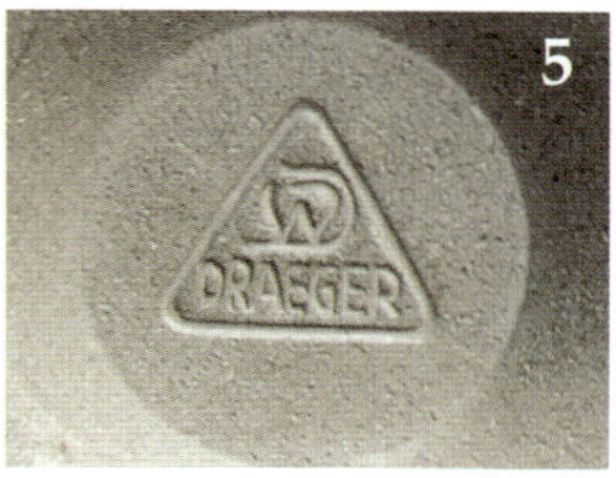

5　マスクに見られるマーキングの細部。左の写真では、ホースの金属製クリップに押された、マスクの設計者ドレーガーヴェルケA. G. の商標が見える。ゴム製の面体に成形された「bwz」の文字コードは、ベルリンの自社工場でマスクを製造したアウアー・ゲゼルシャフトA. G. のもの。マスクの制式名称も入っている。

5

モデル 10-6701 酸素マスク

ドレーガー10-6701 酸素マスクは、装着金具がふたつある飛行帽、とくにLKp N 101 飛行帽とともに使用するために設計された。戦時中は戦闘機と戦闘爆撃機のパイロットに広く使用され、以前のモデル 10-67 の改良型である。高高度でマスクの凍結を防ぐために考案された、前のモデルの内側の二重中空壁は廃止されて、性能をそこなうことなく軽量で安価に製造できるようになった。装着方式も改良され、新しい2本ストラップ式になった。残念ながら、この改良型の装着方式は期待はずれだった。多くのマスクが、ゴム製面体の中央に3本目のストラップを追加して、以前の3本ストラップ仕様に改造された。この後付けされた3本目のストラップは布の色で見分けられる。ほとんどの場合、オレンジ色をしている。

6　10-6701 マスクは、両側面のイヤーカップにあるふたつの鋲金具でLKp N 101 飛行帽に装着される。この飛行帽には3本ストラップ・マスク用のDリングもついている。ニッチェ&ギュンター社製のタイプ「D」弾片防護眼鏡といっしょに着用したところ。

6

7

7

7　改良型の装着方式は、金属製のダブルフック（二重角環）と2本の平行ストラップで構成される。製造者名などの仕様はゴム製の面体に成形されていた。

8　上側のストラップは中央のゴム製の突起とループで面体に固定される。下側のストラップはホースの後ろでマスクの顎の部分を横切っている。

9　ホースのクリップはマスクの重量を軽減するよう考案され、飛行服または飛行ジャケットに取り付けられた。

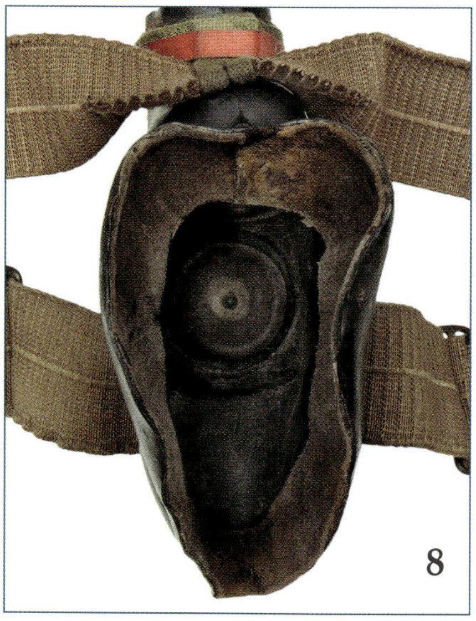

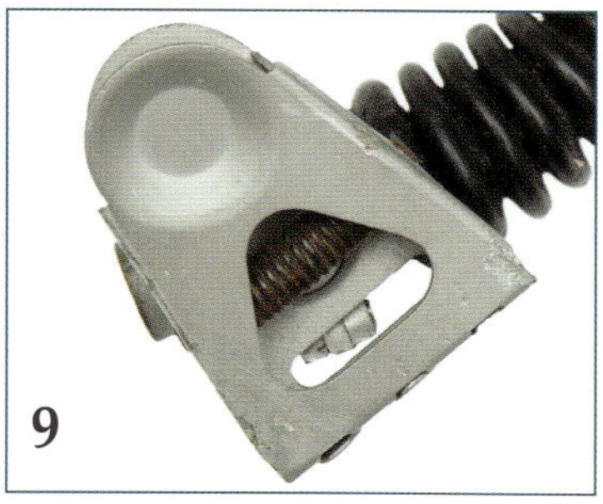

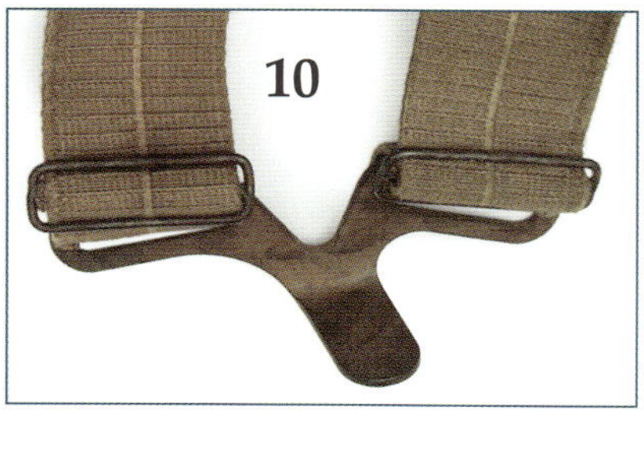

10　マスクは金属製のフックで飛行帽に装着された。左側のフックは簡単に取り外せるようになっていたが、右側のフックは飛行帽側面にある鋲金具に固定された。

防寒マスク

シュッツマスケ

冬期用飛行帽にくわえて、搭乗員を高高度飛行時に寒さから守るための手段がほかにも考案されていた。戦争初期には、顔をおおう防寒マスクが着用されている。やわらかい革製で、セーム革の裏地がつき、パイロットの顔を完全におおって、開放式座席の飛行機や風雨にさらされる搭乗員配置で極寒にたいする保護を提供した。顔にしっかり密着するようになっていて、飛行帽と酸素マスクの下に着用された。

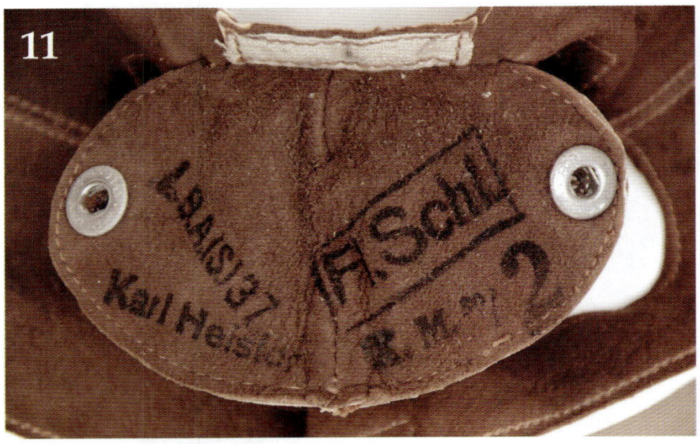

11 口をおおう蓋にあるインクのマーキング。情報には製造者名のカール・ハイスラーもふくまれている。マスクは３つのサイズで製造され、大中小は数字で表わされた。写真の製品はサイズ２（中）である。

12

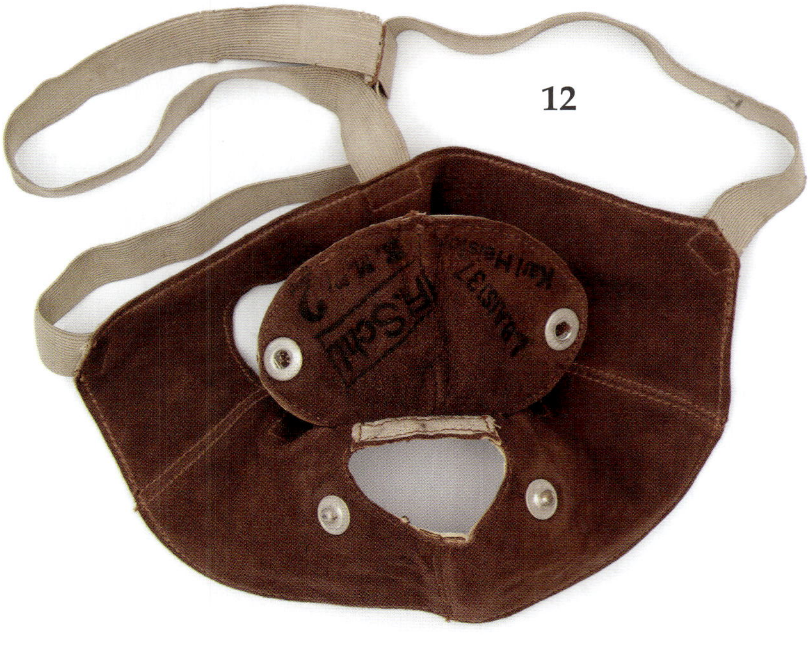

12 口の部分は、マスクと同じ素材で製造された蓋でおおわれ、スナップボタンを使って開いた状態でも閉じた状態でも使用できた。蓋の下の穴のおかげで、防寒マスクは通常の酸素マスクといっしょに使用できた。

13　防寒マスクはいくつかのやわらかい革製部品で製造され、飛行眼鏡と同じサイズの大きな穴が目の部分に開いていた。鼻は革製部品でおおわれ、下の穴で通常に呼吸できた。

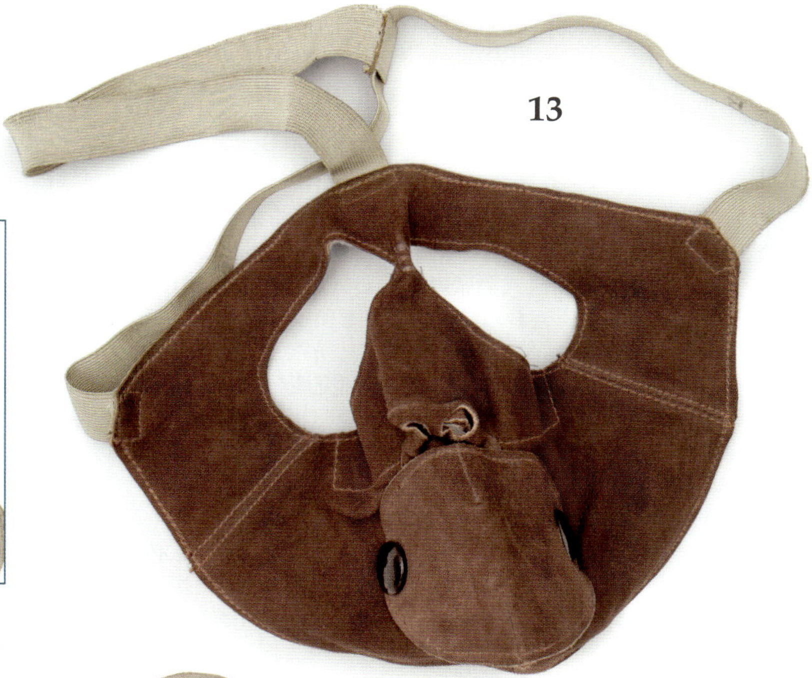

13

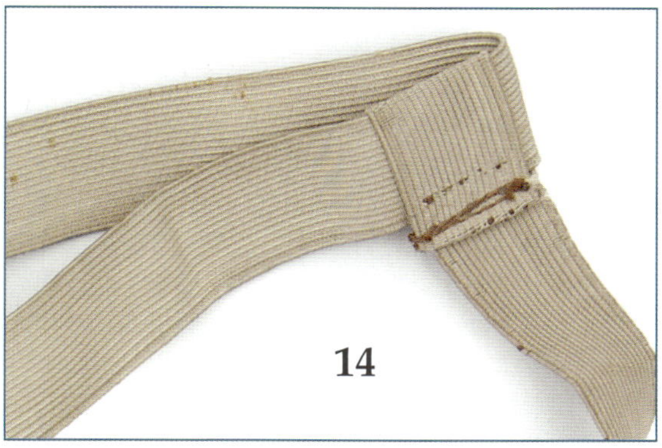

14

14　マスクは、革の表と裏地のあいだに縫い込まれた伸縮性のあるグレーのバンドを使ったストラップ方式で顔にしっかりとフィットする。マスクの左右には水平のストラップが縫い付けられている。縦のストラップは、前端が額の中央に縫い付けられ、後端は水平のストラップをはさんでループ状に縫い付けられている。

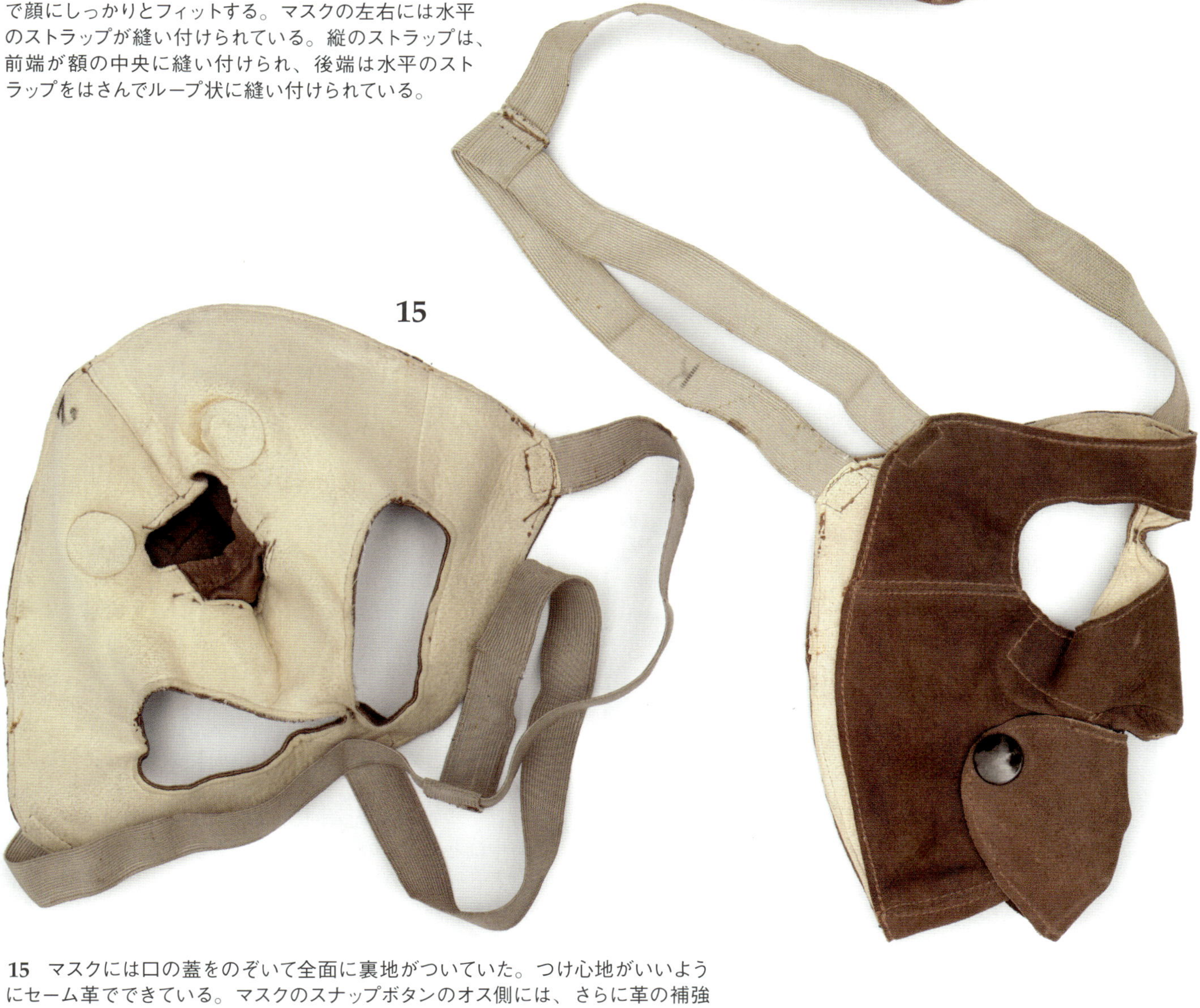

15

15　マスクには口の蓋をのぞいて全面に裏地がついていた。つけ心地がいいようにセーム革でできている。マスクのスナップボタンのオス側には、さらに革の補強がついていた。

11　飛行服

航空草創期以来、市場で手に入る防寒衣料を飛行中の環境に適応させることは、主要な課題のひとつだった。とくに初期の飛行機の開放式座席の寒さと気流による環境に。最初のデザインは、きわめて重い素材を使って製造されていたため、操縦席内部で自由に動くことができなかった。航空の急速な発展は、飛行服と装備の研究開発のつねに先をいっていた。飛行機の飛行高度が高くなり、操縦席のスペースがいっそう狭くなると、パイロットはかさばって不十分な飛行服を新式の飛行機に適合させるという新たな問題に直面した。高高度飛行中の機内はきわめて寒く、パイロットは寒さにさらされずに操縦席で自由に動きまわる必要があった。そのため、飛行服のデザインはしだいに洗練されていき、ほとんどの問題は、いまも残る製品によってあきらかなように、みごとな方法でたくみに解決された。

ドイツ空軍は、特定の気候条件と各種の地形で使用される基本的なワンピース飛行服を３種類用意していた。夏期用の薄手の飛行服と、海上飛行用の冬期飛行服、そして陸上飛行用の冬期飛行服である。ワンピース飛行服はすべて通常勤務服の上から着用するようデザインされていた。戦時中にはツーピースの飛行服が採用された。この飛行服は、イギリス海峡を横断飛行しなければならないイギリス本土爆撃任務ではじめて使用されたことから、「カナール」つまり海峡飛行服と非公式に呼ばれた。ワンピース飛行服より着心地がよく、体に楽にフィットさせられたため、すぐにパイロットや搭乗員に愛用された。

パイロットが地上整備員の手を借りて飛行ズボンを調節している。「カナール」飛行ズボンをはいていて、脚の前側の大型ポケットですぐに見分けられる。

ワンピースまたはツーピースの飛行服には電熱システムが採用され、搭乗員の体や手足をさらに暖めた。このシステムは飛行服の裏地と外被のあいだにもうけられたいくつかの絶縁物に発熱線を通したものだった。袖口と脚部には、やはり発熱線が配線された手袋とブーツをつなぐための接続用スナップボタンがあった。ツーピース飛行服のジャケットとズボンは、スナップボタン２個が端についたリード線でたがいに接続され、ズボンから出ている１本の外部コードは飛行服を飛行機の電気系統に接続した。パイロットはサーモスタットによって温度を調節した。ツーピースの「カナール」飛行服は多種多様な素材と無数の色あいで製造された。こうしたバリエーションが生まれたのにはいくつかの原因があった。ドイツが広大な地域を占領しているあいだに、多くの地元工場が現地の各種の材料を使ってドイツ軍のために被服の製造をはじめた。戦争末期には、ドイツの工場などの生産施設が連合軍によって組織的に爆撃を受け、手に入るどんな材料でも新しい被服を製造するのに役立てられた。このように手に入るあらゆる材料を利用する必要があったせいで、多種多様な飛行服が製造されたが、仕上がりの品質は障害にもかかわらずまずまずの水準がたもたれた。

ドイツ軍の飛行服でじつに興味深い点のひとつが、とくにエリート戦闘機乗りによる私物の衣類の使用である。ドイツ空軍がヨーロッパの空を支配していた当時、戦闘機乗りたちは新しい英雄の地位に鼓舞されて独自の服装スタイルを作りだした。手に入る標準支給の飛行服はやや着心地が悪く、さえなかったので、パイロットたちは上官に、着心地がいい注文仕立ての衣類を着用する許可を求めた。そうした衣類は彼らを周囲から目立たせたが、規則違反でもあった。エリート集団の一員だという意識が自分たちだけのジャケットを着る風潮を後押ししたのである。パイロットたちはドイツとフランスやベルギーといった占領地で革ジャケットを購入した。その大半は民間市場でオートバイ用ジャケットとして売られていたものだった。多くの写真にはパイロットの集団が同じ革ジャケット姿で写っているので、軍支給のモデルを着ていると誤解しかねないが、実際には、ある場合には同じグループのパイロットが市販品をまとめて購入していた。ドイツまたは占領地の専門業者に注文でジャケットを仕立てさせた者もいた。このように、空軍パイロットによる私物ジャケットの着用は、戦時中ほとんど類のない出来事であり、ジャケットはその着用者と同じぐらい独自のものだ。しかし、そのすべてに共通する一連の特徴を見きわめることはできる。ほとんどはウエストが高い。ぴっちりした仕立てで、薄手の裏地がつき、パイロットが戦闘機の操縦席で自由に動けるようになっている。ほとんどが茶革製で、黒革製はそれより少なかった。胸と腰にポケットがあり、ほとんどはジッパーで閉じるが、ボタン留めの蓋がついたものもあった。すべてが肩章を追加して改造されていた。

乗機メッサーシュミットMe109の方向舵の損傷を調べる戦闘機乗り。夏期用の「カナール」タイプのツーピース飛行服と救命胴衣を着用している。
右脚には信号拳銃と信号旗用のポケットが見える。

私費で購入した革製飛行ジャケット

フリーガーヤッケ

この私費で購入した民間の革製ジャケットは、前身頃と後ろ身頃をそれぞれ2枚の革で仕立てている。左右の前身頃はジャケットの中心線の先までのび、左前身頃が右前身頃の上に重なっている。前合わせは外側の平行する2列のボタンと内側の1列のボタンで閉じる。裏地は辛子色のウール布地製。ジャケットには切り込みポケットが4ついている。胸ポケットはかすかに傾斜していて、スナップボタン付きの蓋で閉じる。

1　胸ポケットの蓋のアップ。ポケットは傾斜しているせいで中身を楽に取りだせる。ポケットの上の胸用国家鷲章は台布に銀糸で刺繍されている。

2　腰ポケットはジッパーで閉じる。

3　柏葉付き騎士鉄十字章を佩用するヴェルナー・メルダース。毛皮の襟がついた民間の革製ジャケットを着ている。肩章はジャケットに縫い付けられている。

この私費で購入した民間の飛行ジャケットは、パイロットの好みに合わせて改造されている。前身頃は２枚の革を使い、後ろ身頃は１枚の革を使って仕立てられている。部分的に伸縮性がある革製のウエストバンドは、スナップボタンで前の部分を閉じる。前合わせはウエストバンドから襟までジッパーで閉じる。左右の胸と腰にはポケットがついている。胸ポケットは切り込み式で、スナップボタンがついた、先のとがった蓋で閉じる。腰の切り込みポケットには蓋がついていない。裏地は格子柄のウール布地製である。袖口はスナップボタン付きのタブで絞ることができた。このジャケットには中尉の肩章がついている。

4　裏側にピンがついた金属製国家鷲章は通常、縫い付けられた撚り糸の輪穴でジャケットに取り付けられた。もともとは白い布製の夏期用上衣に使用するためにデザインされたもので、衣類を洗濯する前に簡単にはずすことができた。しかし、戦闘機乗りはこれを革製ジャケットに広く使用した。

5　カメラマンのためにポーズを取る戦闘機パイロット、フランツ・フォン・ヴェラ。注文仕立てのジャケットの前ジッパーに、ドイツ国旗の色に塗った柄付き手榴弾の引き手と紐をつけているのに注意。(《ジグナール》)

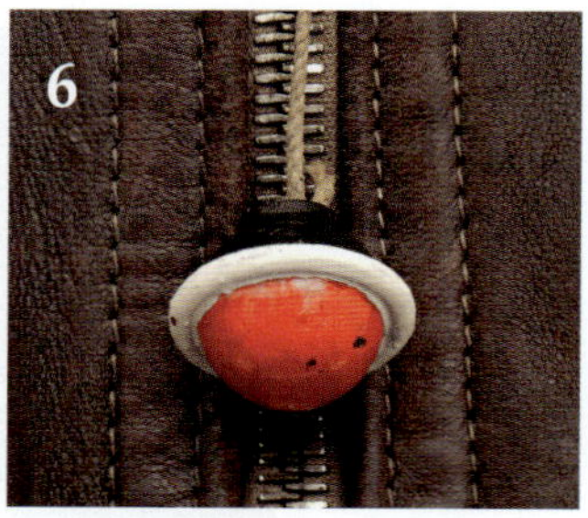

6　ジャケットのジッパーのスライダーには、兵隊が手すさびでこしらえたぴったりの作品がついている。これはドイツ軍の柄付き手榴弾の信管の引き手でできている。引き手はドイツの国旗の色に塗られている。このジッパーのスライダーの飾りは、分厚い飛行手袋をつけているとき、ジッパーの開閉を楽にするために使われたように思えるが、一部の古参パイロットたちはこの種の制服の飾りをただの一時的流行だと指摘している。

7　ジャケットの前を閉じるジッパーのスライダーの細部。このライダーズ・ジャケットは、着用者がオートバイにまたがっているときや飛行機を操縦しているときの激しい動きの負担に耐えられるように、金属製のジッパーを使って製造されている。

これは戦闘機パイロットが使用した民間のジャケットの典型例である。ハルトマンやシュトゥンプフといったパイロットの当時の写真が示唆するように、一部の有名パイロットはこれと同じモデルのジャケットを使用した。このモデルはどうやらフランスで製造されたようだ。前身頃に2枚の茶革と、後ろ身頃に1枚の革を使って仕立てられた。袖も1枚の革を使って製造されている。裏地はウール製。ウエスト部分は金属製バックルで締め、さらにウエストにしっかりフィットさせるために、革製ストラップとリングがついている。ジャケットの前合わせは、襟からウエストバンドにかけて走る縦の前ジッパーで閉じる。前身頃にはポケットが4つあり、いずれも口は水平になっている。胸ポケットはジッパーで閉じ、腰ポケットには先がとがった革製の蓋がついていて、プラスチック製のボタン1個で閉じることができる。刺繍の空軍型国家鷲章と肩章はジャケットに縫い付けられている。

8

8 ジャケットの右胸ポケットの上に縫い付けられた、刺繍の空軍型国家鷲章の細部。

9

9 この写真でヨーゼフ・プリラー中佐は、このページで紹介しているのと同じモデルの私物ジャケットを着ている。プリラーは1940年に騎士鉄十字章、1941年に柏葉付き騎士鉄十字章、1944年には柏葉剣付き騎士鉄十字章を受章している。この写真は1944年7月23日に撮影されたもの。

10

10 ウエスト前側の金属製バックルを締めた状態。

冬期用ワンピース飛行服

フリーガーシュッツアンツーク・フュア・ヴィンター（コンビナツィオーン）

KWI／33
冬期用ワンピース飛行服

フリーガーシュッツアンツーク・フュア・ヴィンター（コンビナツィオーン）・バウムスターKWl／33という制式名称をあたえられたこの飛行服は、開放式座席の飛行機と高高度飛行のためにデザインされた。30年代前半に開発され、第二次世界大戦初期に使用された。この飛行服は、別珍と呼ばれるスエード革に似た種類の素材で製造されていた。飛行服の内側全体と襟には分厚い羊毛が張ってあった。前合わせは、襟から股まで2列にならんだ、中央のプラスチック製ボタンで閉じた。

11

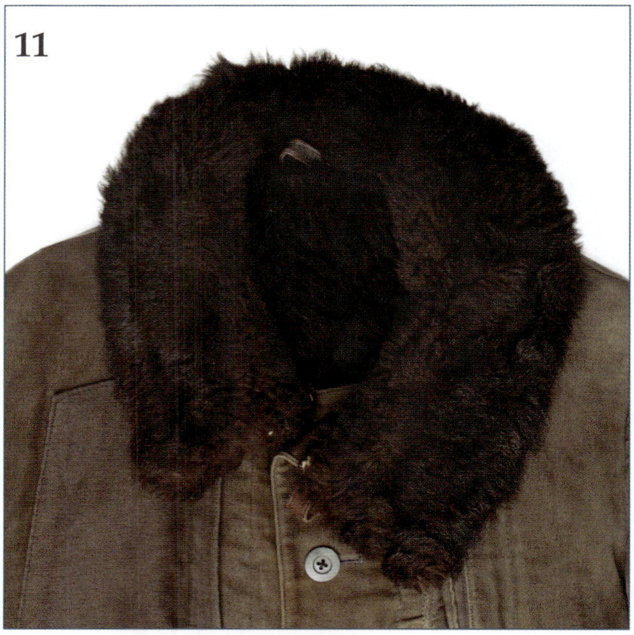

11

11

11

11

11 襟は立てて、2本の革製ストラップで留めることができた。右側の襟には、金属製のリングがついた革製タブがふたつ平行して縫い付けられている。左襟には、先端にスナップボタンのメス側が2個ついた革製ストラップ2本と、スナップボタンのオス側が4個2列ついていて、ストラップをリングに通してから留めることができた。

12

12

12 飛行服前面は襟から股まで縦に開き、2列のボタンで閉じるようになっている。左前身頃の縁には1列のボタンと、ボタン穴が8つ開いたフラップがあり、一方の右の前身頃にはそれに対応する8個のボタンと、比翼仕立てのボタン穴がついている。右前身頃は風よけフラップにボタンで留められ、左前身頃は右前身頃にボタンで留められる。服の内側には布製の仕様ラベルやそのほかのインクのマーキングがついている。ラベルは型式と製造コード、製造者、サイズを表示している。

13

13 飛行機の燃料タンクに補給する搭乗員。KWI／33冬期用ワンピース飛行服を着ている。(《ジグナール》)

14 緊急時に飛行服をすばやく脱ぐための仕掛けと、製造者であるベルリンのカール・ハイスラーの仕様ラベルのアップ。飛行服の左前身頃には、比翼仕立ての開口部が襟から腰までもうけられていた。開口部は編み上げ式になっていて、プル・リングがついた長い紐で閉じられ、リングはスナップボタン付きの三角形のフラップで隠されている。リングを引くと、紐がほどけて開口部が開き、飛行服をほかのボタンやジッパーをはずすことなく簡単に脱ぐことができた。

14

14

14

14

15 KWI／33 ワンピース飛行服を着用する３名の飛行士。この飛行服は 30 年代前半にデザインされ、第二次世界大戦中も使われた。

16 ジッパーは金属製で、分厚い冬期用手袋をしていても楽に開けられるように、スライダーには革製のタブがついていた。スライダーの前面には帝国特許の略称が刻印されている。

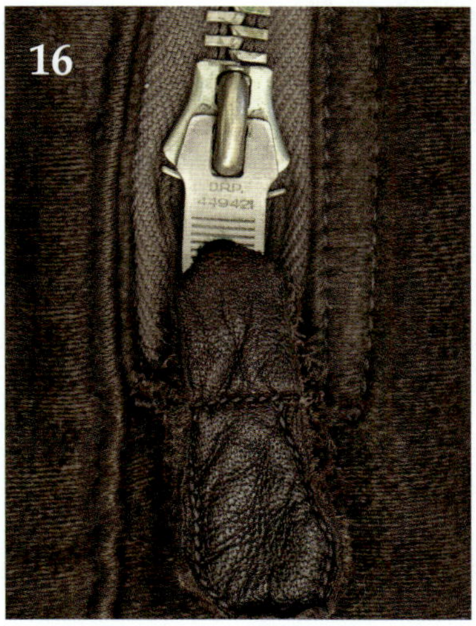

17 （下）飛行服の着脱を助けるため、袖口には切り込みがある。切り込みの縁にはボタン穴がふたつ開いていて、もう一方の縁にある２個のプラスチック製ボタンは切り込みを閉じるために使われる。袖口にはもうひとつボタンがあり、もっときつく閉じることができる。袖の内側には、グレー色のツイル地製の二重袖が縫い付けられ、袖口は伸縮性があって、風をしっかりと遮断するようになっている。（上）裾には飛行服と飛行ブーツの着脱を容易にするための切り込みがもうけられ、ジッパーで下向きに閉じることができる。ジッパーの裏には三角形の襠（まち）がつき、やはり飛行服に風が入るのを防いでいる。

18

18

18

電熱式
冬期用ワンピース飛行服

写真は陸上飛行用の電熱式冬期用ワンピース飛行服である。制式名称はフリーガーシュッツアンツーク・ミット・エレクトリッシャー・ベハイツング。実際には海上飛行用の冬期用ワンピース飛行服のバリエーションで、通常の革のかわりにブルーグレーの厚手の木綿布地を使っていため、ずっと軽く、着心地がよかった。青っぽい紫色のビロードの裏地がつき、革製のモデルと同じ前あきの方式とポケットで製造されていた。

19

19 第15「シュパーニシェ・シュタッフェル」の隊員デメトリオ・ソリータ中尉が1941～1942年の厳しい冬に東部戦線の某所で愛機メッサーシュミットBf109とともにポーズを取る。ちなみにソリータは音速の壁をやぶったスペイン初のパイロットである。

18 大きな襟にも、飛行服の裏地に使われているのと同じ青っぽい紫色のビロードの布地が張ってある。襟は、右襟裏に縫い付けられたリングと左襟裏に縫い付けられたストラップで立てることができた。ストラップの先端にはスナップボタンのオス側が2個ついていて、襟の同じ側に4個ならんだスナップボタンのメス側で、ストラップを調節できた。

20 （上）飛行服の前あきは、襟の右側から腰の左側まで斜めに飛行服の前を横切っている。内側にはもうひとつ前あきがあって、飛行服の前をより大きく開くことができる。いずれの前あきもジッパーで閉じる。パイロットの大半が飛行服の下に通常勤務制服を着用していたことは一言触れておく価値がある。したがって、分厚い飛行服の着脱を容易にすることを目的としたあらゆる仕組みは歓迎された。（左）製造者であるベルリンのカール・ハイスラーの名前が記された布製の仕様ラベル。

21 飛行服の前面左側には、緊急時に飛行服の前を開く仕組みがついていた。仕掛けは金属製のリングで開く。リングを引くと、編み上げの紐がほどけて、飛行服の前が開き、ほかのボタンやジッパーを開けなくても簡単に脱ぐことができた。この仕組みのおかげで、サバイバル装備にすぐさま手をのばすことができた。プル・リングはスナップボタンがついた三角形のフラップに隠れている。

21

21

21

21

21

22 袖口には、ジッパー付きの深い切り込みと、風の侵入を防ぐ布製の二重袖がついていた。二重袖はスナップボタンで閉じる。

23 裾にもジッパーがついた深い切り込みがあり、飛行服と飛行ブーツの着脱を助けている。青っぽい紫色のビロードの裏地が写真で見える。

24 ジッパーはラピート製。スライダーには飛行手袋をつけているときジッパーの開け閉めを容易にするために革製のタブがついている。

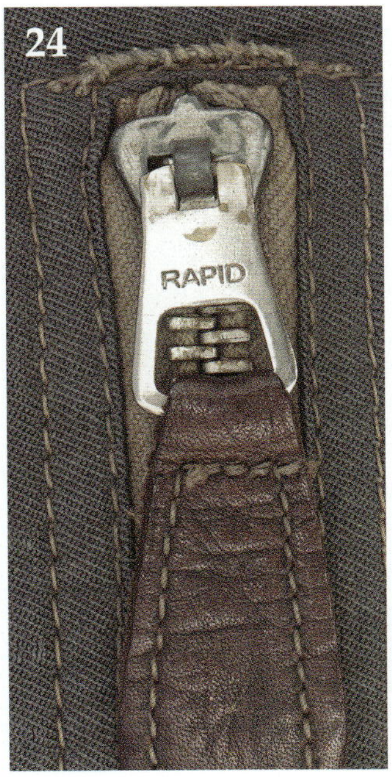

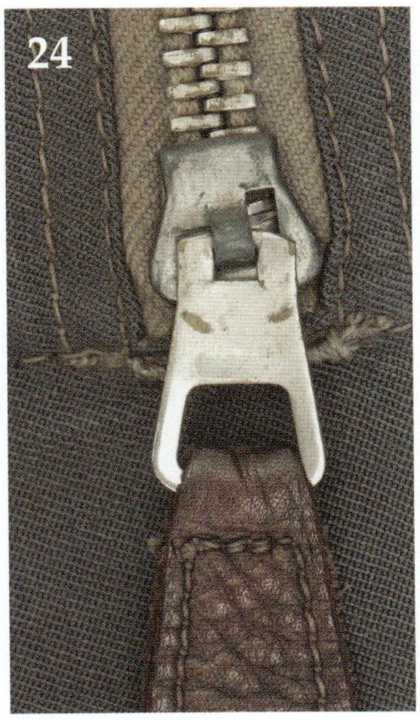

25 袖口と脚には、電熱式の手袋とブーツを接続するための電気コネクターがついていた。内蔵の発熱線は手の甲と足の裏を暖めた。接続方式はスナップボタンを使い、革で裏打ちされていた。

夏期用ワンピース飛行服

フリーガーシュッツアンツーク・フュア・ゾンマー（コンビナツィオーン）

K So/34
夏期用ワンピース飛行服（初期型）

この飛行服はフリーガーシュッツアンツーク・フュア・ゾンマー（コンビナツィオーン）K So/34という制式名称をあたえられ、温暖な気候で使用するため1934年に採用された。茶色の木綿布地で製造され、ツイル地の裏地がついていた。初期型には、ジッパーがついた股間の水平の前あきと、縦ジッパーで閉じる胸の地図用ポケットがついていた。前面中央には革製のストラップが縦に縫い付けられ、酸素マスクのホースのクリップをはさんで、激しい空戦機動中に勝手に動きまわるのを防ぐようになっていた。このモデルの製造は、ツーピース飛行服のために1941年で中止されたが、終戦まで使われていた。

26 股間に水平のジッパー式の前あきがついた、初期型の夏期用飛行服を着たパイロット。飛行服の裾を飛行ブーツのなかに入れている。

27 飛行服には大きな折り襟がついていた。金属製のリングが革製のタブで右襟裏に縫い付けられ、左襟裏にはスナップボタン付きの革製ストラップがついていて、襟を首のまわりに立てて寒さを防ぐとき、リングに通して留められるようになっている。襟の喉元はスナップボタンで閉じた。

28

28

29
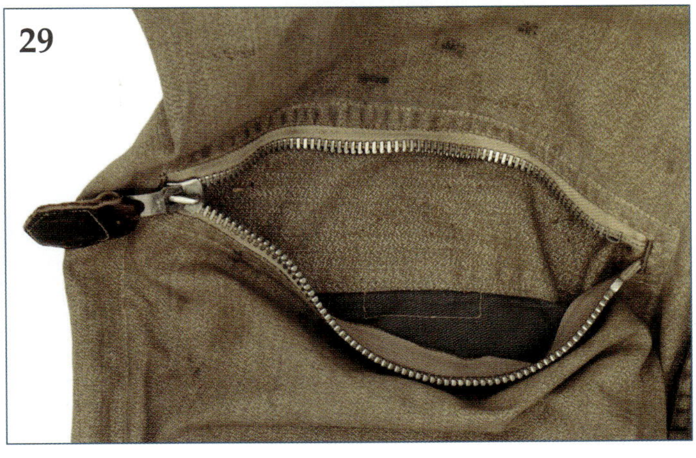

28 飛行服にはジッパー付きの開口部がいくつかあり、いちばん大きなものは肩から腰まで前面を斜めに横切っていた。右肩のもうひとつの傾斜した開口部は、ボタン留めされたツイル地製のストームフラップに隠れている。このストームフラップの機能は、開放式操縦席や爆撃機の機銃座の強風から開口部を保護することだった。その下にはツイル地の切り替え布がジッパーといっしょに縫い付けられている。

29 飛行服の脚の前側には、ジッパーで閉じる切り込みポケットがふたつあって、サバイバル装備をおさめるようになっていた。ポケットの内側にはツイル地の裏地がついていた。

30　生徒たちが真剣に見つめる前で手を戦闘機に見立てて空中戦の機動を説明するグライダー飛行教官。初期型のＫ Ｓｏ／34夏期用ワンピース飛行服を着ている。

31　金属製のジッパーのスライダーの細部。手袋をしたパイロットがポケットのジッパーを開けやすいように、革製のタブが引き手に縫い付けられている。ジッパーのメーカーのロゴがスライダーに刻まれている。

32　（下）袖にはツイル地の裏地がついていた。袖口には伸縮性のある二重袖が造りつけられ、スナップボタンで閉じることができる。深い切り込みはジッパーで閉じる。飛行中にジッパーが開かないように、袖口にはスナップボタンが付け足され、しっかりと留められる。（上）裾にも長さ35センチの切り込みが縫い目にそって縦に走っていた。写真では、風から脚を守る、ジッパー内側の風よけフラップがわかる。

33

K So/34
夏期用ワンピース飛行服（後期型）

写真は後期型の夏期用飛行服。いちばんわかりやすいちがいは、股間の前あきのジッパーが水平から縦位置になったことと、胸の切り込みポケットが、緊急時に飛行服の前を大きく開くもうひとつの仕掛けに変わったことである。左右の腰と脚のジッパー付きポケットは初期型と同様だった。

33

33

33

33

33 襟は、首が寒くないように立てたとき、初期型と同じ方式で留めることができた。襟の一方には金属製のリングがつき、もう一方にはスナップボタン付きのストラップが縫い付けられて、4つならんだスナップボタンのオス側でストラップを好みの位置に固定できる。酸素マスクのホースのクリップをはさむための、飛行服の前面中央にある縦の革製ストラップは、この後期型にもついている。

34

34

34

34　すべての飛行服は通常勤務服の上から着用するようにデザインされていた。写真では、ふたつに分かれて、それぞれにジッパーがついた、前合わせがわかる。前合わせは飛行服の前面を襟の右側から左の腰にかけて斜めに横切っている。まず最初のジッパーを開けると、つぎに隠れていたもうひとつの切り込みをジッパーで開いて、飛行服の前をより広く開けることができる。ジッパーのスライダーは両方とも、右肩についた大きなボタン留めの布製ストームフラップで隠れていた。

35　前身頃の縦の切り込みポケットは、緊急時に飛行服の前を開くもうひとつの仕掛けに変わった。開口部は飛行服の左前身頃を襟から腰まで縦に走っている。プル・リングはスナップボタンで閉じる三角形のフラップの下に隠れている。リングを引くと、編み上げの紐がほどけて、飛行服の前が開き、ほかのボタンやジッパーを開かなくても簡単に脱ぐことができる。

36　ラベルには製造者の名前と住所、製造年、サイズが入っている。この飛行服の製造者はヴュルテンベルク州クライルスハイムのベクライドゥングスファブリーク・ハーベルトである。

37 袖にはグレーのツイル地の裏地がついていた。袖口には二重袖がつき、伸縮性のある袖口をスナップボタンで留めて、防風性を高めることができる。飛行服の袖口はジッパーが開くのを防ぐためにスナップボタンで留めることができた。

38 引き手に革製のタブがついたジッパーのスライダーの細部。ジッパーは、ラピート社製である。

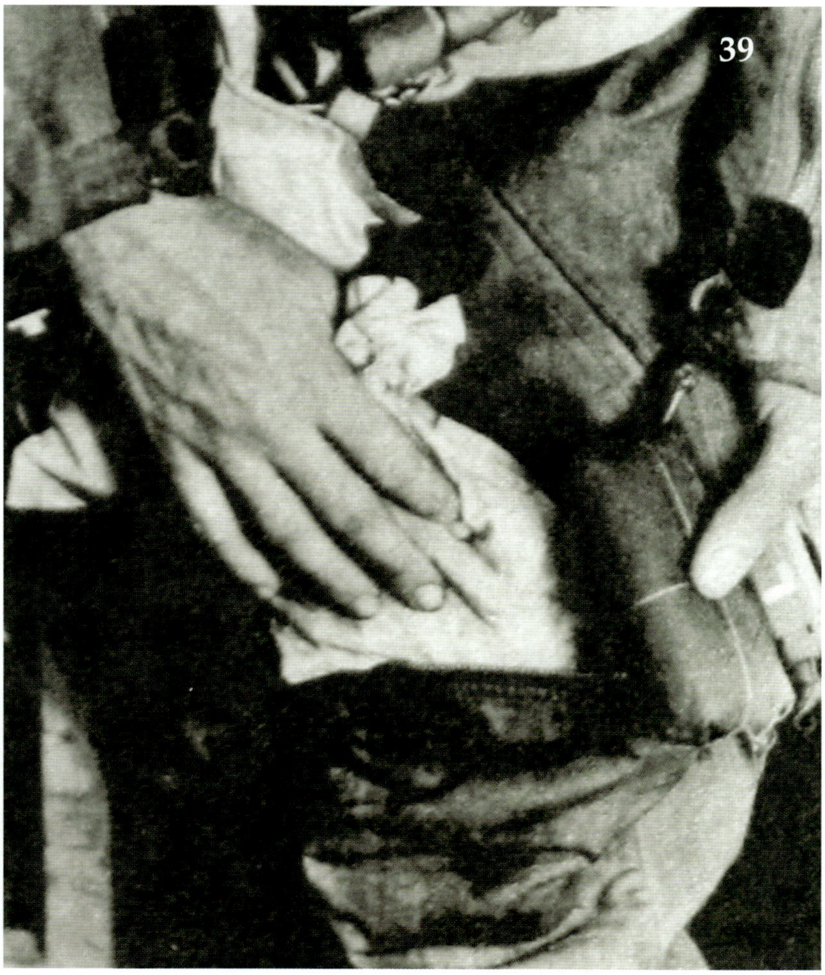

39 脚のポケットは、この当時の写真でわかるように、サバイバル装備や地図、チョコレートバー、応急手当キットといったパイロットに欠かせないものをしまうためにデザインされている。

「カナール」ツーピース飛行服

「カナール」フリーガーシュッツアンツーク

40　有名なオリンピック選手で戦闘機パイロットのゴットハルト・ハントリック大佐が、1943年の冬、ラップランドの某所で戦友たちとおしゃべりをしている。無染色のなめし革の飛行服を着ている。

「カナール」ツーピースぬめ革飛行服

飛行服はしばしば占領地やドイツの同盟国にある小さな工場で地元の原材料を使って製造された。そのため、手に入る現地の資源によって多種多様な飛行服のバリエーションが生まれた。以下の写真の飛行服は、ブルガリアの小さな工場で製造されたバリエーションである。ブルガリアはドイツ空軍用に多くの飛行服を製造したことで有名なドイツの同盟国だった。飛行服は厚い羊毛の裏地がついた無染色の羊のなめし革とキャンバスで製造された。主として東部戦線で、とくに暖房装置がついていない旧式の開放式操縦席の飛行機や、電熱飛行服用のコネクターがない飛行機を操縦しなければならないパイロットに支給された。

41　大きな襟には羊毛が張られ、前合わせはジッパーで閉じることができた。襟は寒さを防ぐため立てて、襟の両側にあるスナップボタン付きのストラップとリングで留めることができた。

42

42 (上)腰にはスナップボタン２個で閉じられるキャンバス製のウエストバンドがついていた。前合わせはジッパーで閉じられる。(下)多くの飛行服が占領地やドイツの同盟国の小さな地元工場で製造された。このジャケットの場合、メーカーのラベルがしめすように、ブルガリアのソフィアで製造されている。

43 ゴムが入っていて、スナップボタンで留める二重袖がわかる袖口のアップ。これはドイツ空軍の飛行服とジャケットのほとんどに共通する特徴である。

44 第15「シュパーニシェ・シュタッフェル」の隊員ガビラン大尉が、任務から帰投後、愛機の損傷した主翼の前でポーズを取っている。無染色の革製ジャケットとグレーの布製の「カナール」飛行ズボンを着用している。東部戦線の戦闘機パイロットの典型的な服装である。この写真は1943年に撮影された。ガビランは大戦中、9機のソ連機を撃墜している。

45 ズボンには分厚い毛皮の裏地がついていた。それ以外の特徴はほかの「カナール」飛行ズボンと同じで、大きな脚のポケットふたつと、信号拳銃をおさめるようデザインされた側面のポケット、ジッパー付きの側面のいくつかのポケット、そしてジッパーで閉じる裾の深い切り込みがついている。とくにこのモデルでは、支給のサスペンダーを装着するために、ウエストバンドの側面にいくつかのボタンと、後部にボタン付きのタブがふたつ縫い付けられている。

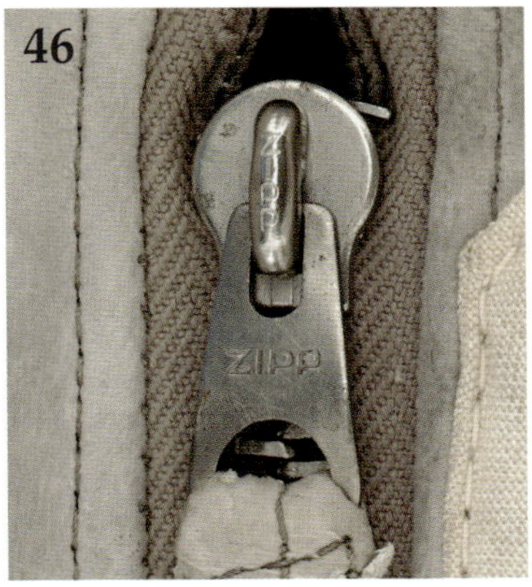

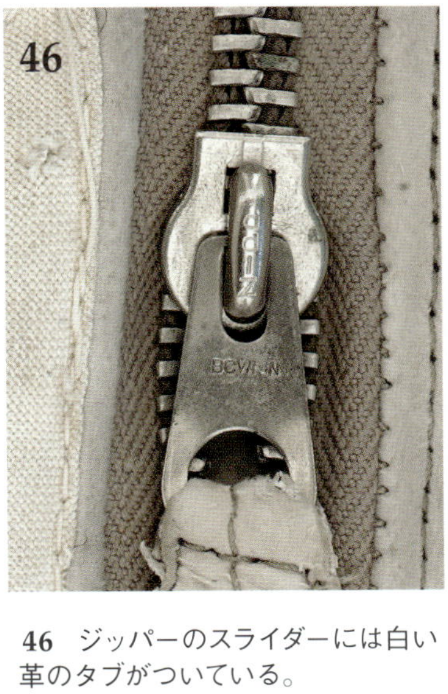

46 ジッパーのスライダーには白い革のタブがついている。

47

47 ズボンの右脚に縫い付けられた信号拳銃用ポケットのアップ。スナップボタン２個と、より確実に固定するための中央の革製タブで閉じる。信号拳銃用ポケットの下部は拳銃の重みで布がやぶれないように黒い革で補強されている。小さなループは拳銃の紛失防止用の紐を取り付けるために使われた。

47

48

48 信号拳銃用ポケットの下にある長いポケットは、「ファーネンタッシェ」つまり信号旗をおさめるために使われた。長細いポケットにはキャンバス製の補強が２カ所つき、スナップボタン付きの蓋で閉じる。

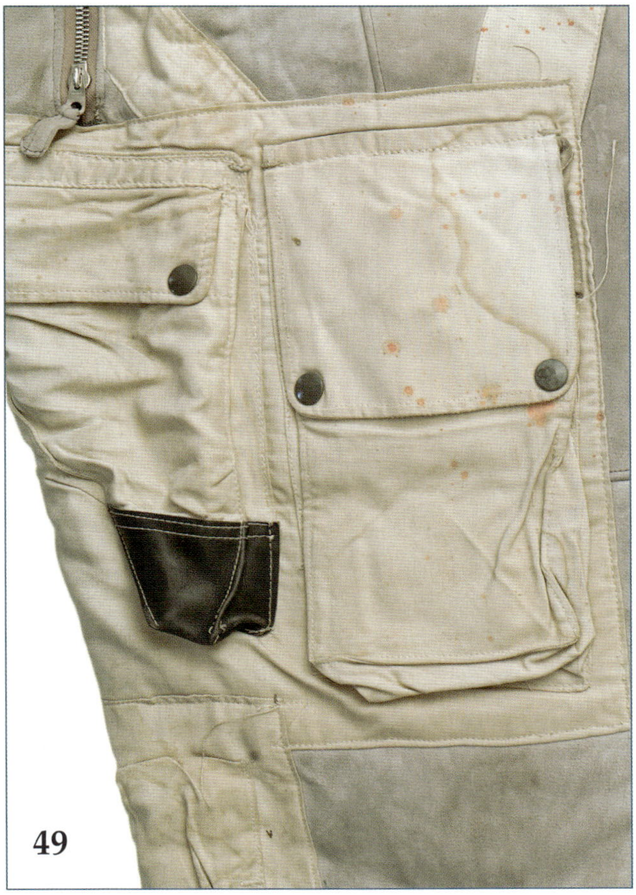

49

49

49

49「カナール」飛行ズボンのもっとも目に付く特徴である大きな脚のポケットのひとつは、信号拳銃用ポケットの横についている。キャンバス製で、ズボンに縫い付けられていた。周囲にはプリーツがついていて、大きな収容能力を持っていた。ポケットは口の左右のスナップボタン付きフラップふたつと、大きなポケット蓋で閉じることができる。ポケット蓋は大きなプラスチック製ボタンか、写真の製品のように、スナップボタンで閉じた。パイロットはこのポケットを航法計算盤のような重要な装備や水筒、クッキー、チョコレートバーのような食料と水をおさめるのに使った。

50 左脚のポケットは主として信号拳銃用の信号弾をおさめるのに使われた。信号弾はポケットの内側に縫い付けられた専用のループで固定される。ポケットは応急手当用包帯とポケットナイフのほか、パイロットが任務に関係あると考える品々をしまうのにも使われた。

50

51

51

51 信号拳銃用の信号弾をはさんで、緊急時につねに手がとどくようにするために、大きな脚のポケットの内側に縫い付けられたループの細部。

「カナール」ツーピース布製飛行服

毛皮の裏地がついたツーピースの冬期用「カナール」飛行服は、陸上飛行用にデザインされ、ブルーグレーの布で製造された。ジャケットには毛皮の総裏地がつき、襟にも毛皮が張られていた。前合わせは縦のジッパーと腰のスナップボタン２個で閉じる。ズボンはほかのタイプの「カナール」飛行ズボンと同一のデザインと特徴を持っていた。

52 柏葉剣付き騎士鉄十字章の受章者ハンス・フィリップ中尉。ブルーグレーの布製「カナール」冬期用飛行ジャケットを着ている。かぶっているのは 1943 年にドイツ空軍の全将兵が使用するために採用された規格野戦帽「アインハイツフリーガーミュッツェ」で、「フリーガーミュッツェ」と「ベルクミュッツェ」の両方に取って代わった。

53 大きな襟には毛皮が張られ、防寒のために襟を立てて、リングとストラップで留めることができた。

54 袖にはジッパーで閉じる深い切り込みがあり、袖口にはしっかり留めるためのスナップボタン付きタブがついていた。写真では、スナップボタンで留めるゴム入りの二重袖の細部がわかる。これは戦時中も製造過程から省略されなかったドイツの飛行服と飛行ジャケットの特徴のひとつである。

55 ジャケットにはポケットが３つある。ひとつは地図をしまう胸の縦ポケット。腰には左右の前身頃にポケットがふたつあった。ポケットの口は狭い飛行機の操縦席内でも手がのばしやすいようにわずかに傾斜していて、スナップボタン付きのタブで閉じる。

56 袖の曹長（フェルトヴェーベル）の階級章のアップ。服装規定ではワンピース飛行服または飛行ジャケットの両袖には、肘と肩の中間に階級章を縫い付けることになっていた。袖用階級章には茶色または濃紺の台布がつき、そこに図案化された翼と横棒（将校・将官のみ）が縫い付けられた。

57 ズボンには毛皮の裏地がついていた。脚には「カナール」飛行ズボンに典型的な大型ポケットがふたつついている。いずれのポケットにもスナップボタン付きの大きな蓋がついていた。ウエストバンドには、内側にボタン付きのタブが、側面にはストラップが縫い付けられていて、そのすべてが支給のサスペンダーを装着するためのものだった。ポケットを最大限に利用した場合、過剰な重さでズボンがずり落ちないようにするため、サスペンダーの使用が不可欠になることがあった。

58 ジッパーのスライダーの細部。ジッパーの製造者名が引き手に刻まれている。

59

59

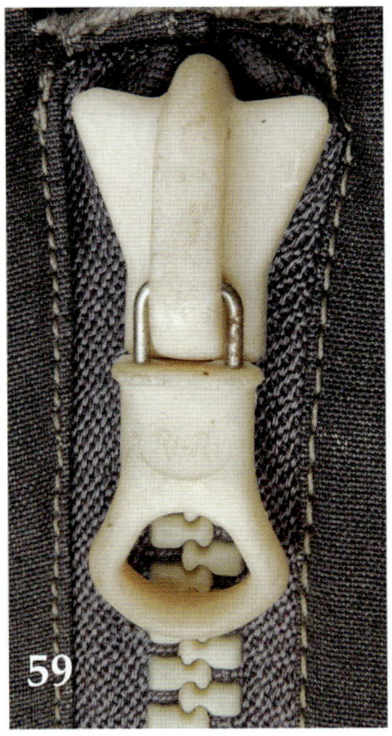

59

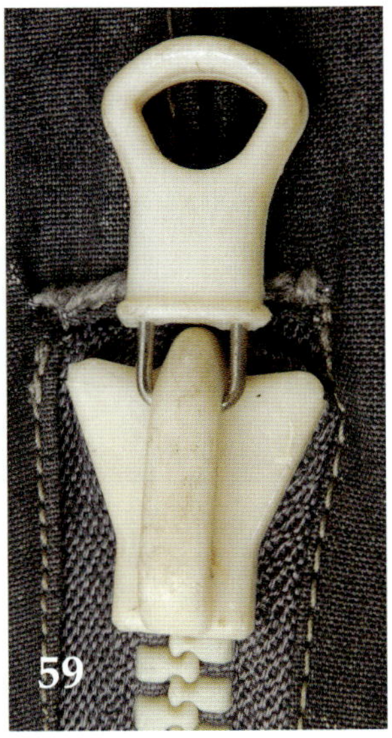

59

59 戦争後期のジッパーは、原材料の不足から、プラスチックのような合成素材で製造された。

60 信号拳銃用のポケットは右脚についていて、そのすぐ下には信号旗用のポケットがあった。信号旗のポケットは戦争後期にデザイン上の特徴として取り入れられたもので、なかには野戦で艤装員がポケットを追加したズボンもあった。旗の棒が布地をやぶらないように補強用のキャンバス帯が付け加えられていた。

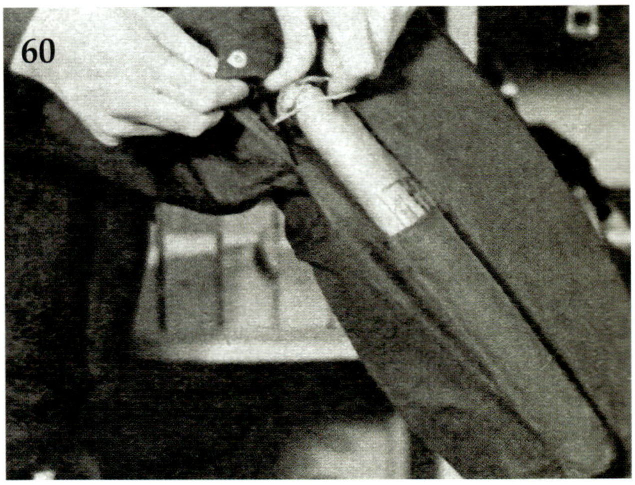

60

「カナール」革製飛行ジャケット

戦闘機パイロットと搭乗員が使用する飛行服は、無数の素材と色で製造された。ドイツの資源が連合軍のたえまない工場爆撃で逼迫すると、手に入る物資はなんでも被服と装備の製造に役立てられるようになった。写真のジャケットは「カナール」タイプの飛行服の基本的特徴にしたがって製造され、ナチュラルカラーの羊のなめし革を使っていた。前合わせのジッパーと、前をスナップボタンで閉じるキャンバス製のウエストバンドがついている。

61

61

61 襟とジャケットの前合わせには茶色い羊毛が張られ、ジャケットのそれ以外の部分には子羊の毛の裏地がついていた。胸の地図用ポケットは別の革で仕立てられている。

62 スナップボタン付きのタブで留められる、袖口のジッパーの細部。先にゴムが入った二重袖も見える。

63 左右の前身頃には、腰に切り込みポケットがあり、スナップボタン付きのタブで閉じることができる。

64 RBNrコードが入ったジャケットの布製ラベルのアップ。

電熱式「カナール」ツーピース飛行服

「カナール」フリーガーシュッツアンツーク・ミット・エレクトリッシャー・ベハイツング

電熱式「カナール」布製ツーピース飛行服

1941年以前のドイツの冬期飛行用の被服といえば、何年も前にデザインされ、空軍のパイロットが要求する着心地のよさも防寒性も欠けた、かさばるワンピース飛行服しかなかった。その年、画期的な新型の飛行服が採用された。もっとも重要な特徴は、ジャケットとズボンのふたつの部分でできていたことだった。この新型飛行服は非公式に「カナール」飛行服と命名された。イギリスへの出撃でイギリス海峡を横断したパイロットたちが広く使用したからである。ワンピースの飛行服同様、「カナール」飛行服には夏期用も冬期用も、いくつかのタイプがあった。電熱式の「カナール」飛行服は飛行機の電気系統に接続され、布地の層のあいだに配された発熱線に24ボルトを供給し、極寒にたいする効果的な防寒対策を搭乗員に提供した。

65

65 作戦成功のあとは煙草で一服。スペイン人義勇部隊の第15「シュパーニシェ・シュタッフェル」の隊員、ゴンサロ・エビア・アルバレス＝キニョネスは、ツーピースの「カナール」タイプ飛行服を着ている。写真は1943年2月に東部戦線の某所で撮影されたもの。

66

66

66

66 ワンピース飛行服と同様に、襟を立てて、襟の片側の金属製リングと反対側のスナップボタン付きストラップで留めることができた。4個ならんだスナップボタンのオス側でストラップを正しく調節できる。

67 両裾と袖口のジッパーは有名なラピート社製である。

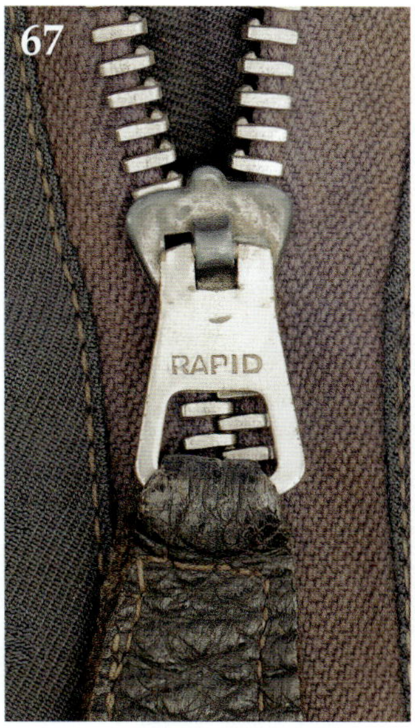

68 袖口には着脱が容易なように、ジッパー付きの深い切り込みがあった。スナップボタンがついた二重袖に注意。電熱手袋を接続するためのコネクターは、革製のカバーで保護されていた。

69 ジャケットの前合わせは中央の縦のジッパーで閉じ、腰はスナップボタンが 2 個ついた布製タブで閉じる。

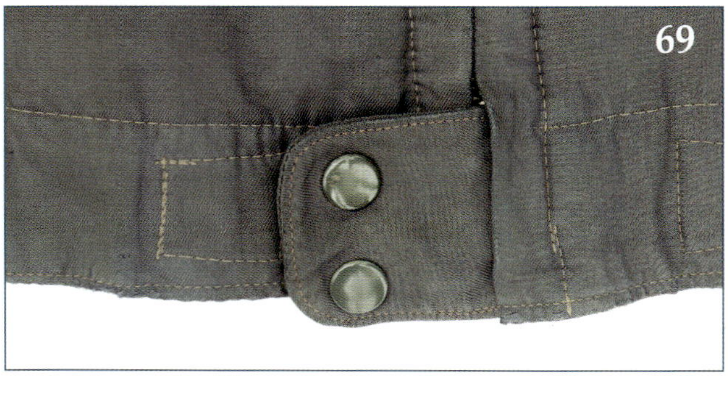

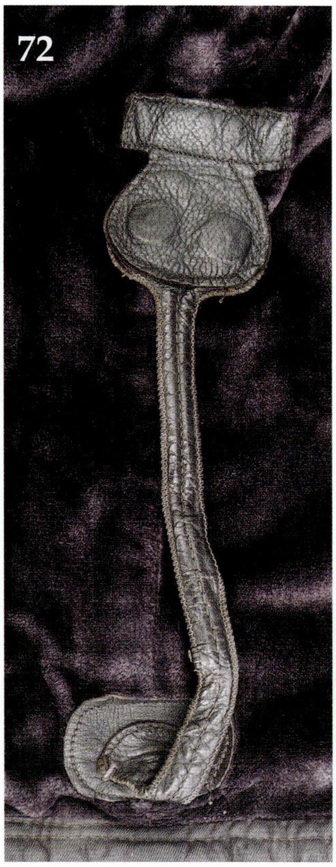

70 ラベルには製造者の有名なカール・ハイスラーの名前が入っている。戦時中に、飛行装備の製造者名は、連合軍に場所を知られて爆撃されるのを防ぐため、3文字のコードに変更された。

71 ジャケットのウエストバンドについている腰まわり調節用の内蔵ベルトとバックルの細部。

72 ジャケットの内側には、端に電気コネクターがついた長いコードがあり、ズボンからジャケットへ電気を送ることができた。コードはスナップボタンのコネクターがつき、革で被覆されていた。接続を利用しないときは、コードをたたんでジャケット内側のもうひとつのタブで固定できた。

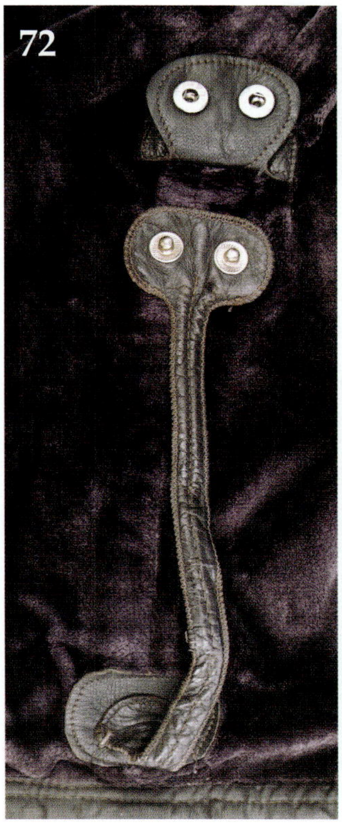

73 ズボンにはサスペンダーを装着するために腰まわりにボタンがいくつかついていた。腰まわりは、前面の左右についているスライドバックルと内蔵ベルトで調節できた。ウエストバンドはボタン穴がついた布製のタブとボタン2個で前を閉じる。

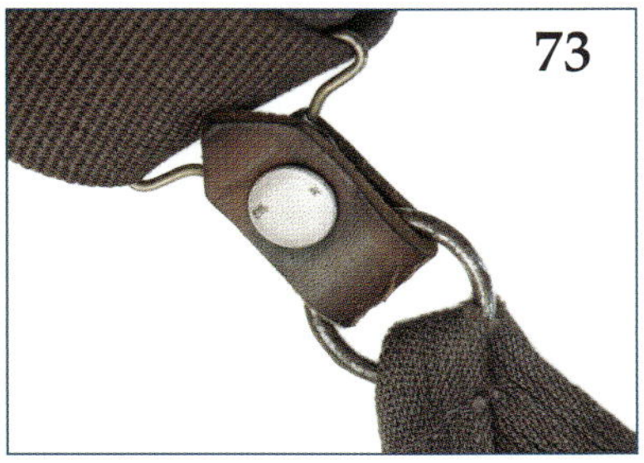

74 ズボンの内側にはビロードの裏地がついていた。ラベルは器材番号（ゲレートNr）、調達符号（アンフォルデルングスツァイヒェン）、製造番号（ヴェルクNr）、製造者番号（ヘアシュテラー）、そしてサイズ（グレーセ）をしめしている。

75 ズボンには両脚にプリーツ付きの大型ポケットがあり、スナップボタンが2個ついた蓋と、口の左右にスナップボタン1個で留める小さな蓋がついている。いずれの蓋にも茶色の布の裏地がついている。写真では左側のポケットの内側が見える。パイロットのサバイバル装備をおさめるために使われた。

76 飛行機の電気系統に差し込んで、飛行服を暖める電源を供給する主電気コードは、ポケットから出ていた。信号拳銃の紛失防止用の紐は、ズボン内側のループにつながれ、あやまって落としたとき手がとどかないところへいってしまうのを防止した。蓋裏側とポケットの内側のループは、信号弾やナイフ、応急手当用包帯などのサバイバル装備をはさむためのものだった。

77 右脚のポケットは左側よりやや小さく、パイロットが任務に必要と決めた各種の物品をおさめるのに使われた。こちらにも革製のループなどの収納部があった。前と左右の蓋にくわえて、ポケットには前蓋の中央に、先端にスナップボタンのメス側がついた革製ストラップが取り付けられ、ポケット外側の中央についているオス側で留めることができた。このストラップはポケットの中身をしっかりと押さえて、激しい空中機動中にこぼれださないようにした。

78 脚ポケットの内側にあるループは、右脚の専用ポケットにおさめられた「カンプフピストーレ」つまり信号拳銃用の信号弾をはさむためのものだった。

79 右脚の側面にある信号拳銃用ポケットのアップ。紛失防止用の紐は、拳銃をあやまって手から落としても、つねに手元から離さないために使われた。

80 ズボンの裾にはジッパーがついた深い切れ込みがある。パイロットがズボンとブーツを着脱するのを助けるためのものだった。電熱式飛行ブーツ用の電気コネクターが両脚の側面にはっきりと見える。

81 エーリッヒ・ハルトマンは第二次世界大戦でもっとも多くの撃墜数を記録した戦闘機パイロットだった。825 回出撃し、352 機を撃墜した。写真ではビロードの襟がついた「カナール」タイプの飛行ジャケットを着用している。

電熱式「カナール」革製ツーピース飛行服

この「カナール」飛行服の冬期用ツーピース革製タイプは、大戦末期に、とくに帝国本土防空任務についたいくつかの戦闘機隊に支給された。基本的なデザインは、ほかの「カナール」タイプ飛行服と同様だったが、基本素材に革を使って製造されていた。大戦最後の何カ月間か、たえまない工場への爆撃でドイツの産業が耐えしのんでいた厳しい状況のなかでも、これらの大戦末期の飛行服は、以前の被服と同じか、それを上回る仕上がりを持っている。

83 前合わせは隠しボタン 5 個で閉じる。ジャケットの内側にはライトグレーの布の裏地がついていた。このジャケットにはほかに、前合わせをボタンとジッパーで二重に閉じられるバリエーションもあった。

82 大きな襟には紫色のビロードが張ってあった。ジャケットの左前身頃の胸には、地図などをおさめる縦の切り込みポケットがついていた。右胸には布製の空軍型国家鷲章が縫い付けられている。

84 袖口はスナップボタン付きのタブで開閉できた。切り込みには、戦時の物資不足から金属のかわりにプラスチックで製造されたジッパーがついている。このタイプのジャケットには袖口にゴムが入った二重袖もついていた。風と冷気がジャケットに入りこまないようにするための工夫だった。

85 電熱システムは、手袋と飛行ブーツに接続するための２個のスナップボタンのコネクターからなっていた。スナップボタンのメス側は革製のタブについている。ズボンに電流を送るコネクターは、ジャケットの内側についていた。

86 布製のラベルには、サイズや製造年、RBNrコードのような被服のくわしい情報が記されていた。

87

87

87

87　ズボンには、長時間の飛行任務用のサバイバル装備や身の回り品をおさめるために、側面のポケットのほかに、両脚の前側に大きなポケットがついていた。

88 (上)ズボンの内側にはサテンの裏地がついていた。(左)ラベルには、器材番号(ゲレートNr)と調達符号(アンフォルデルングスツァイヒェン)、製造番号(ヴェルクNr)、製造者番号(ヘアシュテラーNr)、そしてサイズ(グレーセ)が記されていた。

89 ズボンのウエストバンドはボタンが2個ついた革製タブで閉じ、布製の内蔵ベルトが造りつけられている。ベルトの端は前面のふたつの金属製バックルで締められる。

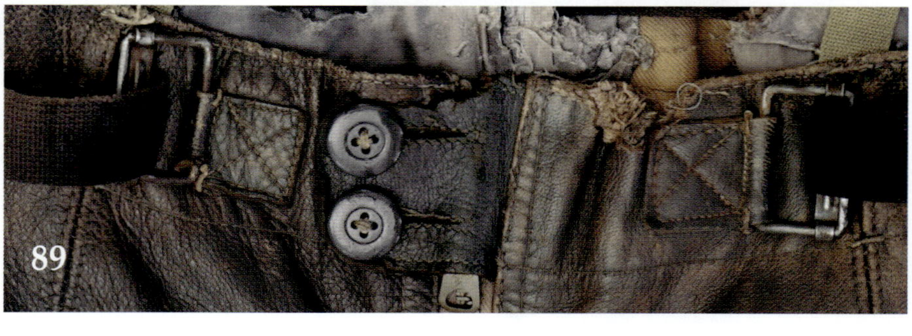

90

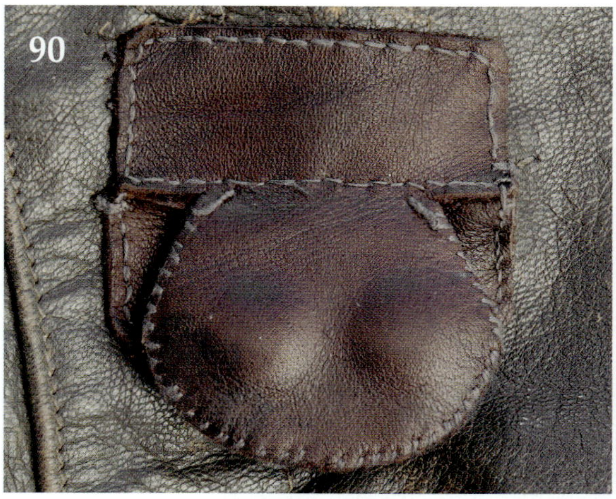

90

91

91

90 電気の接続用のスナップボタンは、革製のタブに取り付けられ、電熱ブーツを接続するため、両脚部に配されている。

91 両裾には、パイロットがズボンを着脱したり、飛行ブーツを内側にはいたりするのを助けるために、深い縦の切り込みが入っている。スライダーには飛行手袋をしたままでもジッパーの開閉がしやすくなるように、革製のタブがついている。

91

92 脚の大型ポケットには容量をふやすため周囲にプリーツがあり、激しい空中機動でも中身が飛びださないように、左右にはボタン留めできる蓋がついていた。ポケット全体の蓋はプラスチック製ボタン3個で閉じた。

93 右脚には、搭乗員にとって重要な装備である「カンプフピストーレ」つまり信号拳銃をおさめるためのポケットがついていた。ポケットの口は中央の小さなタブとプラスチック製ボタンが２個ついた大きな蓋で閉じた。

電熱式「カナール」革製飛行ジャケット

このジャケットは、冬期用「カナール」ジャケットのもうひとつのバリエーションで、より一般的なビロードの襟と、5個ボタンの前合わせのかわりに、革の立ち襟がついている。ジャケットの腰の部分には、表地と裏地のあいだに布製の帯紐が入っていて、腰を絞ることができた。残りの特徴は、両袖のジッパー付きの深い切り込みや、電熱手袋を接続するための通電スナップボタンをふくめ、このタイプのほかのジャケットと同じである。

94　空軍型国家鷲章は布製で、ジャケットの右胸に縫い付けられている。

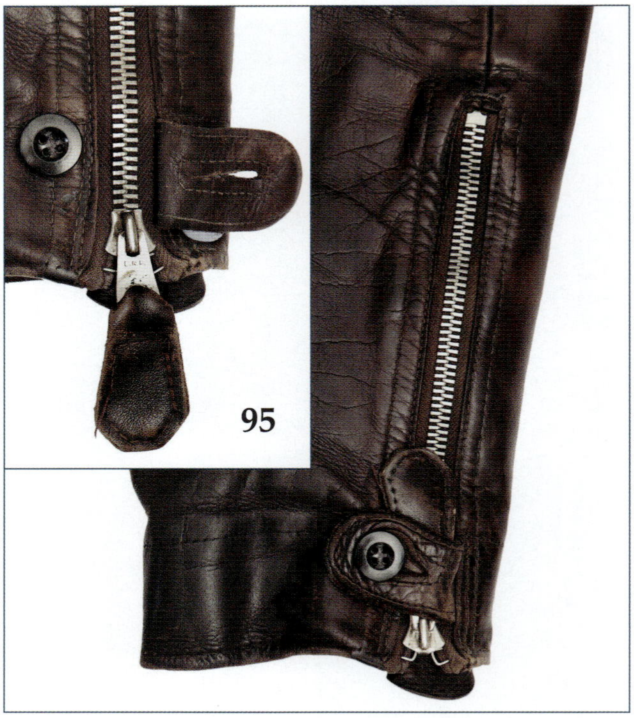

95　ジッパーがついた袖の切り込みのアップ。袖口のボタンがついた革製タブは、袖口を絞り、飛行中にジッパーが開くのを防ぐ役目をした。

96　ジャケットには、腰まわりに調節用の紐が内蔵されていて、左右から出た紐で腰を絞ることができた。

12　飛行手袋

飛行士に適した手袋を用意する問題を解決するため、長年にわたって、長時間の研究とテストが行なわれた。航空草創期から、この問題を解決する必要性はあきらかになっていた。初期の飛行機は開放式の操縦席を持ち、飛行士は高高度できまって極度の寒さに見舞われたからである。研究者たちは手袋の開発においていくつかの要素を考慮した。断熱性、操作性の要求、サイズと造り、そして手袋の使い心地のよさである。断熱性による防寒性能は被服の厚さで決まった。もし補助の熱源があれば、断熱素材を薄くすることができる。電熱式の手袋は、ついに完成したとき、機内の部署からそう遠く離れる必要がない搭乗員に問題のすばらしい解決策をもたらした。爆撃機の窓から吹き込んでくる突風は、低温ではほんの数秒で機銃手の手に凍傷を起こさせる可能性があったからである。さらに厚手の冬用手袋と薄手の夏用手袋はいずれも、着用者の手をよごさず、火災時には火傷から守る働きをした。

写真の搭乗員は高高度任務のために装備を点検している。手首覆い付きの厚手の革製長手袋を着用している。（《デア・アドラー》）

手袋のデザイン担当者と製造者は、いくつかの心理的要因の重要性にも気づいていた。飛行士の体温を適度に維持するためには、手をじゅうぶん保護する必要があった。通常、四肢とくに手は体温の調節機能に重要な役割を演じていた。手が冷たさを感じると、人は通常寒いと思う。その一方で四肢が暑すぎると、体の残りの皮膚は刺激を受けて、もっと急速に熱を逃がすのである。研究者のもうひとつの問題は、かさばって操作性を阻害することなく、掌と、もっと重要な指先を暖める適切な解決策を見つけることだった。二股手袋は五本指の手袋より手を暖めるのにはよかったが、指が分かれていないため操作性を著しく阻害した。ある程度こまかな作業をする必要がある場合、搭乗員は手袋を脱がねばならず、指先に凍傷を引き起こした。手袋のサイズと造りは、断熱性と操作性と使い心地に直接の影響を、また体温の調節と寒さの感覚に間接的な影響をあたえた。手袋が小さすぎると、指先が動かしづらくなるだけでなく、断熱効果も失われる。大きすぎる手袋も手の動きのじゃまになる。

手袋の使い心地は個人の好みしだいで、客観的な方法で評価するのはたぶん不可能だった。しかし、手袋の使い心地がいいかどうかの意見は、上記の要素にくわえて、飛行士が重圧下で時間に迫られているときに手袋をしたまますばやく仕事ができると自信を持てるかに左右される。これはドイツ空軍のパイロットの場合、とくにあてはまった。彼らはしばしば手袋をつけないか、支給の飛行任務用手袋よりも私物の礼装用手袋を使うほうを好んだからである。パイロットたちは操縦桿の反応を感じ取る必要があったため手袋をつけるのに抵抗した。こうした態度のせいで大火傷などの手の負傷が多発した。操縦席や寒さにさらされる部署で、より高い高度を長時間飛行する爆撃機の搭乗員は、手袋の使用にはるかに理解をしめした。

ドイツ空軍の飛行手袋では、冬用手袋の表地と裏地の両方に各種の素材が見受けられるが、完璧に満足できる素材はひとつもなかった。表地に使われた素材には、馬革、子牛革、豚革がある。裏地は最初、各種の毛皮製だったが、のちに羊毛地やウール地製になった。戦争がはじまると、手袋のデザインに変更や大きな改良は行なわれなかった。

どうやら任務を無事終えて帰投したばかりのこのパイロットは、笑みを浮かべて咽喉マイクをはずしている。
革製の手袋を着用している。(《デア・アドラー》)

飛行用長手袋

フリーガー・レーダーハントシュー

制式名称は、「裏地なし手首覆い付き夏期用飛行手袋」である。高級な茶色の子山羊革製だった。手首覆いは１枚革で、手袋の外側に縫い付けられ、スエードの裏地がついている。調節の方法は、縫い付けた２本のストラップを使った。１本は手首覆いの上端にあり、もう１本は手首覆いの縫い目の、手首のすぐ上についている。いずれのストラップも外側の縫い目に縫い付けられ、親指側の金属製リングにくぐらされて、それから折り返され、スナップボタンで留められる。ストラップの先端はわずかに広がって、ストラップがリングから抜けないようになっていた。

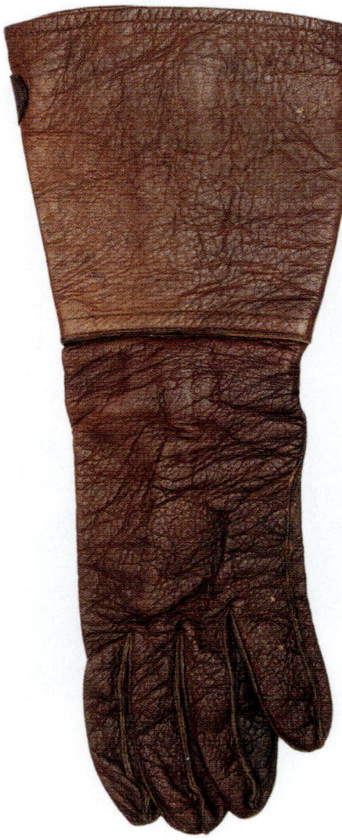

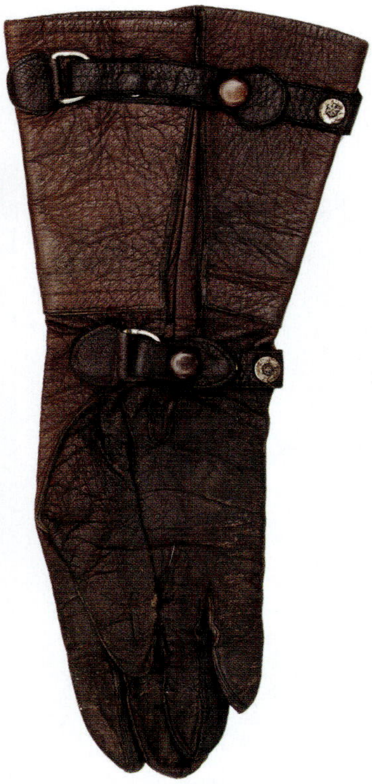

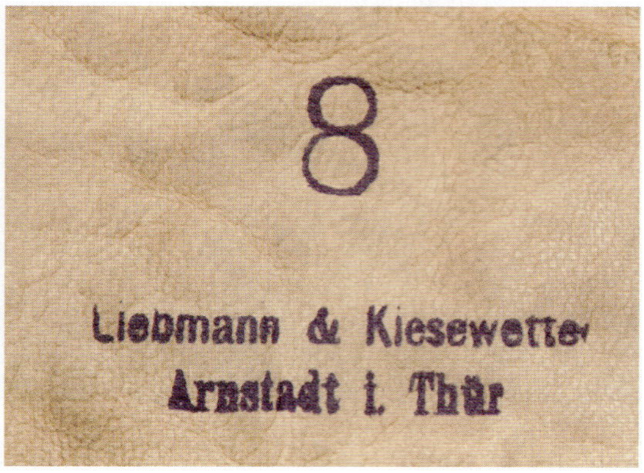

電熱式飛行用長手袋

フリーガー・レーダーハントシュー・ミット・エレクトリッシャー・ベハイツング

FW m／40手袋は、電熱式飛行服または飛行ジャケットと組み合わせて使用するため開発された。やわらかいブルーグレーのスエード革製だった。手袋の革と布製の裏地のあいだには、8W／24Vの発熱線が入っていた。手首覆いの縁には楕円形のコネクターがついていて、袖口のコネクターに差し込まれた。手首覆いの内側はやわらかい革の面になっていた。内側にはマーキングがインクでスタンプされ、サイズ、RB番号、LBA検定印などの技術的データが記されていた。

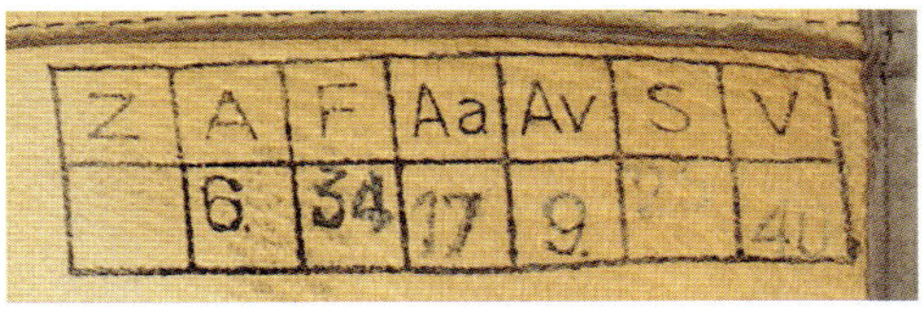

13　毛皮張りの飛行ブーツ

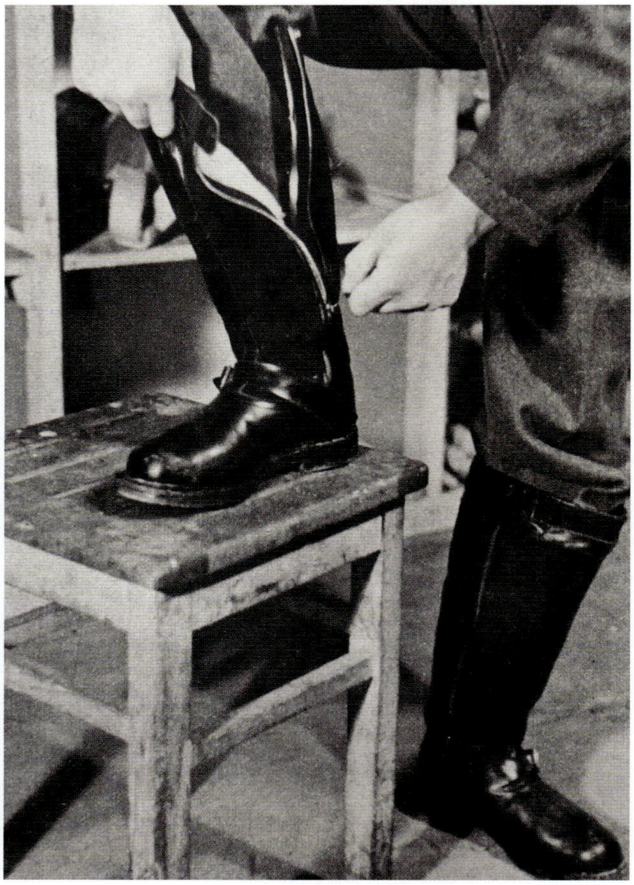

右の写真のパイロットは椅子を使って飛行ブーツをはいている。ブーツはジッパーのおかげではきやすく、また脚を負傷した場合にも傷を悪化させずにすばやく脱ぐことができる。一部のパイロットはズボンや飛行服の裾をブーツのなかに入れるほうを好んだ。しかし、従軍経験者によれば、経験豊富なパイロットは、パラシュートが開く衝撃でブーツが脱げないようにしっかり押さえるため、飛行服やズボンの下にブーツをはくほうを好んだという。

航空草創期以来、飛行に適した靴は、いかなる気象条件でも被服に欠かせない要素だった。冬期や高高度では、適切な飛行ブーツは足が凍傷にかかるのを防ぐのに不可欠だった。足は体の表面積全体の約 10 パーセントをしめている。暑いときには、体温の約 13 パーセントが足から逃げることもある。しかし、寒いときには、いっそう多くの体温が逃げると思うかもしれないが、実際には血液の流れと血液の温度の低下によって、足から逃げる体温の割合は 7 パーセントまで減少することも考えられる。したがって、適切な靴をはく必要性はパイロットと搭乗員にとってきわめて重要だった。

ドイツでは、飛行ブーツは開戦のずっと以前に開発され、ほかの装備と同様、小さな変更だけで終戦まで使いつづけられた。戦争がはじまる前、ドイツのパイロットたちは乗馬ズボンにはぴったりした将校用礼装ブーツ、長ズボンのときには通常の編み上げ靴をはくほうを好んだ。ほかの搭乗員は支給品の行軍ブーツを好んだ。どちらのブーツも制式の飛行ブーツより好まれた。ずっとスマートで格好よく見えたからである。しかし、戦争が進むにつれて、足の保護がじゅうぶんでないせいや、負傷したときブーツを脱がすのが困難なせいで傷が悪化する事例などにより、負傷者の数は増大していった。

制式の毛皮張りの冬期用飛行ブーツは 1935 年に採用され、それにつづいて改良型が 1937 年に採用された。いずれのモデルも飛行には適していることが実証されたが、パイロットが脱出あるいは不時着した場合には実用的でなかった。長い距離を歩くのがむずかしかったからである。また、毛皮の内張りはよく毛がもつれてすぐに寝てしまい、保温性が失われる結果を招いた。多くの新型がテストされ、飛行ブーツの欠点は克服されたと見なされたが、結局、最適のモデルが制式に採用されることはなく、飛行ブーツは細かな製造上のちがいはあっても戦時中ずっと使用されつづけた。冬期の飛行用の電熱式飛行服の開発とともに、最初の電熱式飛行ブーツが飛行服の能力を補完するために採用された。ブーツは飛行服と同じ仕組みで機能し、絶縁された発熱線が組み込まれていた。ブーツには金属製のスナップボタンがついていて、これを飛行服の脚にあるコネクターに接続して電気を供給した。

航空基地のランチタイム。写真中央のパイロットは飛行ブーツのかわりに編み上げ靴をはいている。パイロットや搭乗員のあいだでは比較的普通の慣習だった。彼の「カナール」飛行ズボンの左脚には、電熱式飛行ブーツ用のコネクターがはっきりと見える。

飛行ブーツ

フリーガー＝ペルツシュティーフェル

モデル Pst 3 飛行ブーツ

毛皮裏のモデルPst 3 飛行ブーツは1936年11月に採用され、飛行服といっしょに着用するようデザインされていた。チョコレートブラウンの革製で、脚の部分はスエードで製造され、子羊の毛皮の内張りがついている。ブーツは脚部の内側にそって走るひとつの金属製ジッパーで閉じる。上端はスナップボタン付きの革製タブで留められた。ブーツには、脱出時やパラシュートの開傘時に脱げないように、バックル付きの革製調節ストラップが２本ついていた。１本目は脚部のいちばん上につき、脛のまわりを一周していた。２本目は足の甲を横切って、ブーツ外側のバックルで留められた。いくつかの靴製造会社が高品質の飛行ブーツを製造したが、パウル・ホフマン＆Co製のモデルは戦争初期には一、二をあらそう人気だった。

1

1　革製調節ストラップは幅２センチで、足の甲とブーツの脚部上端についていた。パラシュートが開くときの衝撃でブーツを失うのを防ぐためのものだった。パイロットのなかにはそれでもブーツがゆるいと感じて、飛行服やズボンの裾をブーツのなかに入れるのではなくブーツの上に出して、脱出時に飛ばされないようにしっかり押さえていた者もいた。

2

2　飛行ブーツには二重の革とゴム製のハーフソールとヒールでできた靴底がついていた。ブーツのデザインは脱出時や不時着時に長く歩くのには不向きであることがわかった。

3

3　布製ラベルは、ブーツが有名な洋服屋であるベルリンのパウル・ホフマン&Coによって製造されたことをしめしている。ラベルにはサイズなどの関連情報もついている。

4

4　ブーツの脚部はスエード革製で、足の部分はクロム革製である。脚部の前側と後ろ側の縫い目には革帯がついていて、その上部には調節ストラップを通すための革製ループが縫い付けられている。金具はすべてニッケルめっきされている。

モデル Pst 4004 飛行ブーツ

Pst 4004 と命名されたPst 3飛行ブーツの改良型は、1937 年 9 月に採用された。もっとも顕著なちがいは、ブーツの脚部の両側面にあるふたつのジッパーの存在である。ただし戦争後期の製品では、ジッパーはひとつになっている。黒革で製造され、脚の部分はスエード製だった。靴底と踵は一体で製造されていた。素材の質は戦時中、低下したが、ブーツ全体の質は高水準を維持していた。

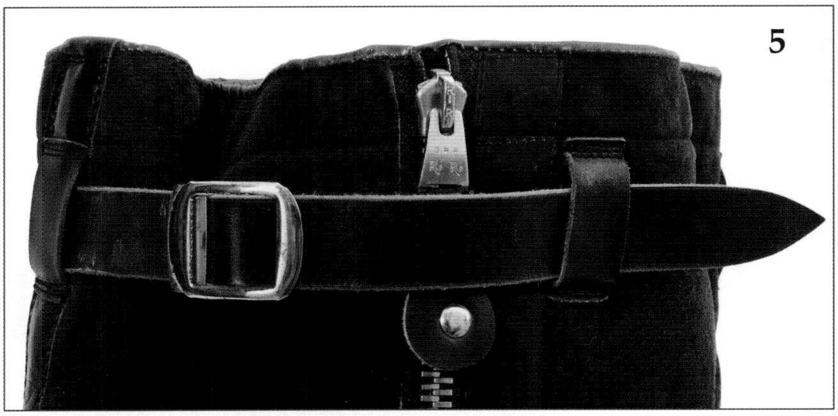

5

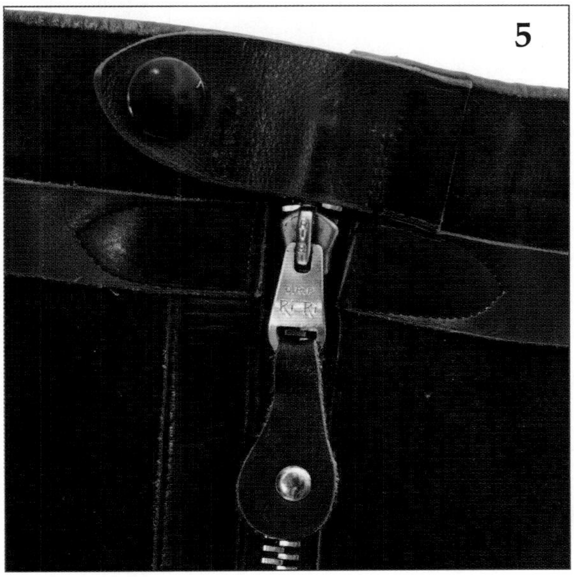

5

5 ブーツには足の甲と脚部の上端に調節ストラップがふたつあった。脚部には上端内側を水平に走る革帯が縫い付けられ、調節ストラップを通すための革製ループが外側の 3 カ所についていた。脚部の内腿側の上端にも、黒塗りのスナップボタンのメス側がついた小さなタブがあった。それを留めるオス側のスナップボタンはジッパーの反対側についていた。

6　ブーツには子羊の毛皮の内張りがあり、脚部には内腿側と外腿側に金属製のジッパーがついていた。戦争中期と後期製造のブーツは、原材料の制限からジッパーがひとつしかない場合がある。

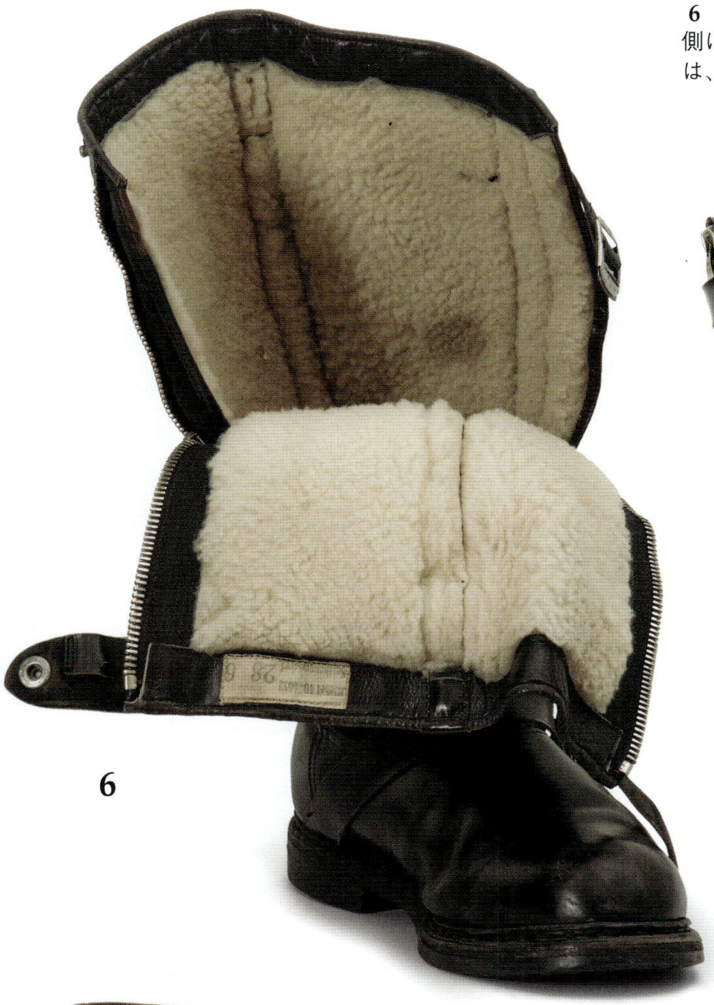

6

7　ラベルにはサイズや製造年、RBNr番号といった詳細な情報がふくまれていた。

7

8

8　靴の中底は革製だった。本底とヒールは滑り止めのパターンがついた一体のゴム製で、中底に縫い付けられていた。

電熱式飛行ブーツ

フリーガー＝ペルツシュティーフェル・ミット・エレクトリッシャー・ベハイツング

モデル Pst 4004 E 飛行ブーツ

電熱式の飛行ブーツは、その前のPst 4004 飛行ブーツの改良型だった。Pst 4004 Eの名称は、ペルツシュティーフェル4004　エレクトリッシュ（電熱式毛皮ブーツ 4004型）を表わす。以前の飛行ブーツは防寒用としてじゅうぶん適していたが、いくつかの欠点を持っていた。もっとも重大な欠点は、長期間使用すると内側の毛皮が寝てしまい、断熱性が失われることだった。新型の電熱式ブーツは、1940 年 2 月に採用され、電熱式飛行服と同じ原理を使って機能した。絶縁された発熱線はブーツの革と毛皮の内張りのあいだに配線され、脚部の上端にはスナップボタン式のコネクターがついていて、飛行ズボンの脚部の同様のコネクターに接続された。

9

9　脚部の上端の内腿側には、黒塗りのスナップボタンのメス側がついた小さな革製タブが縫い付けられ、ジッパーが開かないようになっていた。電気の接続用のスナップボタン２個は、革製のタブに取り付けられ、両脚の外腿側上端に縫い付けられて、電熱式の「カナール」ツーピース飛行服との接続が可能になっていた。

10　ブーツ上部の脛の部分は黒いスエード革製だった。脚部の内腿側の縫い目にそって走る縦のジッパーで閉じられる。内側には子羊の毛皮が張ってあった。

10

11　ブーツの内腿側上端には、脚部本体のスエード革とジッパーのあいだに布製仕様ラベルがミシンで縫い付けられていた。製造者であるパウル・ホフマン&Coの名前と、サイズ、製造年が記されている。

11

12

12　ブーツの足の部分は、足の甲用の大きな爪先革と、踵部分をつつむ腰革の２枚の革を使って製造されていた。ブーツは革製の中底に滑り止めのゴム製本底を重ねて縫い合わせ、ゴム製のヒールが接着してあった。

14　救命胴衣

この搭乗員は任務の準備で航法計算盤の助けを借りて飛行ルートを航空図に書き込んでいる。ふたりともカポック入りの救命胴衣を着用している。

人間が水の上を飛行しだしてすぐに、命を救ってくれる浮き装置が必要であることがあきらかになった。船舶用の救命胴衣はすでに何年も前から普及していた。近代的な救命胴衣はたぶん 1854 年の英国海軍のワード大佐の発明によって誕生した。船の乗組員に浮力と悪天候への対策を同時に提供するように考えられたコルク入りのベストである。

1861 年には、コルクは救命胴衣の主要な素材となっていた。20 世紀に入るころにコルクはカポックに取って代わられた。カポックは繊維質の柔軟な植物性素材で、ずっとやわらかく、空気を閉じこめる蜂の巣構造がつまった繊維のおかげで、すぐれた浮力を発揮した。市販された初のカポック入り救命胴衣は 1912 年には早くも出回っている。カポックは標準的な救命胴衣の素材となり、海軍艦艇の艦上で歓迎された。船乗りたちは 24 時間、眠っているときでさえ救命胴衣を着ていた。コルクとカポックは長年ともに救命胴衣に使われていた。しかし、一部のデザイン担当者はカポック入りの救命胴衣はかさばりすぎると考え、その問題を解決するいくつかの方法を研究した。ピーター・マークースは 1928 年に初の膨張式救命胴衣を発表した。膨らませた救命胴衣を着用した姿が似ているという連想から、この救命胴衣は豊満な女優の名前を取って「メイ・ウェスト」というあだ名をつけられた。

第二次世界大戦は救命胴衣の技術に変化をもたらした。救命胴衣は多くの航空機搭乗員にとって生と死のちがいを意味したのである。

膨張式のゴム製救命胴衣は支給されていたが、多くの飛行士はカポックまたはコルクの救命胴衣を好んだ。ぜったい確実で、なにもしなくても浮力を提供してくれると考えられたからである。しかし、信頼性にかんする懸念は払拭されなかった。とくに英本土航空戦で多くの飛行士が意識を失って、頭を下にして水上に浮かんだせいで死亡して以降は。これをきっかけに、胸まわりだけでなく、首周囲の輪にも浮力を提供する救命胴衣が開発された。ほかに、炭酸ガスの小さなカートリッジを使った自動膨張装置をそなえた救命胴衣もあった。着用者は定期的に炭酸ガスのカートリッジのキャップに穴が開くかどうかを点検し、救命胴衣自体に漏れがないことを頻繁にたしかめるように奨励されていた。残念ながら、こうした安全対策はかならずしも守られなかった。このタイプの救命胴衣の信頼性は最終的に懐疑主義者の大半を黙らせたが、搭乗員には水上を飛行するときに膨張式またはカポック・タイプの救命胴衣を使用する選択肢があり、当時の資料写真からは、いずれのタイプも配置や機種に関係なくあらゆる搭乗員に使用されたことがわかる。

有名なエース・パイロットのテーオドール・ヴァイセンベルガー少佐は、膨張式の救命胴衣を着用している。ヴァイセンベルガーは500 回以上出撃し、208 機の撃墜を記録した。彼は戦争を生きのびたが、1950 年に自動車レースで事故死している。

カポック入り救命胴衣

カポクシュヴィムヴェステ

モデル 10-76 B-1 カポック入り救命胴衣

カポック入りの救命胴衣はじょうぶな木綿布地で製造され、カポック素材が入ったチューブ状の浮嚢で構成されていた。浮嚢は前後に交差する紐でソーセージ状に分けられている。カポック入りの浮嚢でできた襟が肩の中央に縫い付けられ、前身頃と首の縁にそって広がっている。この襟は必要に応じて寝かせたり立てたりできた。襟には顎の下までつつむ延長部が取り付けられ、着用者が気を失った場合に頭が横にかたむくのを防いだ。初期型（10-76 A）は背中側にもっと浮力があったため、着用者が水中で回転してうつぶせの姿勢になり、意識不明の場合には溺れることになった。1943 年に 10-76 B-1 モデルが採用され、カポック入りの「ソーセージ」を背中側から取りのぞいて、前側の浮力を高めることでこの問題を解決した。

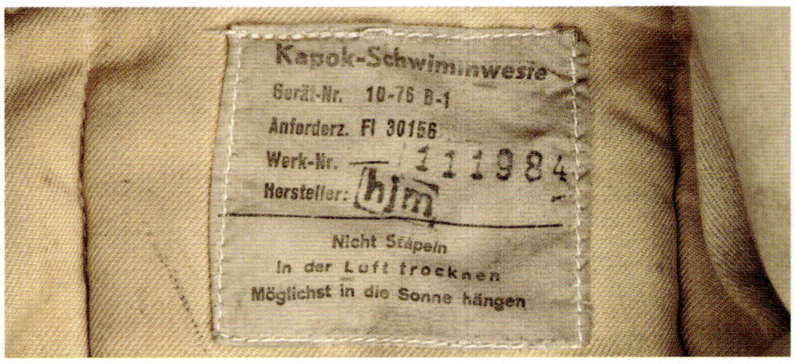

1

1 10-76 B-1 モデルには、カポック入りの浮嚢が救命胴衣の前側にしかなかったため、そちら側のほうが浮力が大きかった。おかげで飛行士の顔が水面について溺れる事態を防ぐことができた。

2

2 出撃前に任務の説明を受ける爆撃機の搭乗員たち。全員が 10-76 A シュヴィムヴェステを着用している。よりかさばらない膨張式救命胴衣を好んだ戦闘機パイロットとちがって、爆撃機の搭乗員はよくカポック入りの救命胴衣を使用した。

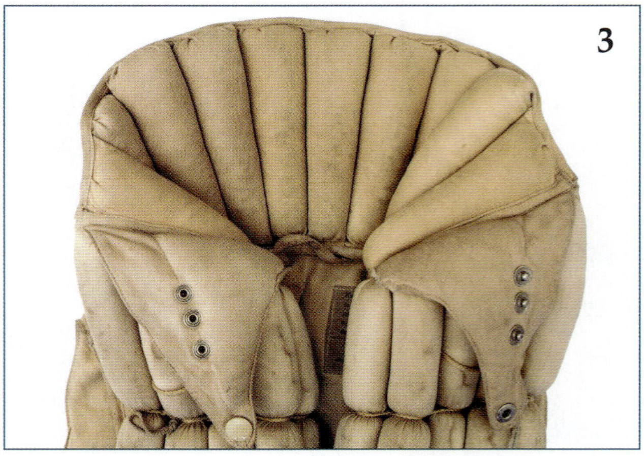

3

3 襟には顎の下までつつむ延長部が左右についていて、スナップボタンで開閉できた。この延長部は襟を立てた状態で留めて、着用者の頭が横にかたむいて、溺れるのを防いだ。

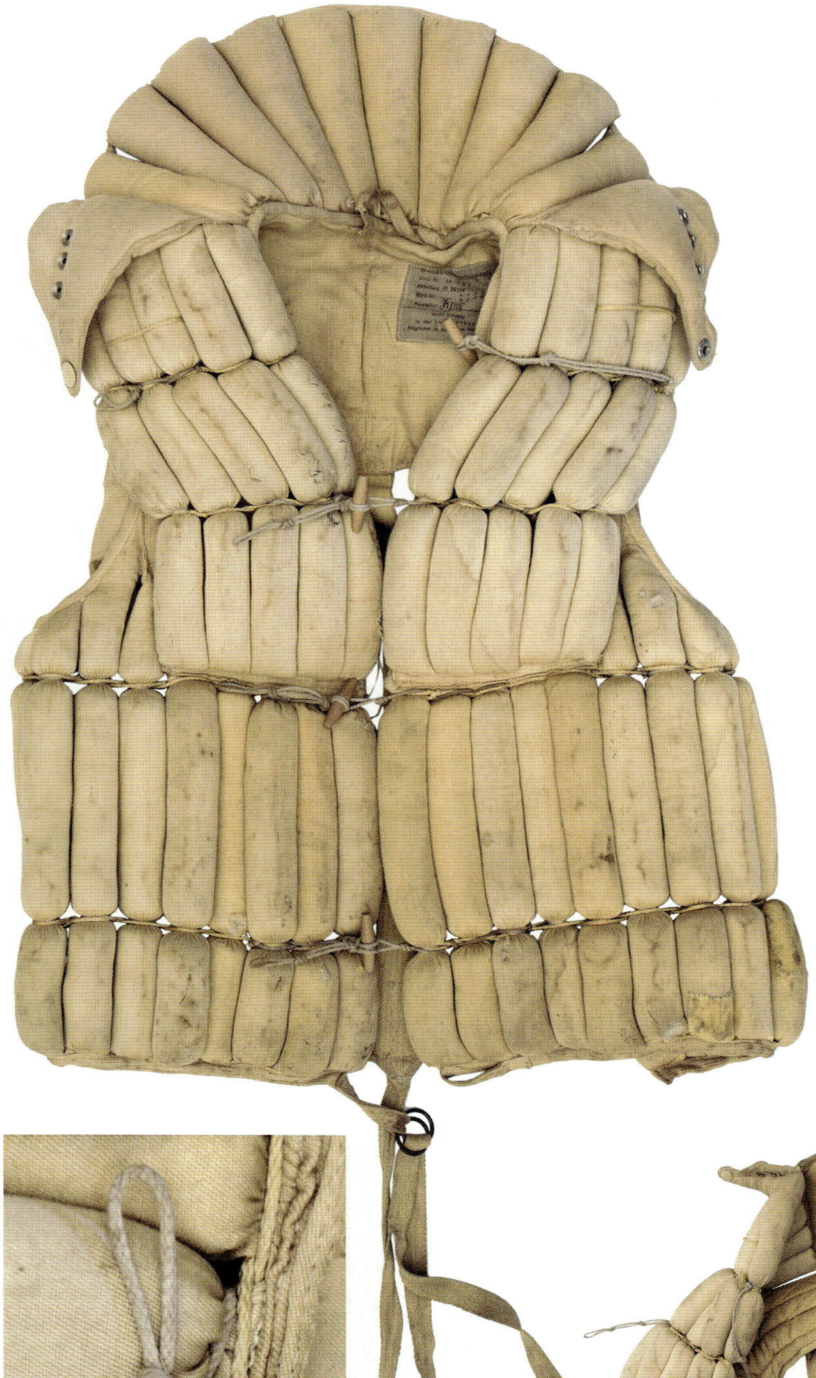

4　救命胴衣は縦型のチューブに入ったカポック素材で製造されていた。チューブは15センチ間隔で太い紐でまとめられ、袖なしのベストの形になっていた。襟は同じ素材でできていて、救命胴衣の肩の部分の中央に縫い付けられていた。

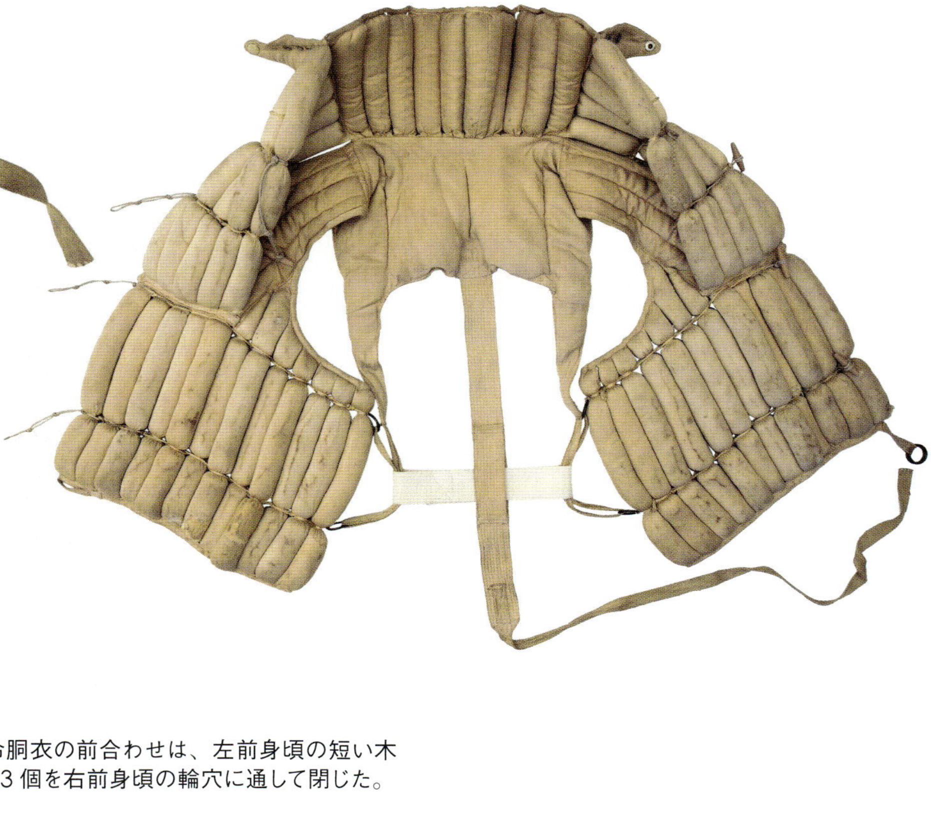

5　救命胴衣の前合わせは、左前身頃の短い木製トグル3個を右前身頃の輪穴に通して閉じた。

膨張式救命胴衣

ルフトシュヴィムヴェステ

モデル SWp 734／10-30
膨張式救命胴衣

モデル 10-31 は、ドレーガー社が 1936／37 年に開発したゴム引きキャンバス製の救命胴衣だった。膨張式の浮力袋は胸から背中へとつづく気室で、肩にかけるキャンバス部分につながれていた。左右の胸の部分は、左側についた 3 本のキャンバス製ストラップと、右側にあるリング・バックルを使って前で閉じる。1 本目は首のやや下にあり、2 本目は腰の線よりやや上で、そして 3 本目は救命胴衣の下端についている。後ろ側の中央にもストラップが 1 本縫い付けられていて、股のあいだをくぐらせて前側の下端のバックルで留める。圧縮炭酸ガスのカートリッジは左前側の下端についた鋳造合金の充填装置に取り付けられる。バルブをひねると、パイロットは救命胴衣をすばやく膨らますことができた。また、救命胴衣前側の左胸についた送気ホースを使って膨らますこともできた。ホースは縦位置に固定され、先端にはパイロットが必要な場合に膨らますための逆止弁がついていた。このデザインにはいくつか欠点があった。前側と後ろ側の浮力が同じだったからである。着用者が浮遊中に意識を失った場合、頭が後ろにのけぞるのではなく前にかたむく傾向があり、パイロットが溺れる結果をまねいた。この問題は以降のモデルで解決されている。

6

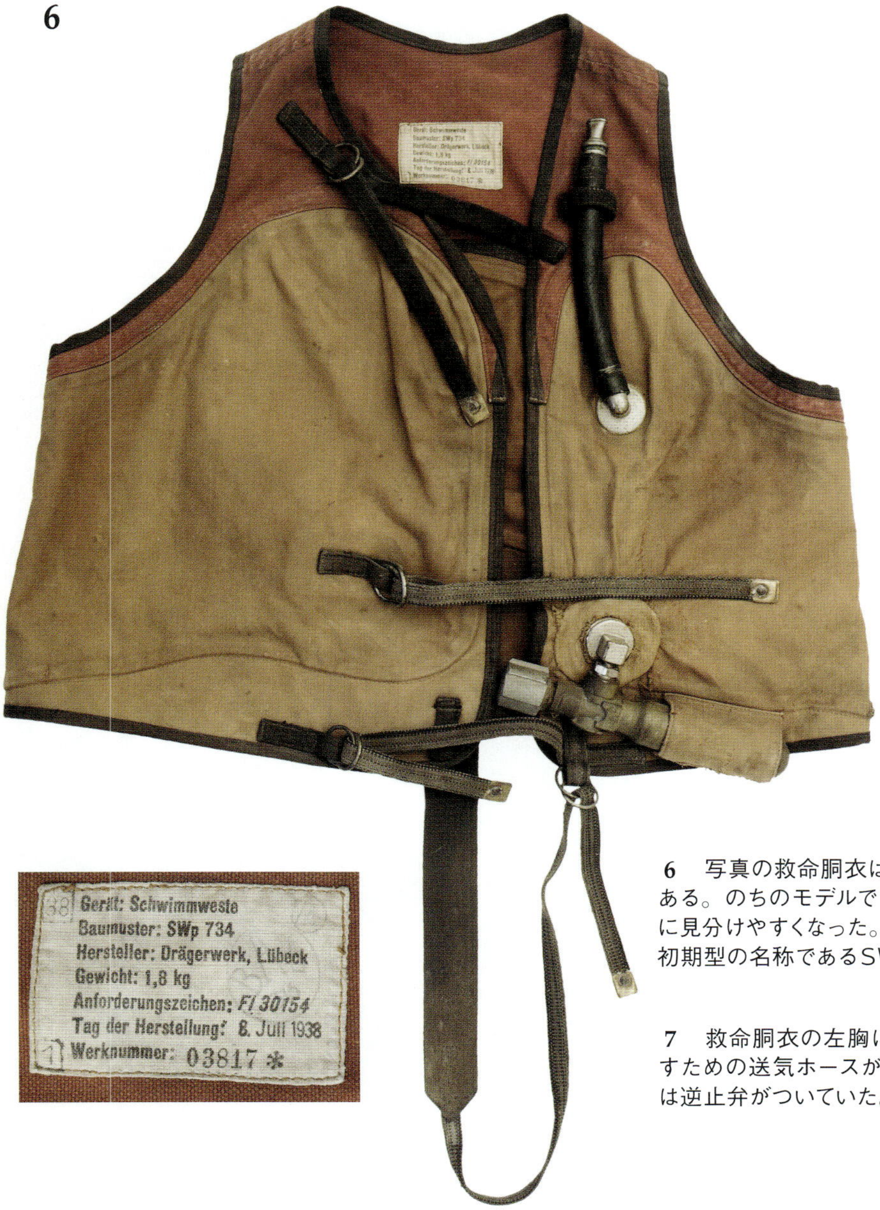

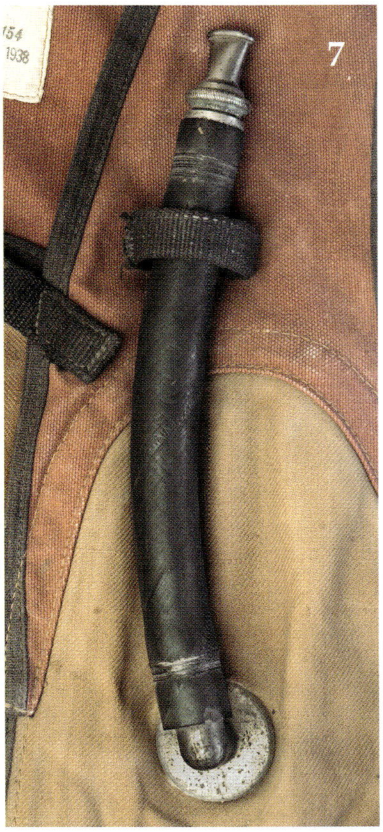

7

6　写真の救命胴衣は茶色のキャンバスで製造された初期の製品である。のちのモデルでは色が薄い黄色に代わって、航空救難チームに見分けやすくなった。布製の仕様ラベルには、1938 年の製造年と初期型の名称であるSWp 734 が記されている。

7　救命胴衣の左胸には必要な場合に着用者が救命胴衣を膨らますための送気ホースが取り付けられていた。黒いゴム製で、先端には逆止弁がついていた。

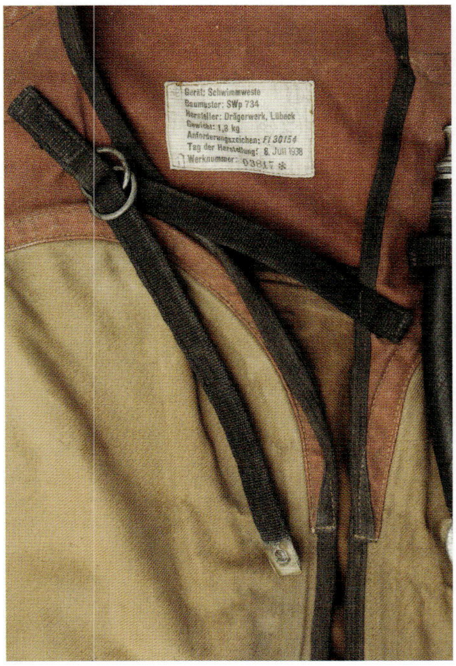

8

9

8　ガス充填装置の細部。小型の圧縮炭酸ガス・カートリッジが片側に取り付けられ、バルブをひねることで作動した。

9　救命胴衣の前は 3 本のストラップとそれを通すリング・バックルで閉じた。この救命胴衣は着用者が必要なとき飛行服を脱げるように、飛行服の下に着用することを意図していた。パラシュートの縛帯は救命胴衣の上から装着された。

モデル 110-30 B-2
膨張式救命胴衣

10-30 シュヴィムヴェステのB-1型とB-2型はそれぞれ1940年と1941年に開発され、以前のモデルよりデザイン的にあきらかに改良されていた。基本的な構造は10-30救命胴衣と同様だが、首のまわりの環状の膨張部をのぞけば後ろ側には浮力はなかった。首まわりの膨張部は後頭部をささえるためのもので、連合軍の「メイ・ウェスト」を連想させる。この仕組みによって頭が水面につくことなく、着用者が溺れるのを防ぐことができた。前合わせは左右の前身頃を閉じる2本のストラップとリング・バックルと、腰のまわりに水平に通されたスライドバックル付きベルトで閉じる。以前のモデルと同様、救命胴衣には、股のあいだをくぐらせて前側の下端のバックルで留めるストラップがついていて、胴衣がずり上がるのを防ぐことができた。炭酸ガス・カートリッジと送気ホースの金属製取付部はプラスチック製に代わっている。

10 救命胴衣はループ・バックルと2本の前ストラップで閉じる。戦争後期の製品では、原材料の質の低下のせいで、鋳造合金製ではなく鉄製の金具がついていた。

11 型式ラベルは初期のモデルでは布製だったが、のちに製造過程の短縮とコスト削減のため救命胴衣内側のインクの管理スタンプに代わった。製造者名は、オラニエンブルクのアウアー・ゲゼルシャフトAGを表わす3文字のコード「bwz」に置き換えられている。

12 送気ホースの取付部と逆止弁は、以前のモデルで使われた合金ではなくプラスチック製である。

13 圧縮された炭酸ガスのカートリッジを使って救命胴衣を膨らます充填装置の刻印のアップ。パイロットはバルブをひねると救命胴衣をすぐに膨らますことができた。以前のモデルの金属製取付部に代わるプラスチック製の取付部に注意。

15　パラシュート

パラシュートは近代の発明ではない。正確な起源は不明だが、原理はじつに単純で、大昔から人々の想像力を刺激してきた。パラシュートが実用に供されるのは、18世紀前半にフランスでモンゴルフィエ兄弟が気球の初飛行に成功して以降のことである。1797年10月22日にフランス人のアンドレ＝ジャック・ガルヌランが、気球からはじめて公認のパラシュート降下を行なっている。

1903年にライト兄弟が飛行機の初飛行に成功すると、各種の飛行機がアメリカとヨーロッパの航空ショーや共進会で飛行するようになるのは時間の問題にすぎなかった。こうした初期の飛行機のパイロットたちはほとんどパラシュートをつけていなかった。飛行中にはエンジンや機体の不具合といった多くの危険が待ち構えていたにもかかわらず、草創期の飛行士たちは故障した飛行機に運をまかせて、どこでも可能な場所に不時着するほうを好んだ。多くの飛行士は、以前に気球乗りのために開発されたパラシュートを、信頼できず、自分の装備のお荷物と考えていた。それ以外のパイロットは、自分の飛行機と腕前への信頼を傷つけるものだと感じて、パラシュートの使用を軽蔑した。この態度は第一次世界大戦で空中戦が開始されたあとも変わらないままだった。

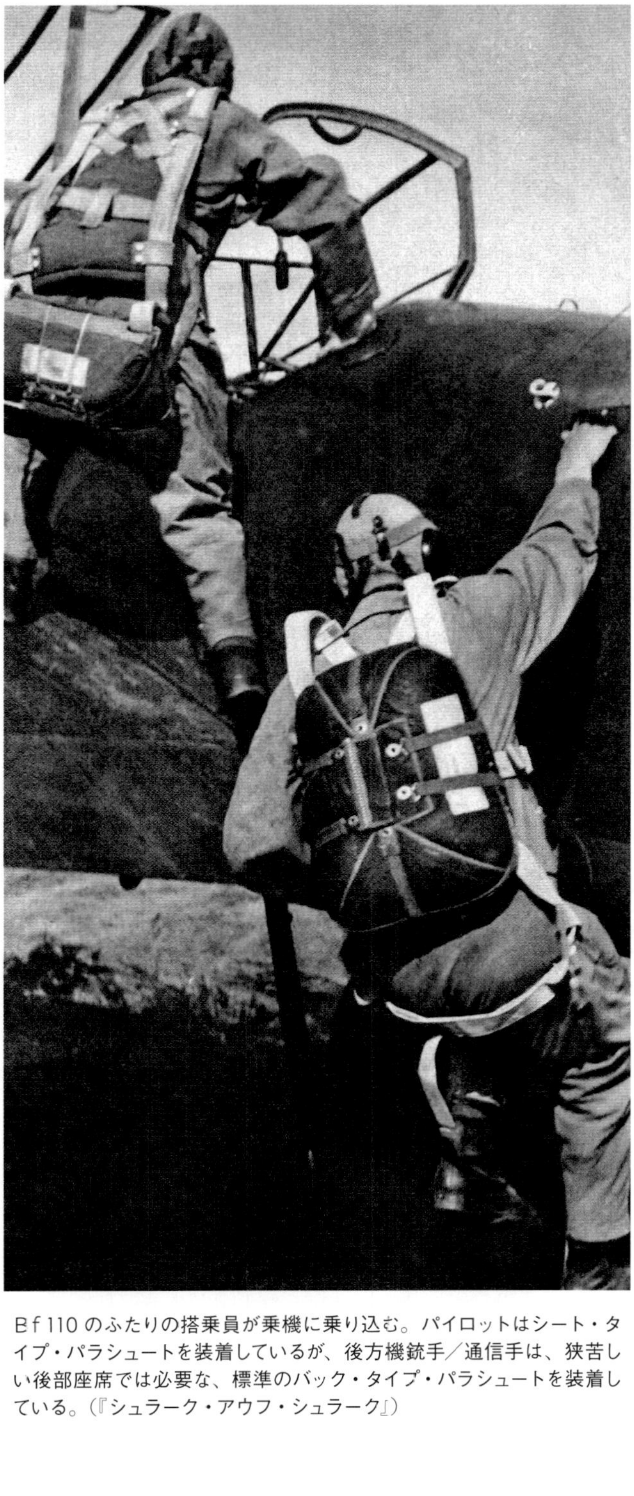

Ｂｆ110のふたりの搭乗員が乗機に乗り込む。パイロットはシート・タイプ・パラシュートを装着しているが、後方機銃手／通信手は、狭苦しい後部座席では必要な、標準のバック・タイプ・パラシュートを装着している。（『シュラーク・アウフ・シュラーク』）

ドイツの飛行士たちは戦争末期にパラシュートを使用した。彼らはベルリンのシュレーダー＆Ｃｏが製造したハイネッケ・パラシュートを支給された。このパラシュートは下級下士官のオットー・ハイネッケが設計したもので、1917年5月にテストされた。ハイネッケ・モデルは、かさばる気球用パラシュートと、戦後採用された近代的な飛行士用背負い式パラシュートとの過渡期の装置だった。また、飛行機の搭乗員によって大量に使用された最初のパラシュートでもあった。

ヨーロッパの科学者たちは第二次世界大戦前に数多くの進歩をなしとげた。イギリスとドイツに設立された近代的な航空学研究開発施設は、基本的な航空力学などの性能基準を探求しはじめた。パラシュートをテストするための垂直の風洞の使用は、イギリスではじまった。1931年、Ａ・Ｖ・スティーヴンス教授はそうした設備をはじめて建造した。ドイツの実験者たちはパラシュートの性能を決定する要素を科学的に調べる必要性を正しく認識し、ドイツの研究は戦争勃発時にはかなり進んでいた。注目にあたいする業績をあげたのはヘルムート・Ｇ・ハインリッヒとテーオドール・クナッケ両博士で、ふたりは戦後アメリカで研究をつづけた。

ドイツ空軍の飛行要員は、3種類の基本的な専用パラシュートを使うことができた。ひとつ目はチェスト・タイプ（胸掛け式）で、パラシュートのパックは別体で、緊急時にすばやく縛帯に装着することができた。爆撃機の狭い空間などの、バック・タイプ（背負い式）のパラシュートの装着が適していない場面で使用するためのものだった。搭乗員は飛行中、縛帯を装着し、パラシュートのパックは脱出が必要なときにすぐ手がとどく場所におさめられている。バック・タイプのパラシュートはあらゆる搭乗員、とくにパイロットが使用できた。このタイプのパラシュートは動きが制約され、そのためパイロットは乗機の後方のかぎられた範囲しか見られない。シート・タイプ（腰掛け式）は、バック・タイプより動きやすく、そのため全方向により広い視野が得られた。シート・タイプのパラシュートは1920年代前半に採用されてから少し改良されたものの、依然として飛行機の狭い空間で動くときじゃまになった。

戦友がバック・タイプのパラシュートを装着するのを手伝う爆撃機搭乗員。
ふたりとも夏期用のワンピース飛行服を着用している。(『シュラーク・アウフ・シュラーク』)

シート・タイプ・パラシュート

ジッツファルシルム

モデル 30 IS 24 (Fl. 30231) シート・パラシュート

モデル 30 IS 24 シート・タイプ・パラシュートは、戦闘機パイロットをはじめ、それ以外にも座席に深い窪みがある機種の搭乗員に使用された。イギリスのモデルをもとにしていて、とくに縛帯の簡易離脱器はアーヴィン社の同種の装置のコピーだった。名称の 30 I はシート・タイプ・パラシュートを表わした。つぎのアルファベットは、傘体の製造に使われた素材の種類で、絹の「S」、あるいはマコ（エジプト綿）合成布の「M」があった。数字の 24 は傘体のパネルの数を表わす。パラシュートは以下の主要部品で構成された。パラシュートの傘体、パラシュートがおさめられたパック、背あて、そして縛帯である。縛帯は、紐を編み組みしたじょうぶな織物製で、金属製の調節バックルがいくつかついている。ベルト・ストラップには大きな簡易離脱バックルがついていて、ストラップの先端の 4 枚のプレートがバックルに差し込まれる。

1

1　この搭乗員たちはポーランドの飛行場でこれからHe 111 に乗り込もうとしている。左の人物はチェスト・タイプ・パラシュートの縛帯を装着している。パラシュートは通常、機内でははずされ、肩の上にあるパラシュート接続ストラップは、縦の胸ストラップについた金属プレートにフックで固定されている。もうひとりの搭乗員はDリングとフック式の接続金具でシート・タイプ・パラシュートを装着している。

2　写真のJu 88 爆撃機の搭乗員は、映画の撮影中、シート・タイプのパラシュートを装着している。写真はドイツのもっとも重要な映画撮影所ウーファ（ウニヴェルズム・フィルムAG）のプロパガンダ映画〈ベザッツング・ドーラ〉（ドーラの搭乗員）の撮影中に撮られたもの。戦時中、撮影所は娯楽映画とプロパガンダ映画の両方を制作した。

2

3

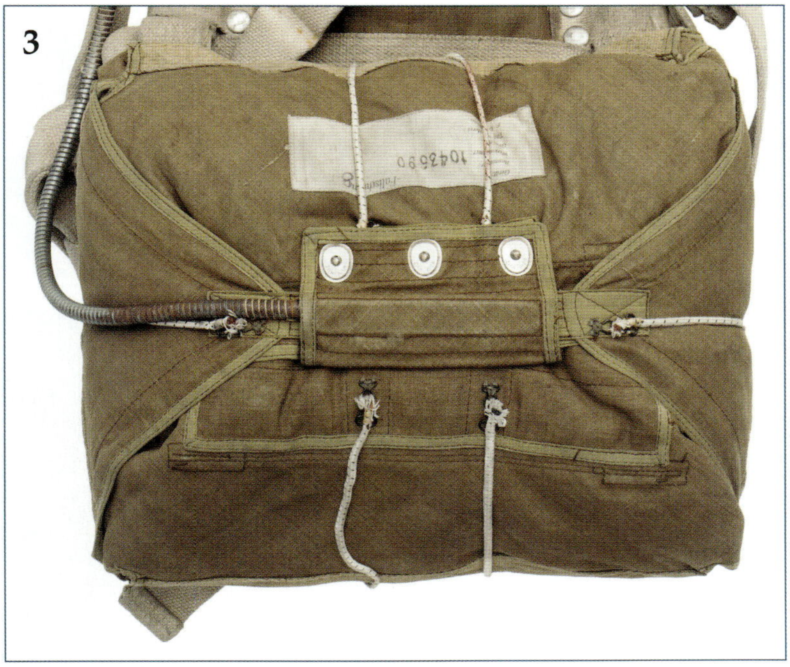

3　パラシュートは３個の金属製ドットボタンでパック内にきっちりと詰められ、パックの４つの閉じ蓋をさらに固定するために、４面に６本のゴムバンドがついていた。布製の仕様管理ラベルがパラシュート・パックの下側に縫い付けられていた。

4

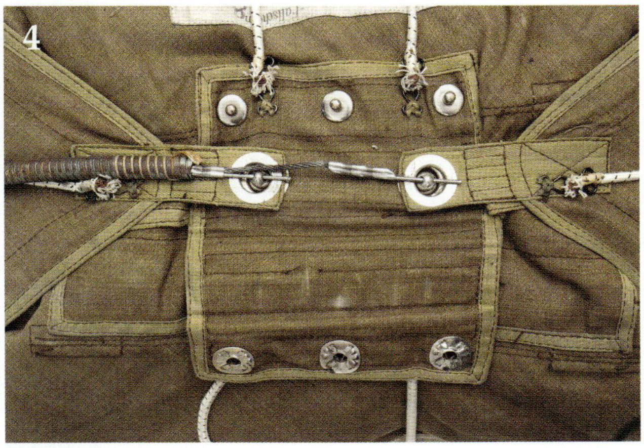

4

4　パラシュート・パックを開く仕組みは、キャンバスのフラップがついたシールドである。パックの４面の蓋は、たたまれたパラシュートをつつみこみ、２個の金属製はと目でスプリング機構につながれている。パラシュート・パックの蓋には、さらにゴムバンドがホックでつながれている。開き綱が引き抜かれると、蓋が開放されて、ゴムバンドの張力で開き、主傘をパックから引き出す小さな補助傘を開かせる。

5　縛帯は、紐を編んだじょうぶな織物で製造された。キャンバス製の背あては、キャンバス製のループで縛帯に取り付けられ、スナップボタンで留められる。背あてはパラシュート装着時に背中にあたる縛帯の違和感をやわらげ、縛帯の各ストラップがずれないようにし、着用者の背中をいくらかでも暖かくするようにデザインされていた。

6　パラシュートの縛帯のストラップのひとつに縫い付けられた布製の仕様ラベルのアップ。

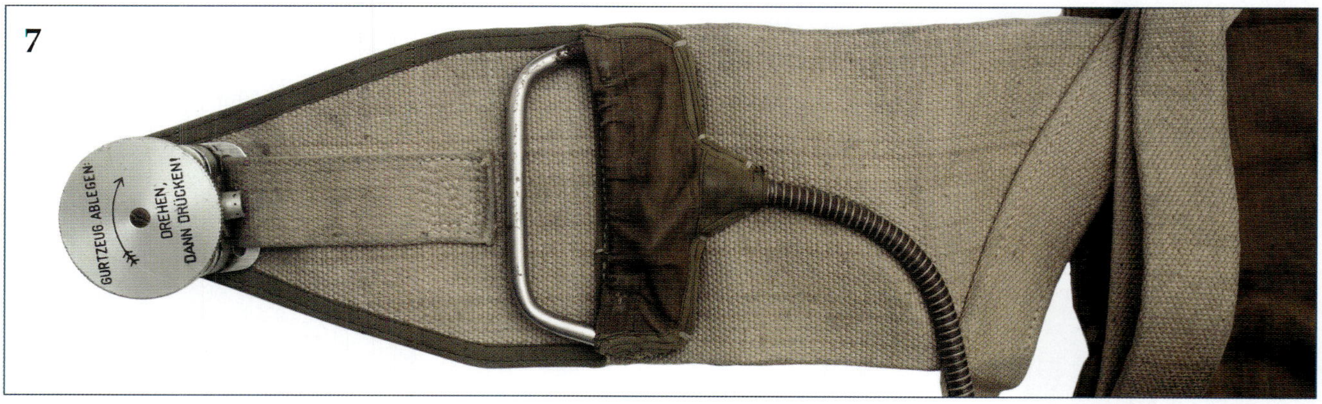

7　パラシュートを開くには、ベルト・ストラップに取り付けられた開き綱を使った。縛帯のベルト・ストラップの左側には、台形のグリップがついていて、パラシュート・パックへとのびる被覆されたじょうぶな金属製の開き綱が接続されていた。

8　Fl. 30231パラシュートは、パイロットまたは搭乗員が飛行中、パラシュート・パックの上に座る必要があった。そのため、パックの裏側には、座り心地をよくするため、やわらかい長方形のクッションがパック底のシールドにボタンで留められていた。この型式のパラシュートは、戦闘機のパイロットや、座席に深い窪みがあるそのほかの機種の搭乗員が使用した。

8

9　簡易離脱器はふたりのイギリス人によって開発され、アーヴィン・エア・シュート社が特許を取得した。仕組みはスプリングで作動する4本のピンが入った小さな金属容器である。縛帯が装着されると、両胸と両腰それぞれ2本のストラップの先端にある穴の開いた金具がピンで固定される。着用者が縛帯をはずしたいときには、離脱器の前面の金属製円盤を90度回転させてから、一度強打しなければならない。

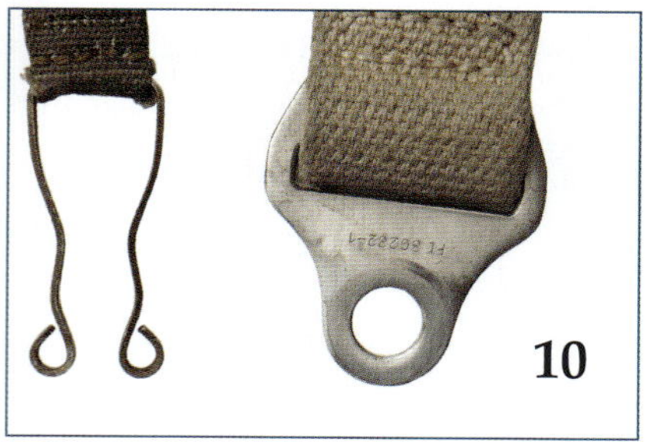

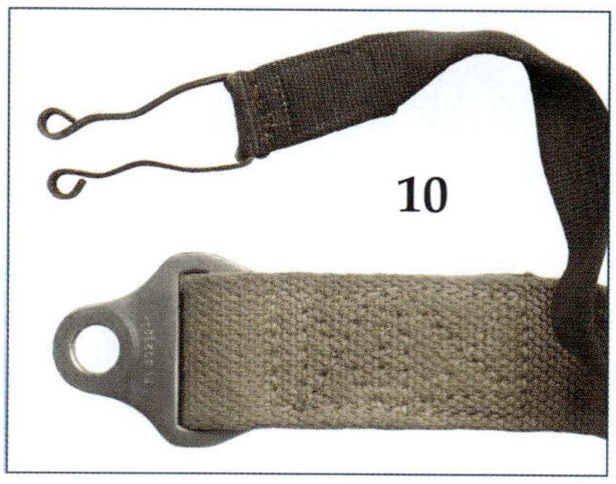

10　写真は、フォークとも呼ばれる、簡易離脱器の安全ピンをしめす。純然たるイギリスの設計のなかで、これは唯一ドイツならではの部分である。ピンを離脱器前面の円盤の下に差し込むと、あやまって押してパラシュートの縛帯が早くはずれてしまうのを防ぐ。縛帯をはずすときには、ピンを抜けば、離脱器を回転させて押すことができる。皮肉なことに、アーヴィン社は1937年にこの簡易離脱器をいくつかドイツに販売した。ドイツはこれがよりすぐれた設計だと知って、その結果ドイツのメーカーが戦時中コピーしたのである。

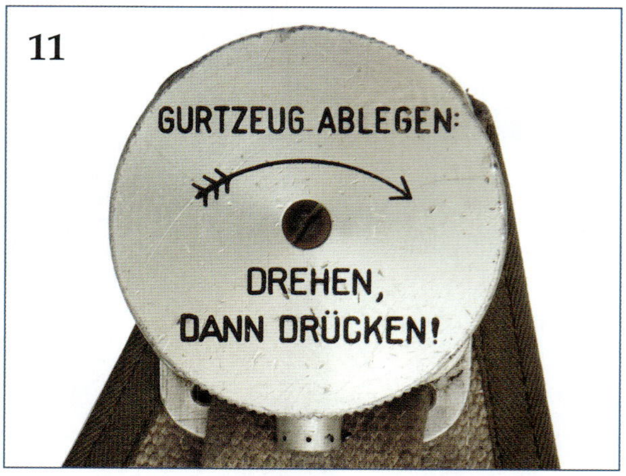

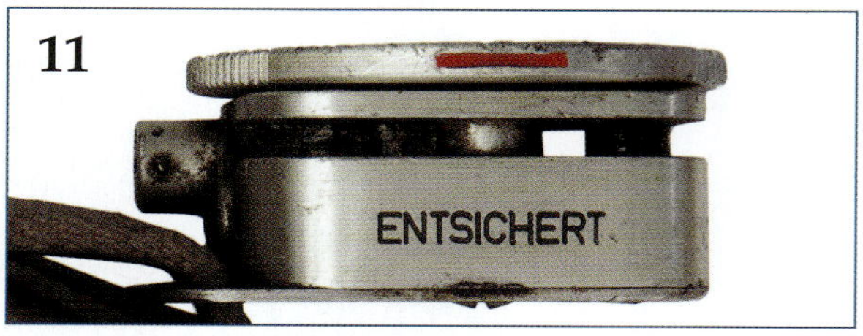

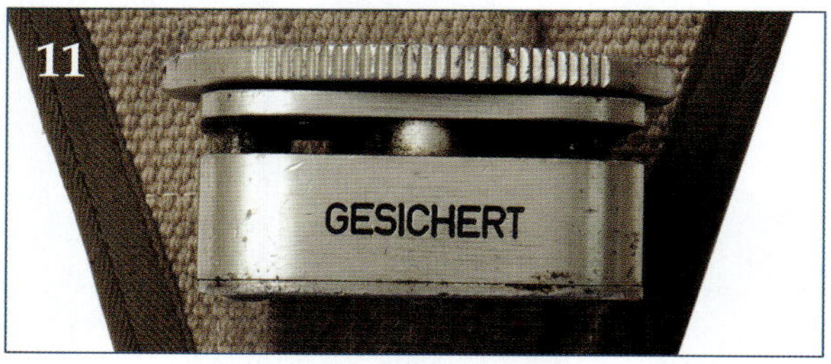

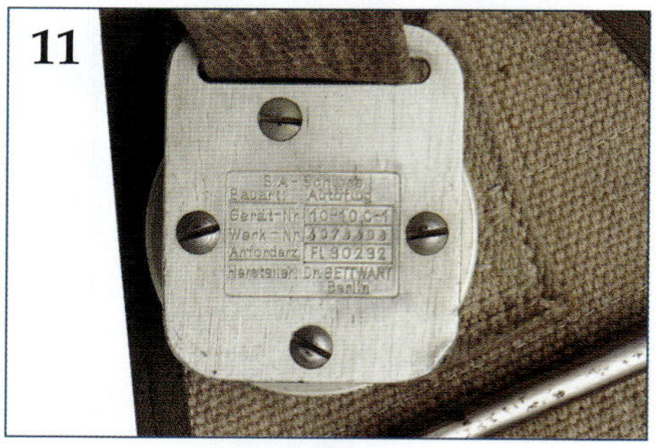

11　前面の円盤には縛帯のはずしかたの説明が刻印されていた。説明にはこう書いてある。「縛帯をはずすには：回してから押せ！」離脱器の側面には、円盤の赤いマークと、「ゲジッヒャート」つまり「安全」と、「エントジッヒャート」つまり「安全解除」の文字があり、着用者は内部の仕組みの状態が一目でわかった。写真は、離脱器後面にある仕様と技術データの刻印もしめす。

DREHEN, DANN DRÜCKEN!
GURTZEUG ABLEGEN

12

12 「ファルシルムトランシュポルトッタッシェ」つまりパラシュート運搬バッグ・モデルTT1は、すべてのパラシュートといっしょに支給され、飛行士はこの取扱いに注意を要する装備品を着用あるいは保管していないときに便利なやりかたで携行・運搬できた。バッグは厚手のキャンバス地で製造され、持ち手がふたつついていた。大きな蓋には閉じるためのドットボタンが周囲についていた。

12

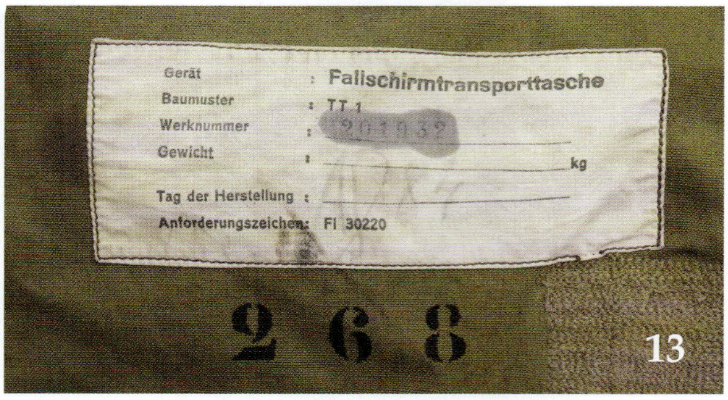

13

13 布製の仕様ラベルの細部。パラシュートの製造データを記入する空欄がついていた。

14

14 ドットボタンには「ツィーア・ヒーア」つまり「ここを引く」の文字がメス側に打刻されていた。

14

バック・タイプ・パラシュート

リュッケンファルシルム

モデル RH 12B (Fl.30245) バック・タイプ・パラシュート

RH 12Bバック・タイプ・パラシュートは、「リュファ 12B」とも呼ばれ、24枚パネルの傘体と、背負い式パック、そして縛帯で構成されていた。縛帯は、紐を編んだじょうぶな織物で製造され、特大のベルト・ストラップがついていた。ベルトには一端に簡易離脱器がつき、もう一方の端にはストラップと、はと目穴がふたつ開いた金具がついていて、簡易離脱器に差し込むようになっていた。2本の肩ストラップと2本の脚ストラップには、はと目穴がひとつ開いた金具が先端についていて、簡易離脱器に接続された。パラシュート本体は、アルミニウムのトレイに取り付けられたカーキ色のパラシュート・パックで構成され、縛帯で飛行士の背中に装着された。

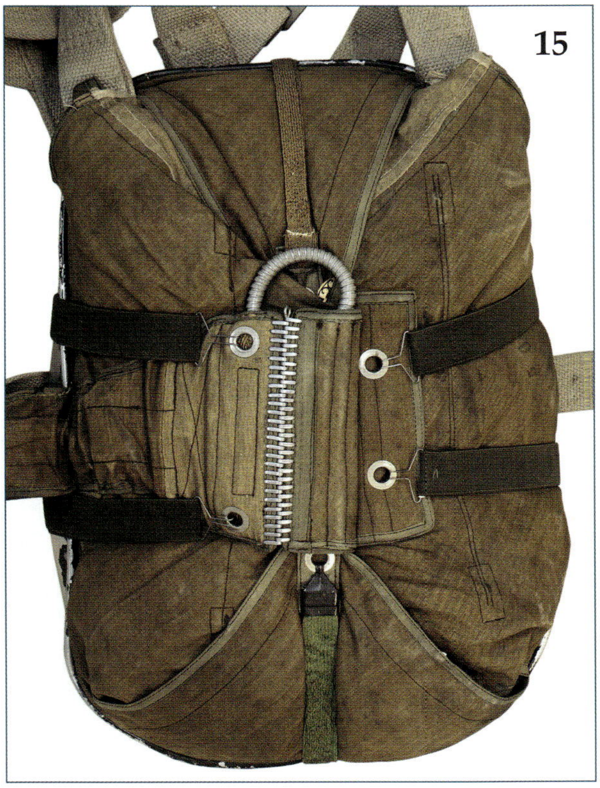

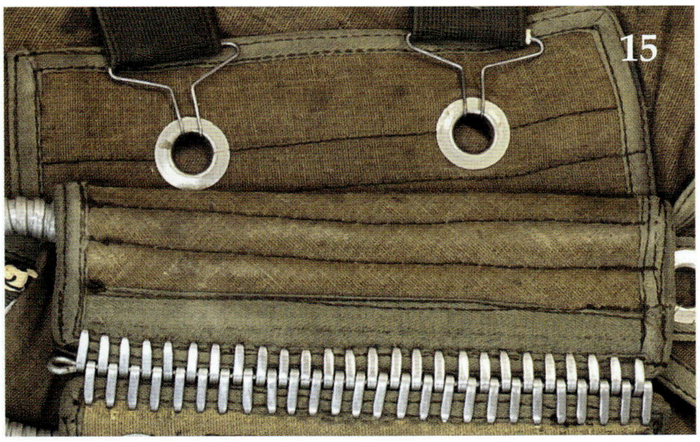

15　パックはトレイの後部に置かれ、パラシュートをおさめる、ダイヤモンド貼りの洋封筒形のパックで構成される。パックは長さ150ミリの頑丈な金属製ジッパーで口を閉じられ、これが被覆された引き綱の延長部を保護する役目もはたしている。この型式のパラシュートは座席の背もたれに窪みがもうけられた飛行機で着用された。

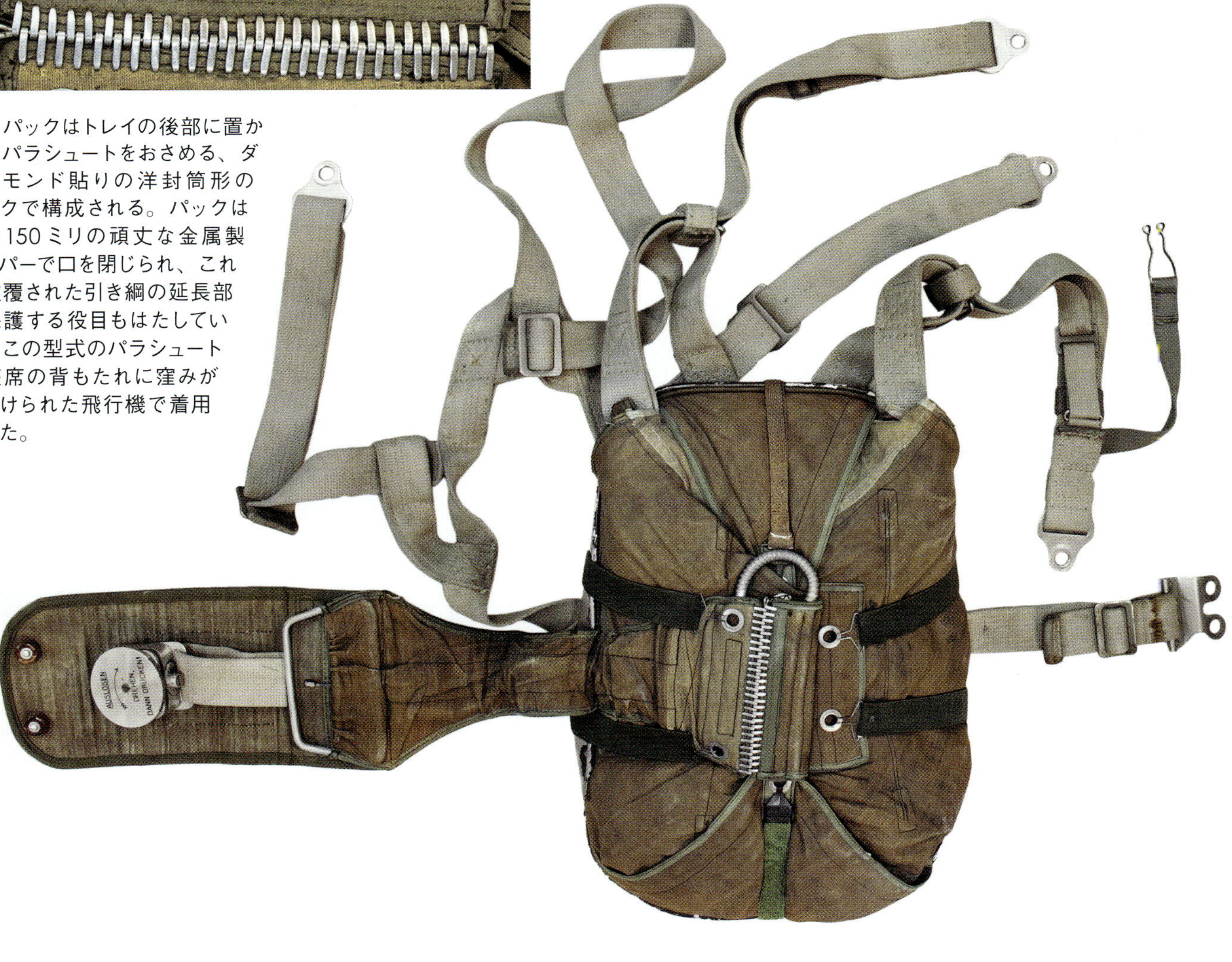

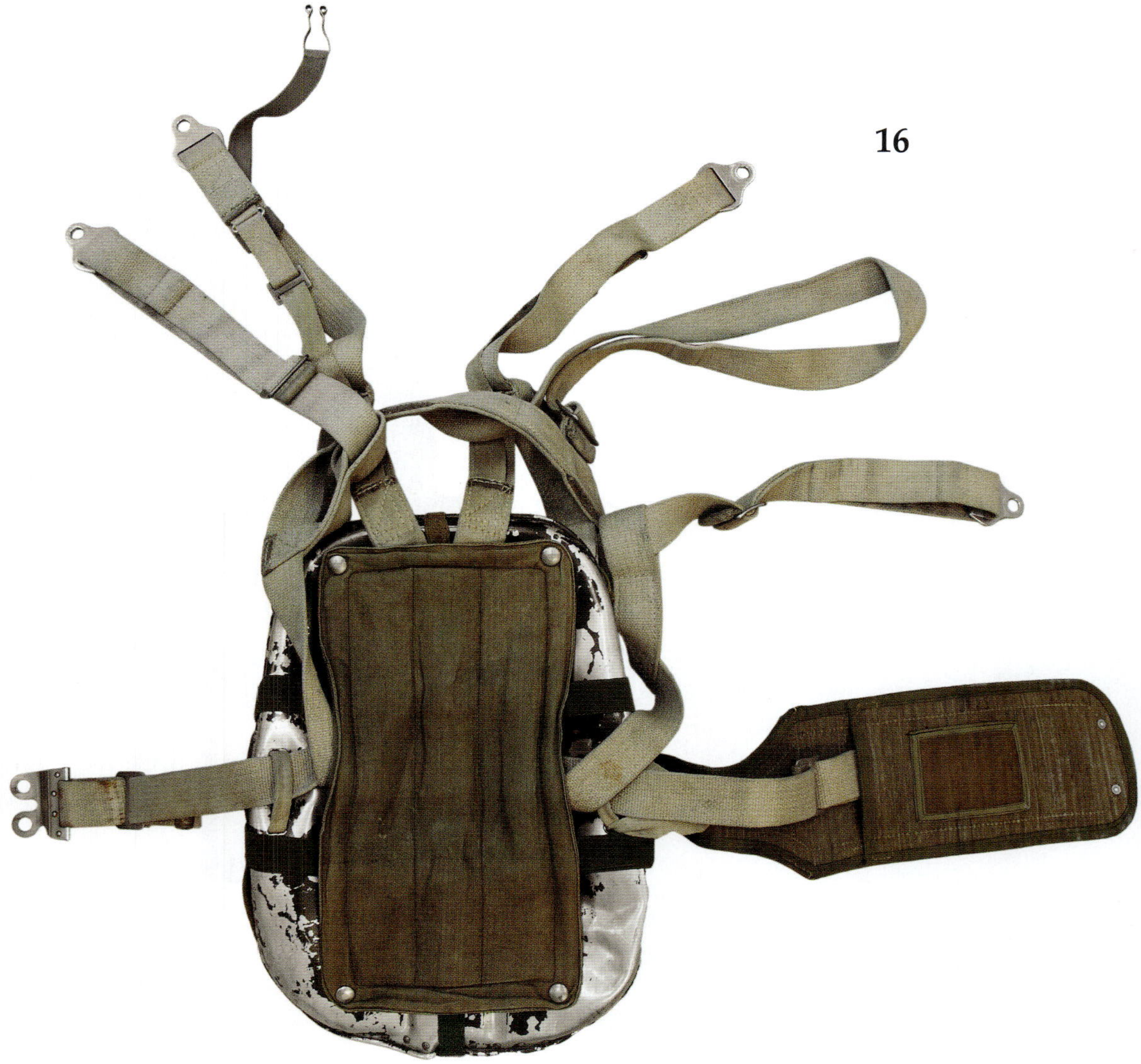

16

16 トレイはダークグリーンに塗装され、飛行士の背中に合わせて成形されていた。パラシュートは革新的な方式を使っていて、縛帯のストラップはトレイとパラシュートのパックに取り付けられ、そのすべてがトレイとパイロットの背中のあいだにはさまるパッド入りの布製背あてで隠れている。このパッド入りの背あては、快適さにくわえて、硬い金属製のトレイから着用者の背中を保護するクッションの役目もはたす。背あては隅にある金属製のスナップボタン４個でトレイに固定されている。

17

17

17

17 簡易離脱器は、スプリングで作動する４本のピンが入った金属ボックスでできていた。縛帯をはずしたい場合には、離脱器前面の金属製円盤を90度回転させ、一度強打する必要があった。１カ所の簡易離脱器を使って、すぐにパラシュートの縛帯を体からはずせることは、着用者にとってかなりの利点があった。これは地上で引きずられた場合や、水上に落ちた場合には、死活問題だった。

17

18

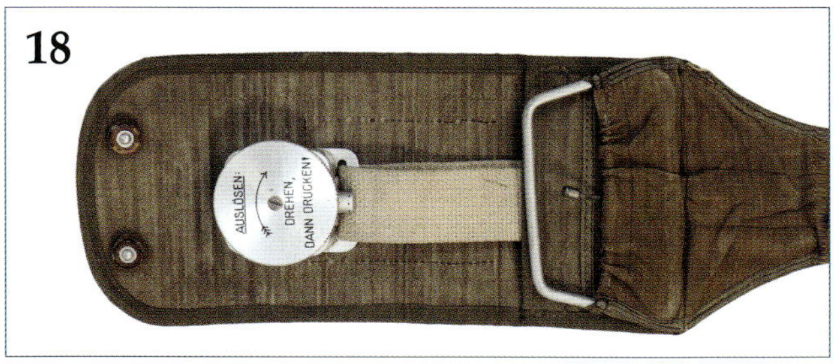

18 引き綱は左側にのびて、簡易離脱器がついた幅広のストラップに合流し、着用者の腹部で終わっていた。この幅広のストラップには、引き綱を引く台形の金属製リングがおさめられていた。リングを引くと、固定ピンが抜け、パックの４つの蓋がゴムバンドの張力で開いて、主傘をバッグから引き出す補助傘を作動させるのである。

18

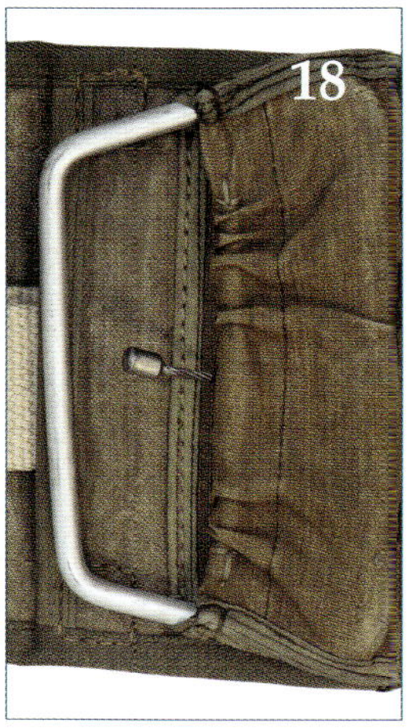

16　作戦用および個人用飛行装備

このハインケルHe 111 爆撃機の航法士／爆撃手はパイロットに情報をつたえている。航法士はパラシュートの縛帯をつけているが、パイロットはなにもつけていないのに注意。（《デア・アドラー》）

出撃の準備をする搭乗員。写真では腕に巻いた航法用時計の大きさがわかる。（《デア・アドラー》）

ドイツ空軍は各種の機械的および電子的な無線方向探知機や初歩的なレーダー、精密標的探知装置を利用し、飛行要員は目視による航法術や地図の読み方の基本的な訓練を受けていた。航空偵察員に志願あるいは選抜された要員は、さらに計器飛行や航法術の訓練を行なった。

飛行機に装備された機械的および電子的な無線航法支援装置とともに、ドイツ空軍は2種類の手動式航法計算盤も使用した。これは基本的には航法計算を助ける円形の計算尺で、パイロットたちにはよく「クネマイヤー」と呼ばれた。よく考えられた器具で、金属製の枠が5枚のプラスチック製円盤とふたつのカーソルをかこんでいた。この造りのおかげで、じつに乱暴な扱いにも耐える堅牢さを持っていた。ドイツ空軍は特製の金属ケースからなる航法用具の完全な一式を偵察員に支給した。このケースは開くと、操縦席の狭い空間で膝に載せて机として使うことができた。

多くのパイロットと航法士は腕につける大型のクロノメーターを支給された。長いバンドがついていて、手袋や飛行服の上から巻くことができ、多くの有名なドイツの機器メーカーによって製造された。

脱出や胴体着陸、不時着水によって、使用不能の飛行機を捨てなければならなかったパイロットは、即座にきわめて深刻な事態におちいった。サバイバルの条件はときに困難で、携行できる救命装備の種類と量はスペースと重量の問題でつねに厳しく制限されていた。乗機を捨てなければならない場合、飛行士は身につけている基本的な装備と補給品が必要になった。もし地上または水上に不時着することになったら、救命装備をすぐに回収しなければならなかった。困難な地形や荒海、気象条件、さらに食料と水と遮蔽物の必要性に対処するだけでなく、撃墜された飛行士はしばしば敵地に降り立ち、捕まるのを避けて味方の領内か中立国まで逃げなければならなかった。ドイツ空軍はそうした状況に対処するための個人装備やサバイバル装備を搭乗員に支給することにかなり力を入れていた。信号拳銃はドイツ空軍搭乗員の装備セットに不可欠だった。ドイツ空軍の搭乗員は驚くほど複雑な信号コードを開発し、各種の信号弾の組み合わせを使って交信した。飛行ズボンには信号拳銃をおさめる専用のポケットが側面についていて、信号弾の携行数をふやすために、脚に巻き付けるストラップも開発された。搭乗員が入手できる飛行装備やサバイバル装備にはほかに、乗機を捨てたり不時着しなければならなかったパイロットや搭乗員が使用するリスト・コンパスや、万能ナイフがあった。ナイフは攻撃用の武器として使うものではなく、サバイバル生活術や応急医療など多くの野外作業に欠かせない道具だった。

この兵士たちは航法計算をするための重要な器具である航法計算盤の使い方を学んでいる。

腕時計

アルムバントウーア

チュチマ・グラスヒュッテ腕時計

腕時計は戦闘機パイロットや航法士の重要な装備のひとつだった。飛行士は位置と飛行時間を判断するため、つねに精確で堅牢で見やすい時計を機内で必要としていた。搭乗員と戦闘機パイロットは、飛行服や手袋の上から手首に巻けるように、特別に長いバンドがついた特大の腕時計を支給されていた。この高精度の時計は、ドイツのいくつかの機器メーカーによって製造されたが、なかでも有名なのがチュチマ・ウーレンファブリークＡＧグラスヒュッテである。文字盤は黒仕上げで、アラビア数字のインデックスがつき、ふたつのインダイヤルを持っていた。左側がスモールセコンドで、右側が30分積算計である。文字盤外周の目盛りは1/5秒刻みで、スケルトン・ペア・タイプの長短針がついている。

1　ケースと側面のリュウズおよびクロノメーターのプッシュボタンのアップ。上側のプッシュボタンはクロノメーターのスタートとストップに使われ、下側のボタンはクロノメーターをゼロにリセットするのに使われる。中央のリュウズはゼンマイを巻き、時刻を合わせるのに使われる。きざぎざのついたベゼルに注意。

天測航法用のBウーア腕時計

Bウーアにはふたつのタイプがあった。写真でしめした「バウアルトA（A型）」は最初のタイプで1939年に支給され、「バウアルトB」は1941年に採用された。Bウーアは直径55ミリの大きなケースを持ち、飛行手袋でも操作できるように大きなリュウズがついていた。リュウズを引いて秒針を止めるハック機構は、精確な時刻合わせに不可欠だった。特大のバンドは茶革製。裏の刻印には、「ライヒスルフトファートミニステリウム（航空省）」の略語RLMと、モデル名、そして個々の製造番号が入っている。これらの時計は高精度の腕時計とは見なせないが、戦争末期のパイロットや搭乗員には役に立った。ドイツ空軍の行動半径はしだいに短くなっていたからである。

リスト・コンパス

アルムバント＝コンパス

モデル AK 39 リスト・コンパス（初期型）

リスト・コンパスは敵地で撃墜された飛行士にとって不可欠な道具だった。捕まらずに味方の領内に脱出するのに役立つからである。ＡＫの名称はアルムバント＝コンパスを意味し、39 はたぶん支給年の 1939 年を表わしている。コンパスには直径 61 ミリ、厚さ 20 ミリ、重量 80 グラムの特大の黒いベークライト製ケースがついていて、名称などの関連データが刻印された、曲面の裏蓋がついている。文字盤には蛍光の度数目盛りがついていて、黒いプラスチック製の回転リングがついている。文字盤自体はケース内の針に載って浮いており、ケース内はアルコールで満たされている。バンドは黒い革製である。

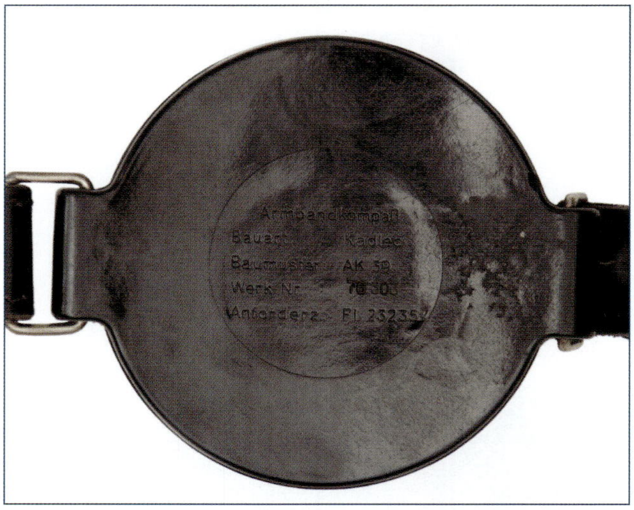

モデル AK 39
リスト・コンパス（初期型のバリエーション）

AK 39 コンパスの初期型には少なくともふたつのバリエーションがある。前のページでしめした最初のものは黒いプラスチック製の回転リングがついているが、このページでしめすもうひとつのバリエーションには透明な回転リングがついている。このモデルは黒いベークライト製のケースと、曲面の裏蓋を持っている。ケースの裏面には名称などのデータが刻印されている。パイロットは、革製の延長バンドを使ってリスト・コンパスのバンドを飛行服または飛行手袋の上から腕に巻くか、あるいはベルトや救命胴衣などの飛行装備の一部に取り付けることができた。

モデル AK 39 リスト・コンパス（後期型）

写真でしめしたコンパス（Fl 23235–1）はAK 39 コンパスのふたつの基本モデルの二番目の製品である。裏にある白いふたつの半円形の円盤を回転させることで、針路を設定できる。飛行機の計器と飛行用の備品の名称は、「ライヒスルフトファートミニステリウム（航空省）」によって定められ、「フリーガーマテリアール」を意味するFlの頭文字が頭についた「アンフォルデルングスツァイヒェン（調達符号）」がそれぞれ特定の装備品に割り当てられた。AK 39 には飛行服の袖に巻くときの追加の延長バンドがついていたが、パイロットが救命胴衣に装着したり、ベルトなどの各種の飛行装備に巻き付けたりするのはめずらしいことではなかった。

2

3

2　透明な上面にはプラスチック製の回転リングがついていて、方位を合わせることができる。コンパス内はアルコールで満たされている。なかには自由に動く透明なベークライト製の文字盤が入っていて、磁北をさす蛍光の矢印と、30 度刻みで蛍光の点がついた 360 度の度数目盛りが描かれている。1943 年に採用された赤い照準具に注意。

3　進行コースを設定できる白いふたつの半円形の可動式円盤がついたコンパスの裏面のアップ。裏蓋の内側の白い部分には、AK 39 の名称と、空軍の調達符号である「Fl 23235–1」が印字されている。

モデル AK 39
リスト・コンパス
(後期型のバリエーション)

このコンパスは無印の製品だが、AK 39「アルムバント=コンパス」の後期型のあらゆる特徴をそなえている。プラスチック製の回転リングは半透明で、照準具はもっと普通の赤ではなく黒い色をしている。内側の文字盤も半透明で、方位の印が蛍光色で入っている。バンドは黒革製で、1本針のバックルがついている。

航法計算盤

ドライエックレヒナー

DR 2 航法計算盤

パイロットには「クネマイエリン」という名前で親しまれたDR 2 推測航法計算盤は、航法計算を行なうための三角計算器である。多くのDR 2 航法計算盤はハンブルクのC・プラートによってデザインされた。DR 2 航法計算盤は直径 15 センチで、ねじで組み立てられ、金属製の外縁がついていた。計算盤には測風面と計算尺面がある。測風面には東西南北の基本方位とその中間の方位が描かれた度数目盛りがついていた。飛行機のシンボルは飛行機の方位を表わす。外側の縁には使用説明が書かれていたが、のちの製品ではなくなっている。外側のカーソルは側面が平行していた。計算尺面には 1 度から 90 度までと、90 度から 179 度までの対数目盛りがついていた。まんなかのリングにはふたつの速度対数目盛りが、最後の内側のリングには時間の目盛りがついていた。

DR 3 航法計算盤

DR 3 はそれ以前のDR 2 モデルの改良型で、基本的な造りは同様だったが、カーソルは回転軸部分が広くなっていて、各円盤を組み立てるのにもねじではなくアルミニウム製のリベットが使われていた。直径は 15 センチで、成形された黒と白のベークライト製部品をアルミニウムのリベットで複数組み合わせた両面構造の航法計算盤だった。測風面には黒いベークライト製の外側の円盤がつき、白い文字で東西南北の基本方位とその中間の方位、そして 360 度の度数目盛りが描かれていた。内側の円盤は白いベークライト製で、黒と赤で 360 度の度数目盛りが印字され、矢印と飛行機のシルエットが描かれていた。最後に回転軸部分が広くなったカーソルがいちばん上についていた。計算盤の計算尺面には、ベークライト製の回転式円盤が内と外と 3 枚ついていて、そのすべてに黒と赤と白で角度と速度と温度と高度の目盛りが描かれていた。

信号拳銃

ロイヒトピストーレ

ワルサー・ヘーレス＝モデル信号拳銃

ヘーレス＝モデル（陸軍型）信号拳銃は、ツェラ・メーリスのカール・ワルサー社によって開発され、1928年に採用されて、それ以前のヘーベルM1894モデルに取って代わった。初期の製品はスチール製だった。1934年に素材がアルミニウム合金に変わり、最終的に1943年、亜鉛合金製になった。信号拳銃のおもな用途は信号弾の発射である。ドイツ空軍の搭乗員は驚くほど複雑な信号コードを開発し、各種の信号弾の組み合わせを使って交信した。信号拳銃は撃墜されたパイロットが救難機に自分の位置をつたえたり、搭乗員が基地に接近しても無線交信ができない場合に、負傷した搭乗員の存在を連絡するためにも使われた。戦前の信号拳銃には市販用のワルサー社の刻印と木製グリップがついていた。

4

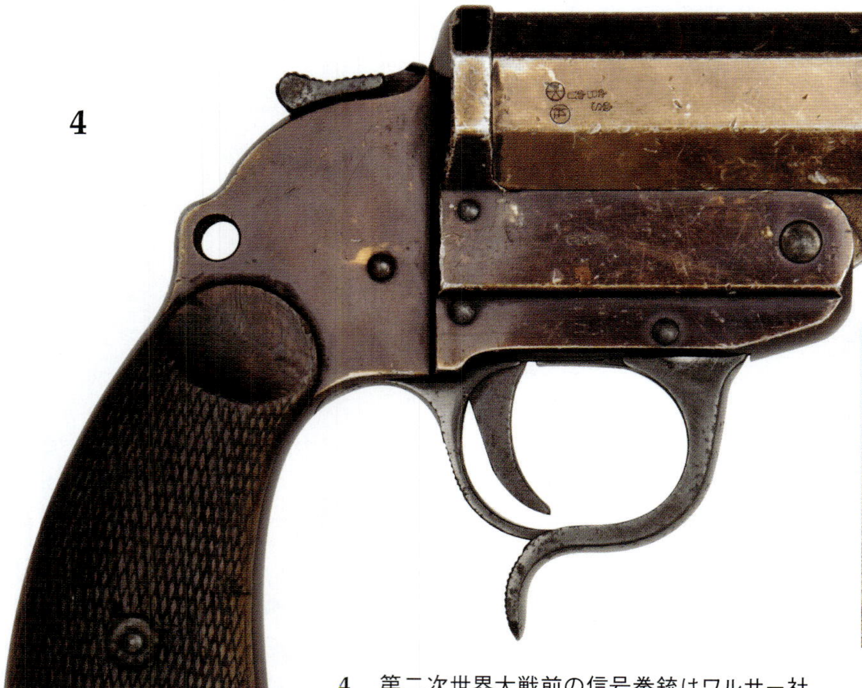

5

4　第二次世界大戦前の信号拳銃はワルサー社によって製造され、最初は木製グリップ付きのスチール製、のちには陽極酸化処理されたジュラルミンと呼ばれるアルミニウム合金で製造された。1943年、信号拳銃の素材はベークライト製グリップ付きの亜鉛合金に変わった。

5　薬室の右側にある検定マークのアップ。ドイツの1891年検査法の検印は、1892年から1939年にかけて使われ、このあいだに製造されたすべての小火器に見られる。

6

6　信号拳銃には、尾筒をのぞくと、長さ8センチの銃身がついていた。滑腔の銃身は直径30ミリで、フレーム側は八角形をしていた。フレームの下側には、用心金付きのスチール製の引き金があった。フレームの上側には撃鉄があり、先端がピン状の撃針がついていた。

6

7　用心金の前端には、さらに指で押すスチール製のレバーがついていて、内蔵の銃身ロック機構を作動させ、中折れ式の銃身の薬室を開いて、信号弾を装填することができた。

7

8

8　写真の信号拳銃は1937年製である。戦前の銃には市販用のワルサー社の刻印がついていた。N 4002の番号は「ナハリヒテンミッテル4002」を意味し、一部の専門家からはドイツ空軍独特の納入番号であると考えられている。

信号弾

ジグナールパトローネ

信号拳銃は、発光弾、吊星弾、星弾、音響弾、発煙弾など、40種類以上の各種の信号弾を発射した。信号弾はそれぞれ色分けされていて、なかには夜間に使用する場合の目印として、薬莢底の起縁部に信号弾の種類をしめす刻み目が入ったものもあった。18発の信号弾が入る専用のパウチが製造され、6発の各種信号弾を3列におさめることができた。素材は黒い革または、紐を編み組みした緑色のじょうぶな布が使われた。

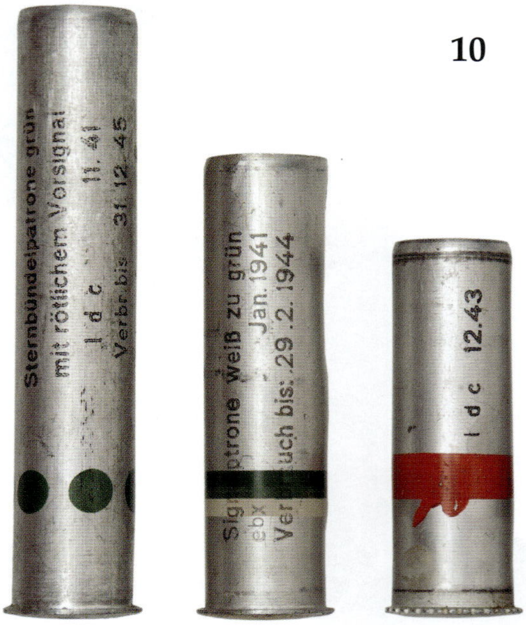

9　赤と緑の信号弾を上から見たところ。信号弾の上面と側面は、使用者がすぐに見分けられるように色分けされ、信号弾のおもな色がわかるようになっていた。

10　3種類の信号弾を見る。側面の印と文字は、信号弾の種類と、発射時に発する色をしめしている。情報には製造者のコードと製造年月がふくまれる。なかには暗闇で簡単に識別できるように信号弾の底部に刻み目が入ったものもあった。

10

11　上側の薬莢の6個の緑色の丸と説明は、90メートルの高度で赤い光をひとつ発し、それが6つの緑色の光に変わることをしめしている。下側の信号弾は白い光を発し、それが緑色に変わる。各信号弾の色とパターンは特定のメッセージを送るためのものだった。飛行要員はすべてその意味を正確に解釈する方法を訓練されていた。

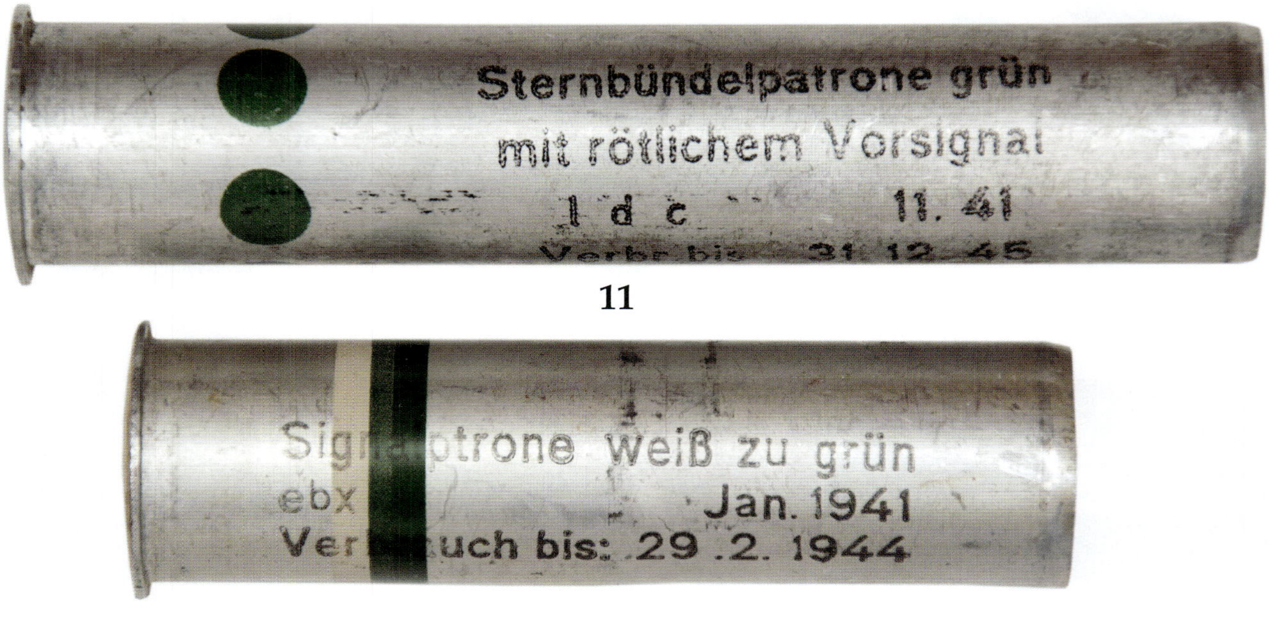

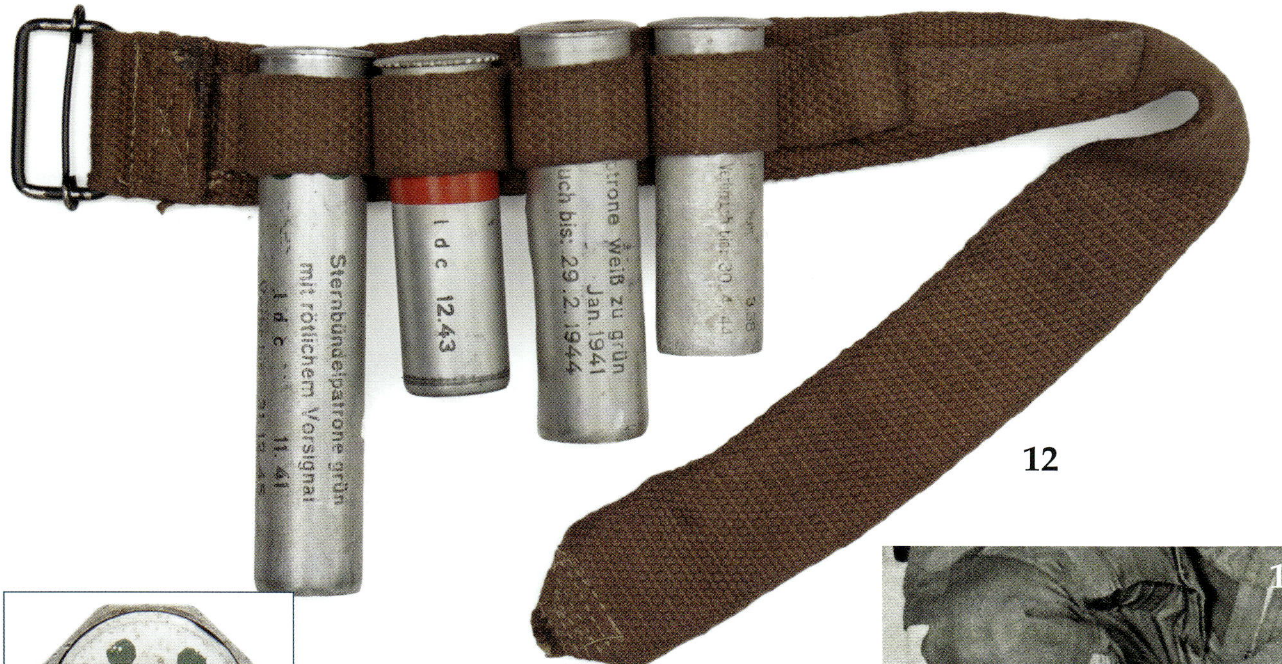

12

12

12 ドイツの航空機搭乗員はズボンのポケットに信号弾を携行したが、彼らが入手できる信号弾の種類の多さにスペースがたりないことが多かった。最初、信号弾用のストラップが現地で間に合わせに製作されたが、のちにドイツ空軍は全搭乗員に制式のストラップを支給した。ブルーグレーの木綿ツイル地製で、10 発の信号弾を装着できたが、初期のモデルは 6 発から 12 発の信号弾をはさむことができた。ストラップは脚や飛行ブーツや腰に巻いて、スライドバックルで留められた。

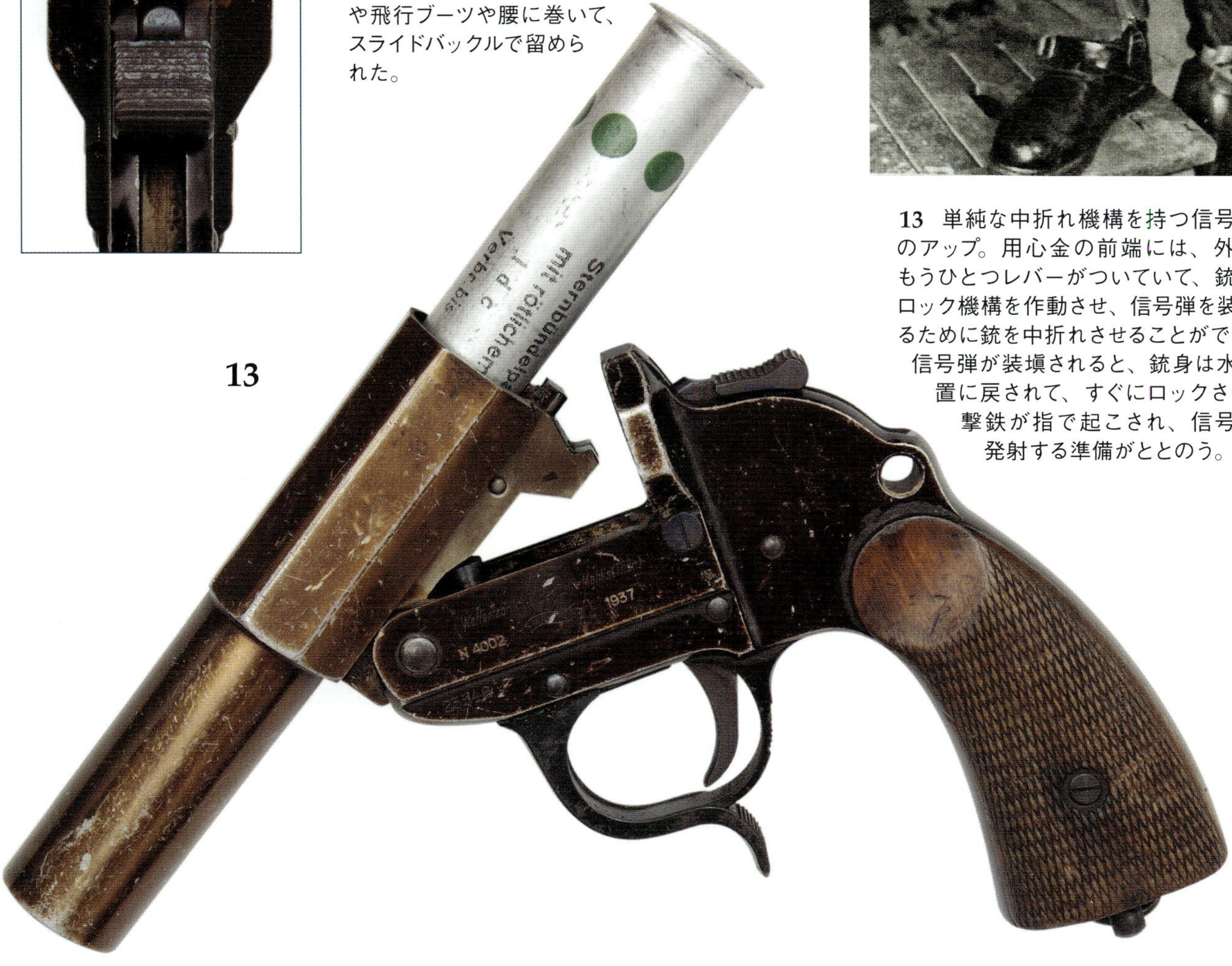

13

13 単純な中折れ機構を持つ信号拳銃のアップ。用心金の前端には、外側にもうひとつレバーがついていて、銃身のロック機構を作動させ、信号弾を装塡するために銃を中折れさせることができた。信号弾が装塡されると、銃身は水平位置に戻されて、すぐにロックされる。撃鉄が指で起こされ、信号弾を発射する準備がととのう。

万能ナイフ

フリーガーカップメッサー

万能ナイフはパラシュート部隊員と航空機搭乗員用に1937年に採用された。ナイフは特殊なデザインから「グラヴィティ〔重力〕」ナイフとも呼ばれた。重力を利用して片手だけで刃を出し入れできたからである。戦時中、2種類の万能ナイフが製造された。初期型は分解できないように組み立てられていたため、ナイフの手入れがほとんどできなかった。その結果、1941年の夏に、分解式のナイフが採用され、手入れや修理のためにナイフを簡単にばらせるようになった。

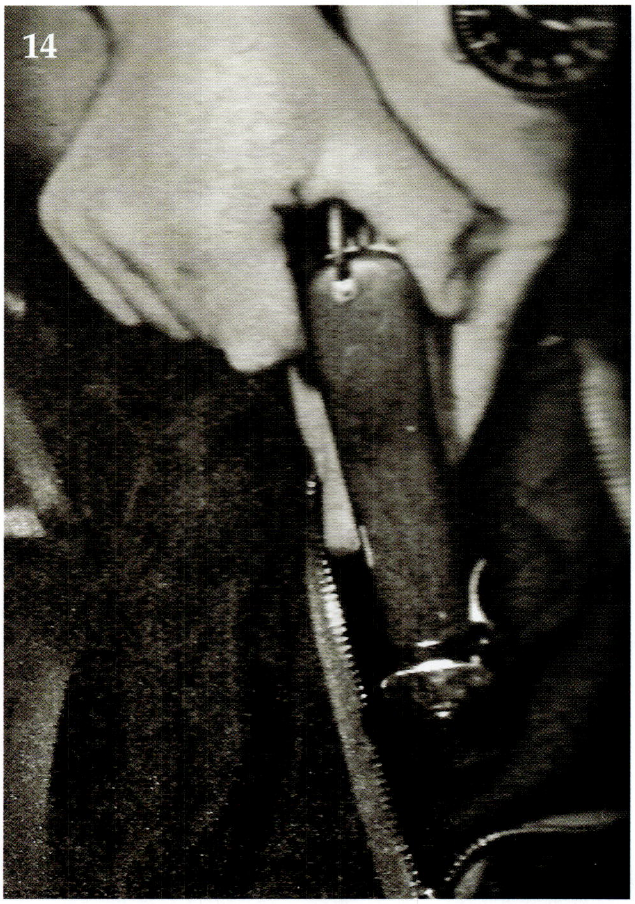

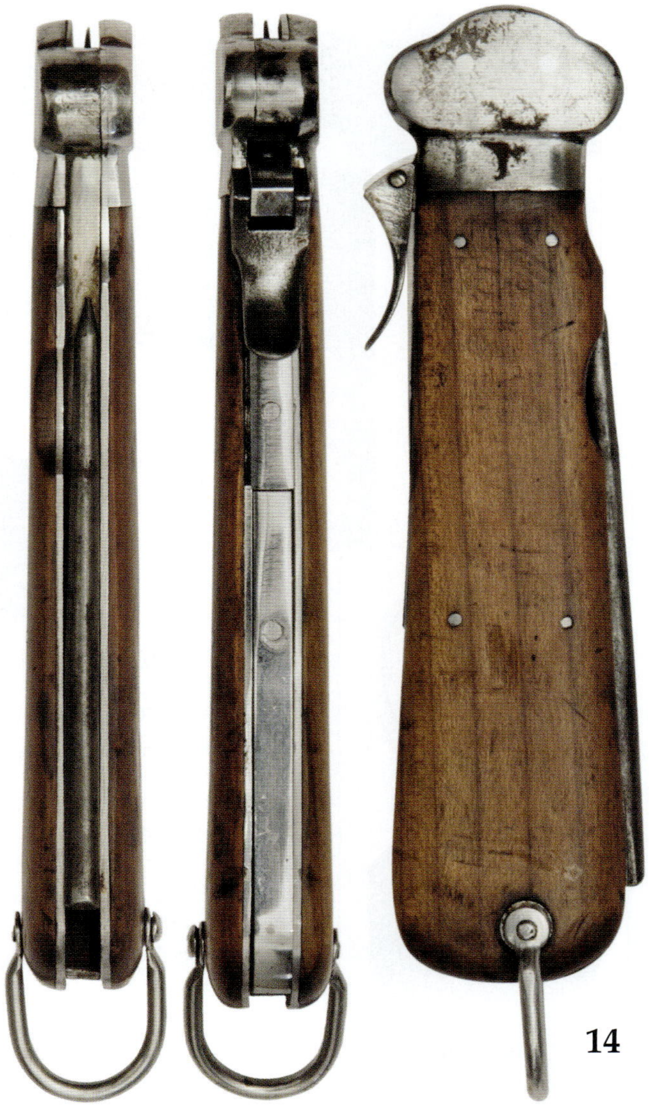
14

14 刃は柄の金属プレートのなかにおさめられ、側面にある解放レバーで固定される。ナイフを下に向けて、レバーを押すと、重力で刃が柄からすべりだしてのびる。刃をまたしまうには、刃を上にしてナイフを持ち、もう一度レバーを押せば、刃は柄のなかにふたたびすべりこむ。搭乗員は通常、「カナール」飛行ズボンのポケットにナイフをしまっていた。

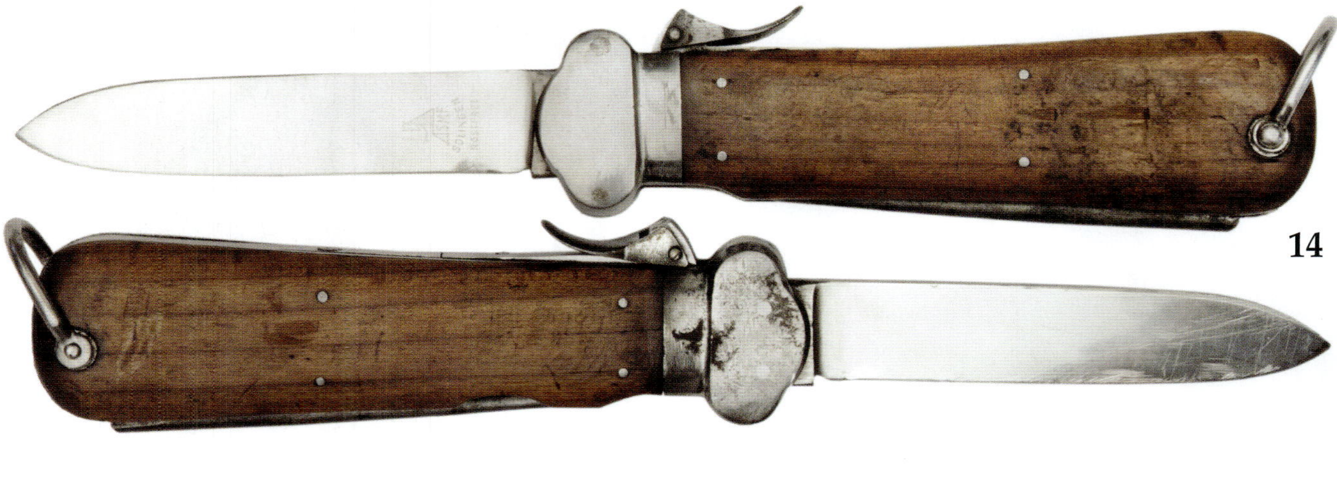
14

15 ナイフにはニッケルめっきのステンレス鋼製金属部品がついていた。柄は通常、クルミ材かオーク材またはブナ材の木製の板材でおおわれ、ピンで金属プレートに固定されていた。ナイフの端にはワイヤ製のループがついていた。

16 金属製のスプリングフックが両端についた紛失防止用の紐は、万能ナイフの金属製ループにつながれ、「カナール」飛行ズボンのポケット内側にあるループに引っ掛けられるか、ベルトに縛り付けられた。そうすることでいつでもナイフを手にすることができた。

15

16

17 柄の解放レバーの反対の狭い側には、折り畳み式の網通し針がついていた。その用途は、ロープの結び目をほどくことで、梃子としても使うことができた。固定された口金から、この製品が使用者には分解できない初期型であることがわかる。

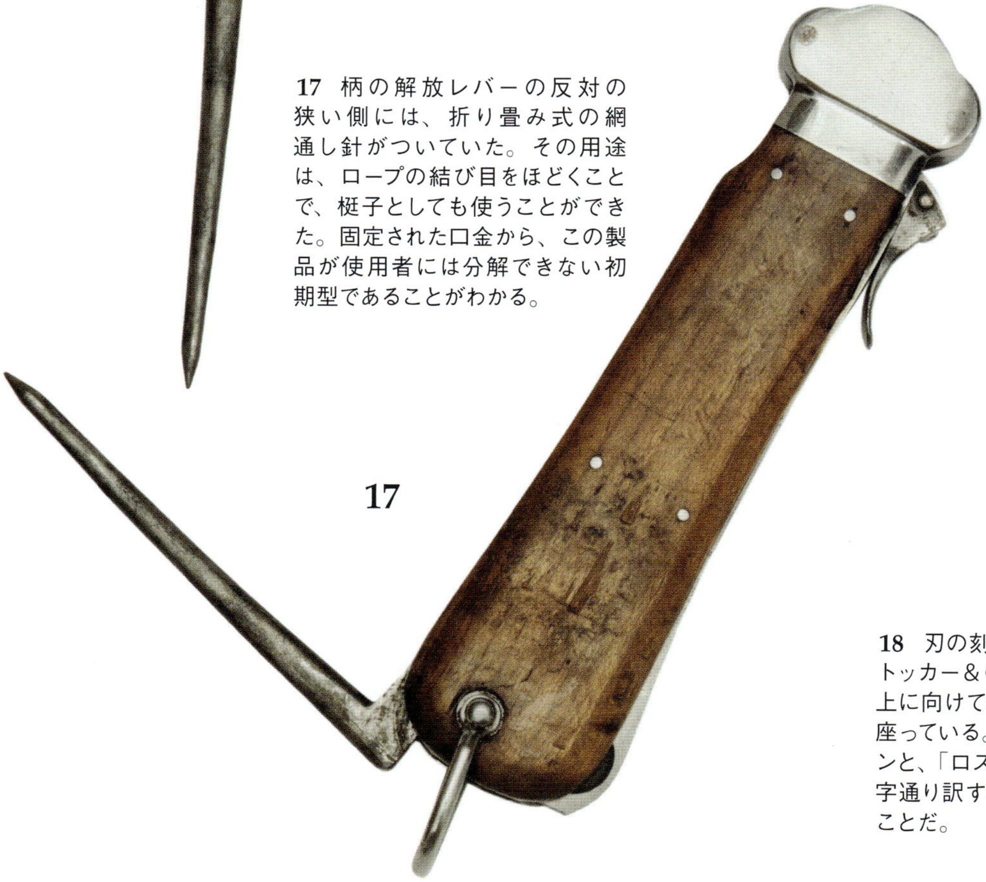

17

18

18 刃の刻印のアップ。刃には製造者であるシュトッカー＆Coの商標がついている。王様が剣を上に向けて構え、同社の頭文字「SMF」の上に座っている。その下には工場の所在地ゾーリンゲンと、「ロストフライ」の文字が刻まれている。文字通り訳すと「錆びない」、つまりステンレス鋼のことだ。

17　拳銃

パイロットや搭乗員が護身用武器を携行する慣習はあまり広まっていなかったようだ。ドイツ空軍の航空機搭乗員は護身用武器を支給されていたが、あきらかにそれを出撃時に携行するかどうかはおもに個人の判断しだいだった。しかし、当時の資料写真であきらかにわかるように、東部戦線では作戦地域の敵対的な性質から武器の携行がより一般的だったと考えてもさしつかえない。同じように、1944年の連合軍のヨーロッパ大陸進攻後は西部戦線でもこの慣習が行なわれたと考えられる。戦争初期に使用されたルガーＰ08は最終的に戦闘機内でもっと楽に携行できる小型の拳銃に取って代わられた。パイロットが第三帝国上空で戦っていた戦争末期には、拳銃はほとんど必要なかった。

ナチ党が1933年に権力を掌握したとき、ドイツ軍の制式拳銃は依然として旧式なルガーＰ08拳銃だった。この拳銃は工業技術の傑作だったが、「ヘーレスヴァッフェンアムト」（陸軍兵器局）の調査で設計と製造工程が複雑で金がかかりすぎることがわかった。早くもワイマール共和国時代にもっとシンプルな拳銃の試験がワルサー社によって行なわれ、設計上の問題をいくつか解決したのち、ワルサー拳銃が1940年4月にＰ38として採用された。ドイツ空軍はＰ08拳銃を将兵に支給するためいくつかの契約を結んでいた。もっとも注目にあたいするのが1万梃を納入する1936年のズールのハインリッヒ・クリークホフとの契約である。同社のＰ08はすばらしい品質だったが、戦時中にモーゼル社がドイツ空軍総司令部に納入した13万梃以上のルガーにくらべれば、空軍が調達した全拳銃のなかの取るに足らない数にすぎない。

ドイツ空軍の兵士が下士官から武器の点検を受けている。
下士官の腰の拳銃に注意。

戦争の拡大により、ドイツ国防軍は依然として、増えつづける3軍の将兵だけでなく、警察隊や準軍事組織に拳銃を装備する必要があった。その結果、それらの部隊にはドイツ製のブローバック式拳銃が支給された。モーゼルはモデル1914をもとにしたシングルアクションの従来型のブローバック式拳銃を製造した。全体的には良好な仕上がりではあったものの、国防軍向けに約8千梃と比較的少数しか調達されなかった。軍に支給されたもうひとつのモーゼル拳銃が、もっとスマートな外見のHScである。戦時生産品のほとんどは結局、警察と準軍事組織の手に渡ったが、一部はパイロットや搭乗員の護身用として空軍にもまわってきた。

しかし、ドイツの工場で大量の武器が製造されたにもかかわらず、生産は急速に拡大する軍の需要につねに追いつかず、そのためいくつかの契約が中立国とドイツの同盟国と結ばれた。ハンガリーは小規模だがりっぱな小火器産業を有して、小銃から機関銃まであらゆる種類の歩兵火器を製造していた。フロンメル拳銃のブローバック版は37Ｍとしてハンガリー陸軍に採用され、じきにドイツ国防軍は空軍のために7.65ミリ弾を使用する拳銃の5万梃の契約を1941年に結んだ。同時に、ドイツ軍は敵から大量の武器を鹵獲し、さらに占領した国々の兵器工場を「ドイッチェ・ヴァッフェン＝ウント＝ムニツィオーンスファブリーケン・アクツィエン＝ゲゼルシャフト（ドイツ武器弾薬製造株式会社）」、別名ＤＷＭの管理下に置いた。ベルギーのファブリク・ナショナル・ダルム・ドゲールつまりＦＮ社の場合がそうだった。エルスタルにある同社の工場はドイツ国防軍のために何十万梃もの小火器を製造した。同社の製品一覧にはジョン・ブローニングが設計した7.65ミリ弾を使用するシングルアクションのブローバック式M1922拳銃がふくまれていた。ＦＮ社の工場がドイツ軍の手に落ちてすぐに、ピストーレ626（b）と命名された拳銃の生産が再開され、初期の納入品のほとんどがドイツ空軍にまわされた。空軍は1942年末までに約10万梃を受領している。

写真のパイロットは手を使って戦友に空中戦の機動を説明している。説明を聞いているパイロットは、ベルトにフェーマールーP37（u）拳銃を携行している。このハンガリー製の拳銃はドイツ軍パイロットが東部戦線で使用したモデルのひとつだった。

ドイツ製拳銃

ドイッチェ・ピストーレ

ルガーP08 拳銃

パラベラム・ピストーレ08はもともとゲオルク・ルガーが1898年に設計した反動利用式の半自動拳銃である。9ミリ口径のルガーM1904は、1908年にドイツ軍によって採用された。高精度だが、大量生産がむずかしく高価な拳銃だった。しかし、第一次世界大戦では広く使われた。ドイツが敗北すると、ヴェルサイユ条約でドイツの軍需産業に制約が課せられたため、製造は大部分中止された。1935年にドイツで徴兵制が敷かれると、あらゆる小火器の生産が加速され、じきにモーゼル社は月産1万梃の割合でP08拳銃を軍に納入しはじめた。ほかのメーカーも製造にくわわり、1934年にはドイツ空軍はスポーツ銃業界ですばらしい評判を得ている会社ハインリッヒ・クリークホフ社と追加の軍用拳銃の納入契約を結んだ。最終的に約1万4千梃のクリークホフ製P08拳銃が1945年までに納入された。

2

2

2　弾倉はめっきとブルー仕上げの両方があり、9ミリ弾を8発収容できた。拳銃は同じ製造番号の弾倉とともに支給された。製造番号は弾倉の底板に刻印されている。写真の弾倉は押し出し成形されたタイプで、製造番号が8000番のあたりで導入された。

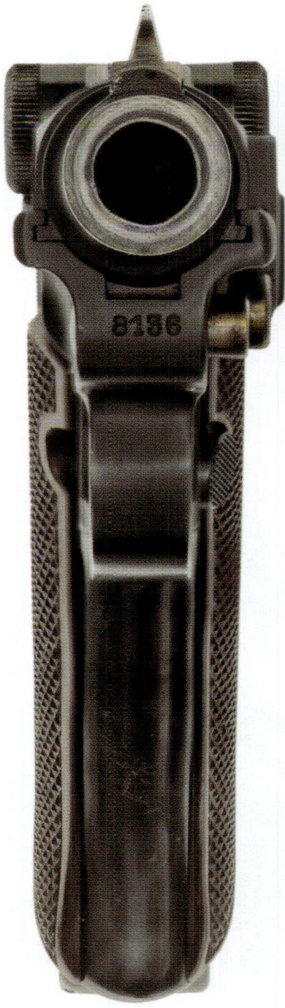

1

1　P08拳銃の前面と後面。フレームの前面とレシーバーの側面には製造番号が刻印されている。フレーム左側のロッキングボルトに注意。弾倉の底板はグリップからはっきりと突き出している。

3

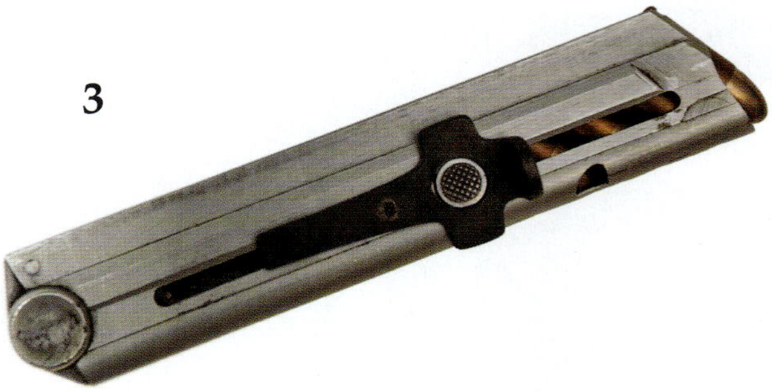

3　P08用工具はもともと拳銃といっしょに支給され、硬式ホルスターの蓋内側のポケットにおさめられていた。工具は弾倉の装弾補助具および分解用具として使えた。工具の穴を弾倉の装弾補助ボタンにかぶせると、弾倉を強く押し下げることができ、ずっと楽に装弾できる。また拳銃のいくつかの部品を分解するときの便利な工具としても使える。弾倉には製造番号が刻印されている。写真の製品には鷲と2のクリークホフの検定マークがついている。

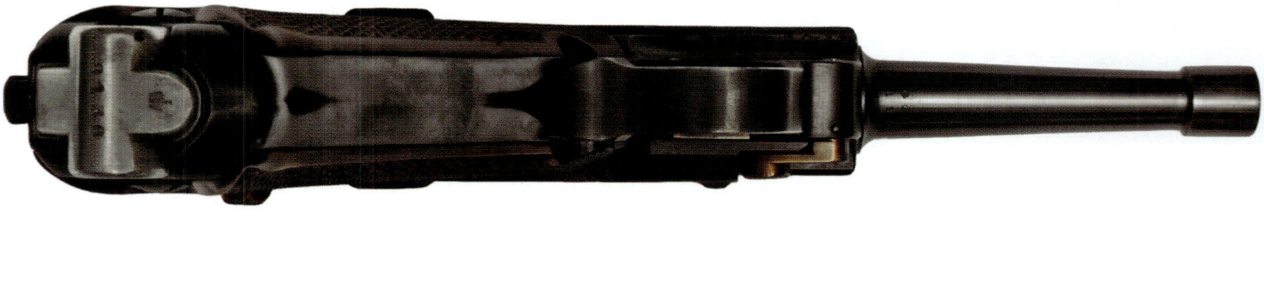

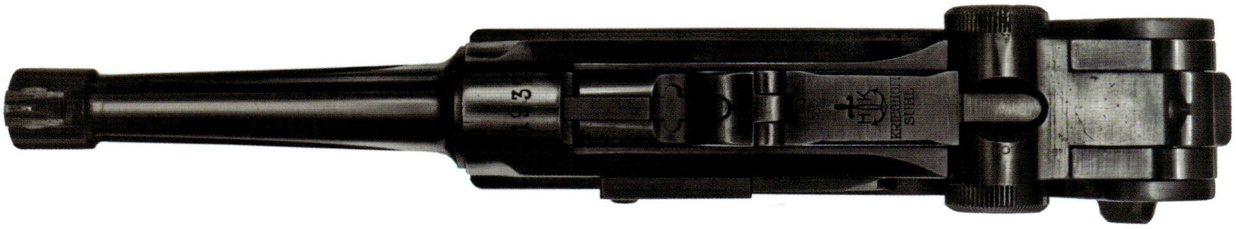

4　クリークホフ製の拳銃には長年のあいだに少なくとも7種類の商標が機関部の上に刻印された。写真の製品の刻印は、剣と錨の左右に「HK」の文字が入り、下には「クリークホフ・ズール」の銘が2行刻まれている。「I」の文字は「S」の文字の中心線上にあり、「U」の文字は底の線が平らである。

5　レシーバーの右側には、クリークホフの「L」鷲と2の検定マークがふたつ、軍の合格マークとならんでいる。フレームのレール部の右側前方と銃身の下側にもクリークホフの鷲と2の検定マークがついている。

6　薬室の上に刻まれた1937という拳銃の製造年のアップ写真。

7　初期の弾倉底板には、クリークホフの鷲と2の検定マークが上下逆に刻印されていた。のちに製造された拳銃では、逆転して製造番号と同じ方向で読めるようになった。なぜこんな風変わりなことをしたのかはわかっていない。

8　Ｐ08 拳銃は９ミリ・パラベラム弾を使用した。箱はドゥルラッハのグスタフ・ゲンショー＆Co　A．G．社が製造した戦前の市販用弾薬である。「ジノクシト」のブランドは一部のドイツ製弾薬に使われた腐食しない雷管の商標だった。

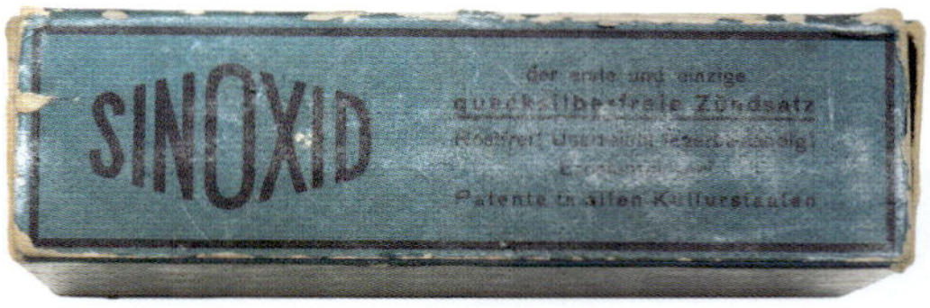

8

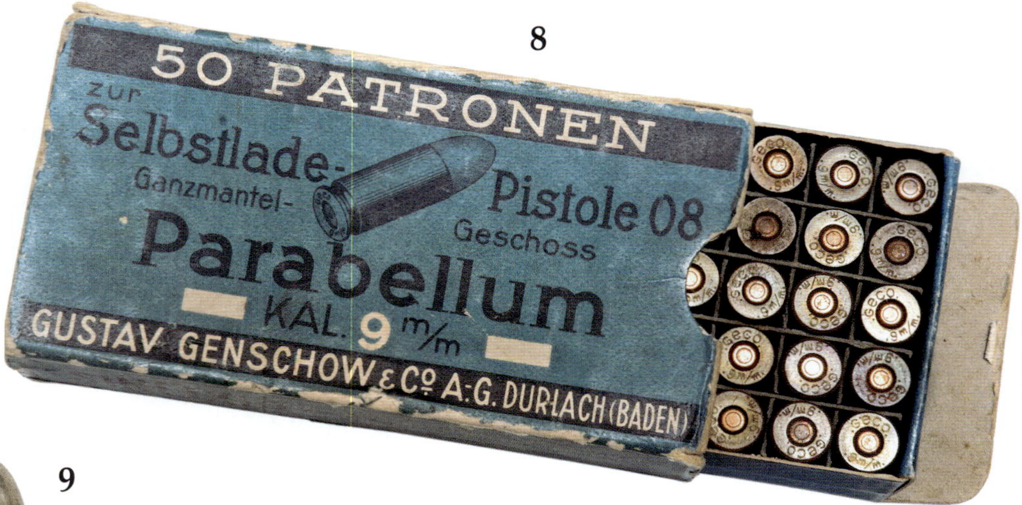

9

9　９ミリ・パラベラム弾は、被甲された鉛弾芯と、側面がストレートな真鍮製薬莢で構成されている。この弾薬の底面には、口径のほかに、グスタフ・ゲンショー＆Coを意味する「GECO」の名称が刻印されている。

8

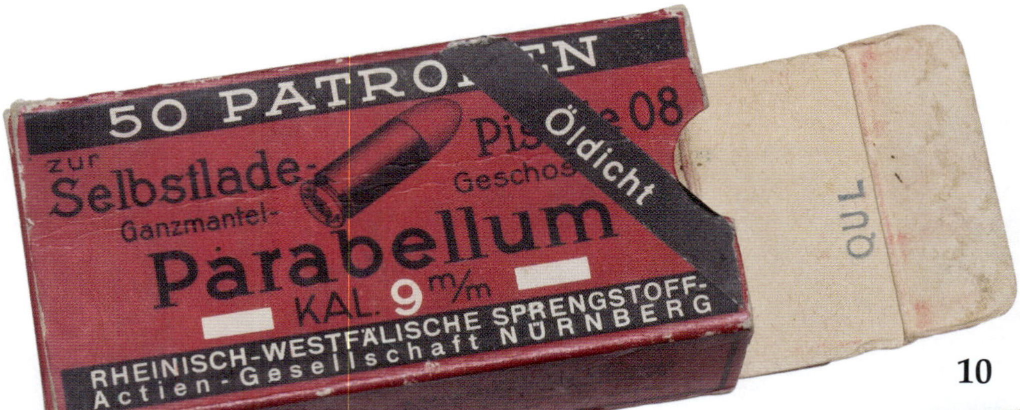

10

10　この戦前に市販された９ミリ・パラベラム弾の箱には、ニュルンベルクのライニッシュ＝ヴェストフェリッシェ・シュプレングシュトッフ＝ファブリーケンＡ．Ｇ．の商標が入り、RWSの頭文字が底面に刻印された弾薬がおさめられている。この箱がページ上のゲンショー社製の箱と似ているのは偶然ではない。RWSとGECOは1927年に協定を結び、両社の拳銃弾と散弾の製造はゲンショー社のドゥルラッハ工場で行なうことになったのである。

11　フレーム左側のサイドプレートとロッキングボルトの細部。製造番号はフレームの前面とレシーバーの側面に刻印されている。

12　フレーム左側にあるP08拳銃の手動式安全装置の細部。安全レバーの下の面には、安全装置の位置をしめす刻印が入っている。「ゲジッヒャート」（安全）の文字が見えていて、レバーで隠れていないときは、安全装置が掛かっている印である。

13　P 08 拳銃は硬い革製の制式ホルスターとともに支給された。半月状の折り返し蓋が上部についていて、水平の蝶番で裏面に縫い付けられている。蓋には表面に蓋を留めるためのストラップが縫い付けられ、ホルスター本体の前面中央にあるバックルに斜めに留められる。前方の縁には予備弾倉ポケットが縦に縫い付けられていた。ホルスターの本体表面には、ひっぱると銃をすばやく抜くことができるストラップが内蔵されていた。裏面にはやや傾斜したベルト通しがふたつ縫い付けられている。写真のホルスターには製造者であるドレスデンのゲブリュンダー・クリンゲの名前と 1936 という製造年が刻印され、鷲の下に「WaA 142」の兵器局の検定印が押されている。

14　上部の蓋の内側には、装弾補助工具をおさめる小さな革製ポケットがついていて、蓋を鉄製の鋲で閉じることができる。工具は弾倉への装弾を楽にするほか、分解用の工具としても使うことができた。

たぶん野戦で将兵を楽しませるために楽器を演奏するドイツ空軍の軍楽隊。
手前の伍長（ウンターオフィツィーア）は、軍用ベルトに装着した硬い革製のホルスターでP08を携行している。

モーゼル1934拳銃

モーゼルのポケット拳銃は1910年に登場した。この有名なドイツのメーカーの設計者たちは、9×19ミリ・ルガー弾を使用するシンプルなブローバック方式の新型半自動拳銃を開発したのである。1914年、この拳銃は再設計されて、はじめて7.65ミリ口径で登場した。この新型の重要な変更点は弾倉の再設計と、エジェクターの採用である。エジェクターは弾倉が空になったときスライドを開いた位置でストップさせる働きもした。1934年、モーゼルはM1934という、この拳銃の最終型を開発した。大きな変更点は、グリップ板のカーブした形状である。第二次世界大戦勃発時、M1934はすでに時代遅れで、制式拳銃の代用品として採用されただけだった。ドイツ国防軍は少数の8千梃しか発注せず、主として海軍と空軍と警察隊が使用した。

16

15

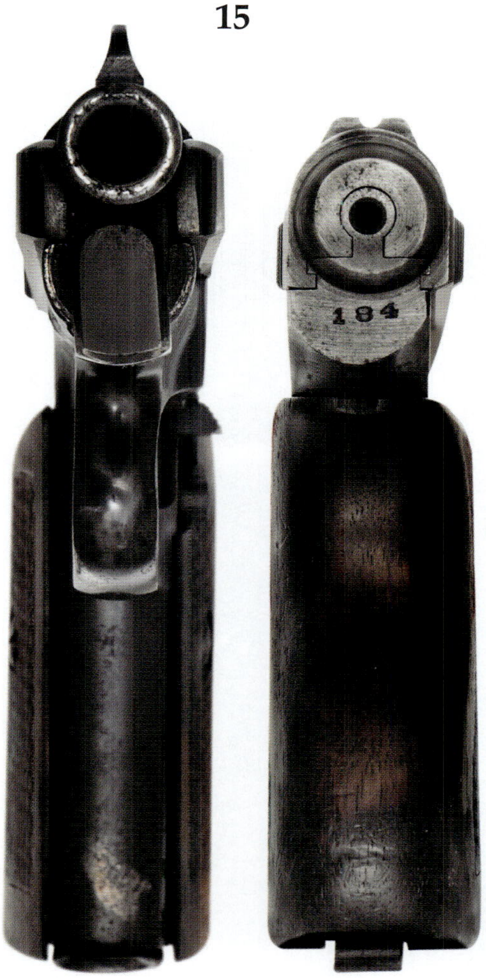

16

16 8連弾倉には、弾倉が空になるとスライドを開いた状態でストップさせる機械加工のスチール製送り板がついている。使用弾薬は重量74グレインの弾丸がついた7.65ミリ（.32 ACP）弾である。

17 機械加工された弾倉キャッチの細部。グリップ底部の窪みにおさまった弾倉の底板には、メーカーの商標が刻印されている。弾倉はブルー仕上げされている。

17

15 M1934拳銃の前面と後面。後面の写真ではコッキング・インジケーターがわかる。銃が発砲できる状態では銃後方の開口部から撃針が突き出すが、発砲できない状態では撃針は見えず、銃の状態をはっきり目で見て取ることができる。

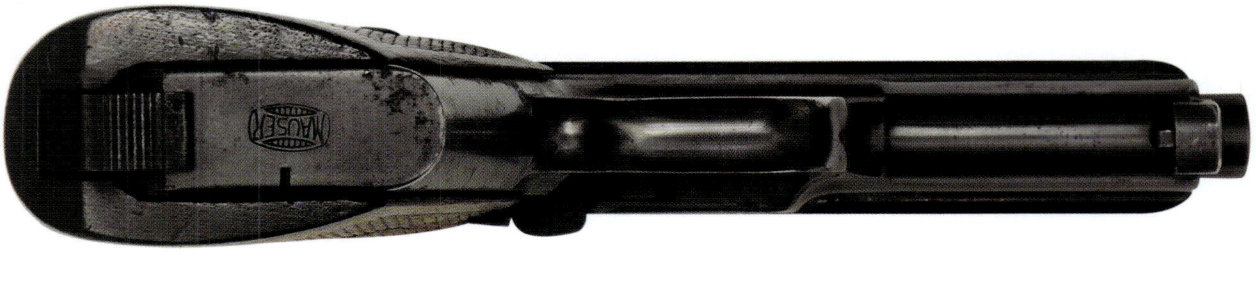

18

18 銃口と照星のアップ。銃口の下には銃身保持ピンの頭部が見える。スライドの左前方延長部には完全な製造番号が刻印され、最後の3ケタは拳銃のほかの部品にも打刻されている。

19

19 拳銃のフレーム左側には、1938年から1941年に「マウザー＝ヴェルケA．G．オーベルンドルフ」社にたいして使われた兵器局の検定印「WaA655」と、軍の検定合格マークである鉤十字と鷲が刻印されている。

20

20 スライドの右側には、「Cal. 7.65 D.R.P.u.A.P」の文字が刻印されている。拳銃にはチェッカー模様の茶色いクルミ材のグリップがついている。

21

21 M 1934 拳銃とそのまえのM 1914 拳銃の目立つちがいのひとつは、グリップの形状で、より人間工学にもとづいて、かすかなカーブをつけて再設計されていた。調達数はごくわずかで、約 8 千梃が国防軍のために製造された。

22

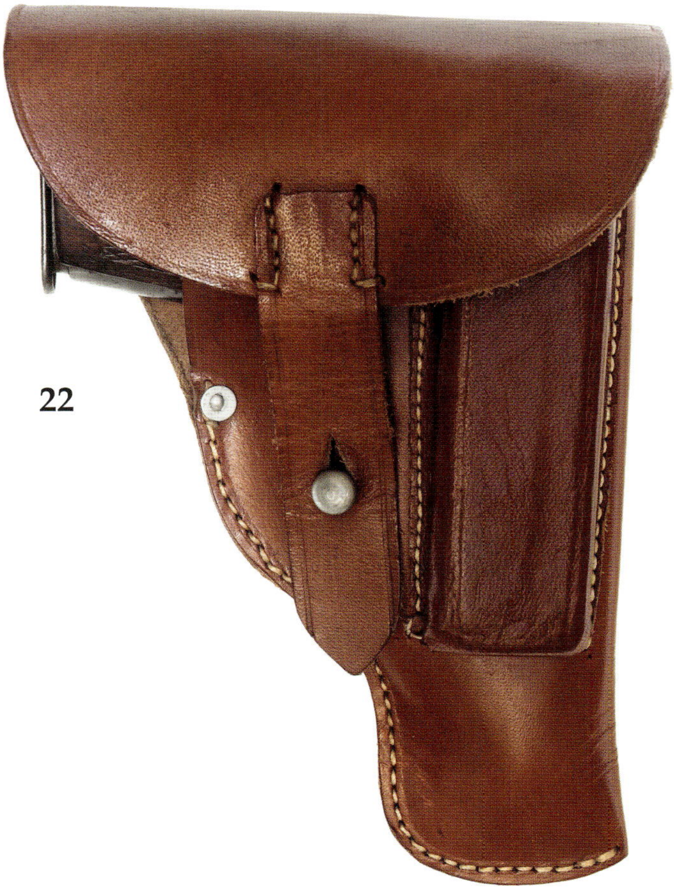

22

22 ホルスターはなめらかな茶革で製造された。上部の蓋は折り返され、はと目穴がひとつ開いたストラップが縦に縫い付けられていた。ストラップはホルスター本体の鉄製の鋲で留められる。右前方には予備弾倉ポケットが縫い付けられていた。ホルスターの裏面にはやや傾斜した縦のベルト通しがついていた。写真の製品には、「シャムバッハ＆Co ベルリン」の製造者名と兵器局の鷲の検定印が押され、1942 年の製造年が入っている。

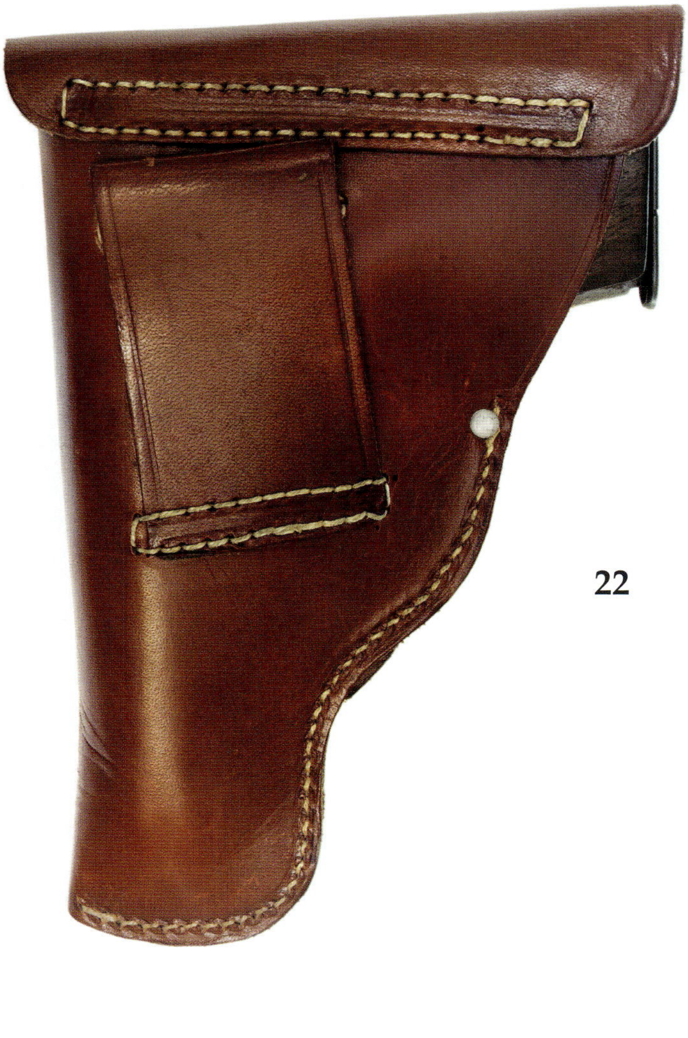

22

モーゼル HSc 拳銃

モーゼルHScはコンパクトなブローバック式拳銃である。名称のHScは、「ハーン＝ゼルプストシュパンナー・ピストーレ・アウスフュールングC」つまり「ダブルアクション式拳銃モデルC」の略語だった。モデルHScの設計と開発は1930年代後半にドイツのオーベルンドルフ・アム・ネッカルのマウザー＝ヴェルケの工場で行なわれた。旧式のシングルアクションのM1914/1934拳銃を更新するのが目的だった。HScは1940年12月に大量生産に入り、戦争末期に製造が中止された。その時点で、約25万2千梃が製造されていた。ドイツ空軍は通常の自前の調達部門による直接購入ではなく「ヘーレスヴァッフェンアムト」（陸軍兵器局）経由で銃を一括購入した。

23

23 弾倉には7.65ミリ弾が8発入った。マガジン・キャッチはグリップの底部にあった。

24

24 安全装置はスライドについていた。安全レバーを下げても、撃鉄の前にハンマーブロックは出ないが、かわりに撃針の後部が撃鉄の打撃位置から移動する。また、安全装置が自動的に撃鉄を戻すことはない。撃鉄を戻すには引き金を引く必要があった。撃鉄を起こしていないときに安全装置をかけると、撃鉄は手で起こせなくなった。

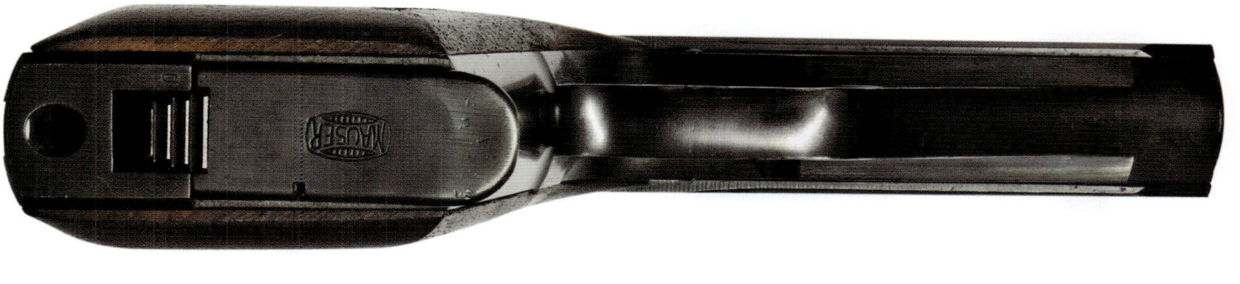

25

25 HSc拳銃のデザインはひじょうになめらかで、衣類に簡単にひっかることがなかった。グリップはクルミ材製で、チェッカー模様が刻まれていた。

26

26 グリップ前面下部には完全な6ケタの製造番号が刻印されていた。最後の3ケタは銃身後尾の下面にも印され、同じ3ケタの番号がスライドの銃口下に電気ペンシルで書き込まれている。写真の製品の製造番号と刻印からは、これが約4千梃製造された陸軍用であることがわかる。

27

27 撃鉄はスライドの下からのぞく小さな先端部以外、隠れている。そうしたければ、撃鉄を手で起こして、初弾をシングルアクションで撃つこともできる。HScはその形態と部品の精度のおかげで、内部の機構がほこりから効果的に守られていた。

28

28 スライド左側の「マウザー＝ヴェルケA.G. オーベルンドルフ a.N. Mod. HSc Kal. 7,65 mm」の銘のアップ。HSc拳銃は、磨き上げた高級なブルー仕上げが特徴だったが、戦争が進むにつれて仕上げはだんだん荒くなっていった。戦争後期の製品はパーカライジング仕上げだった。

外国製拳銃と鹵獲拳銃

アウスレンディッシェ・ウント・ボイテ＝ピストーレ

フェーマールー P37 (u) 拳銃

フェーマールーM37拳銃はシンプルなブローバック式拳銃である。1937年にハンガリーの「フェーマールー・フェジュヴェル＝エーシュ・ゲープジャール・レスヴェニュタルシャシャグ」武器工場で開発され、フロンメルが設計した29M拳銃に代わって、ハンガリー軍の制式拳銃となった。前のモデルよりシンプルな設計で、そのためより安価に製造できた。ハンガリーは1940年11月に日独伊の三国同盟に加盟し、ハンガリー軍は1941年4月のユーゴスラヴィア侵攻で枢軸軍として正式に参戦した。この同盟により、ハンガリーの軍需産業はドイツ軍にあらゆる種類の武器や装備を供給しはじめ、それらは大部分が二線部隊の将兵に支給された。このような状況で、ドイツは数千梃の37M拳銃を購入する契約を1941年にハンガリーと結んだ。ドイツの当局は口径を7.65ミリに変更し、手動安全装置を追加するよう要求した。拳銃はP37（u）と命名され、主としてドイツ空軍にまわされた。

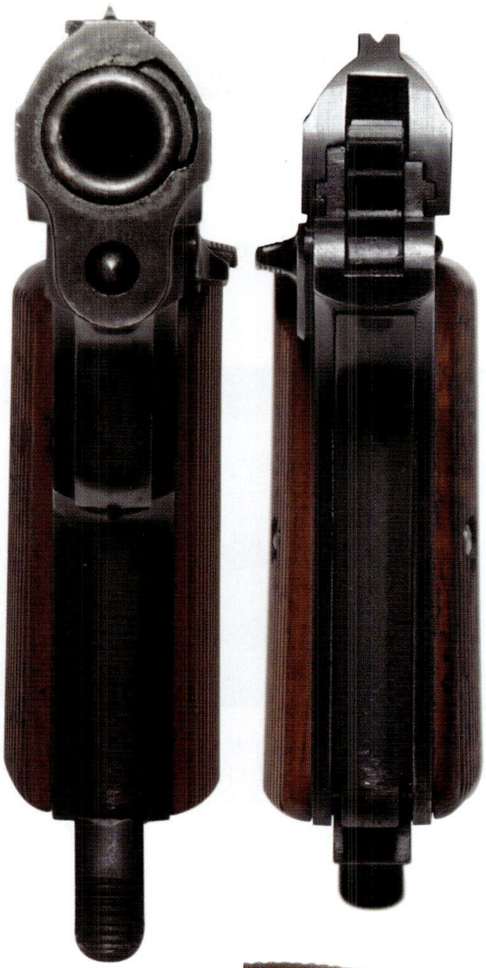

29 着脱式の箱型弾倉は7.65ミリ弾を七発おさめることができた。弾倉の底板はP. Mod. 37と刻印され、特徴的な前向きの指掛けがついていた。マガジンキャッチはグリップ底部の弾倉収容部の後ろにあった。

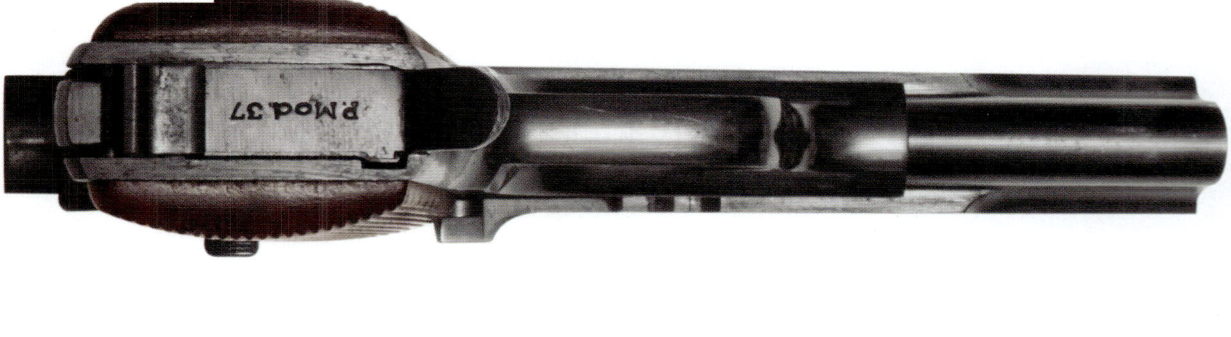

30

30 スライド左側の刻印は、もともとの「フェーマールー・フェジュヴェル＝エーシュ・ゲープジャール RT 37M」から、ドイツの名称「P. Mod. 37 kal. 7, 65」に変わった。

31

31 銃口と照星のアップ。復座スプリング・ガイドの先端が見える。復座スプリングは銃身の下にある。

32

32 最初の契約分の拳銃には、スライドの左側に「jhv 41」の刻印と、用心金の左側に「WaA 58」の検定印、そしてスライドと銃身に兵器局の検定合格マークが入っていた。写真の拳銃は1941年に最初に発注された5万梃の銃器の1梃だった。

33

33　スライドを完全に引いて、銃身と復座スプリング・ガイドが露出した拳銃を右側から見る。外側はぴかぴかに仕上げられている。グリップはクルミ材製で、縦の溝が入っている。

34　P 37（u）拳銃には数種類のホルスターが使えた。写真の例はドイツ製のホルスターで、すべて革で製造されている。

34

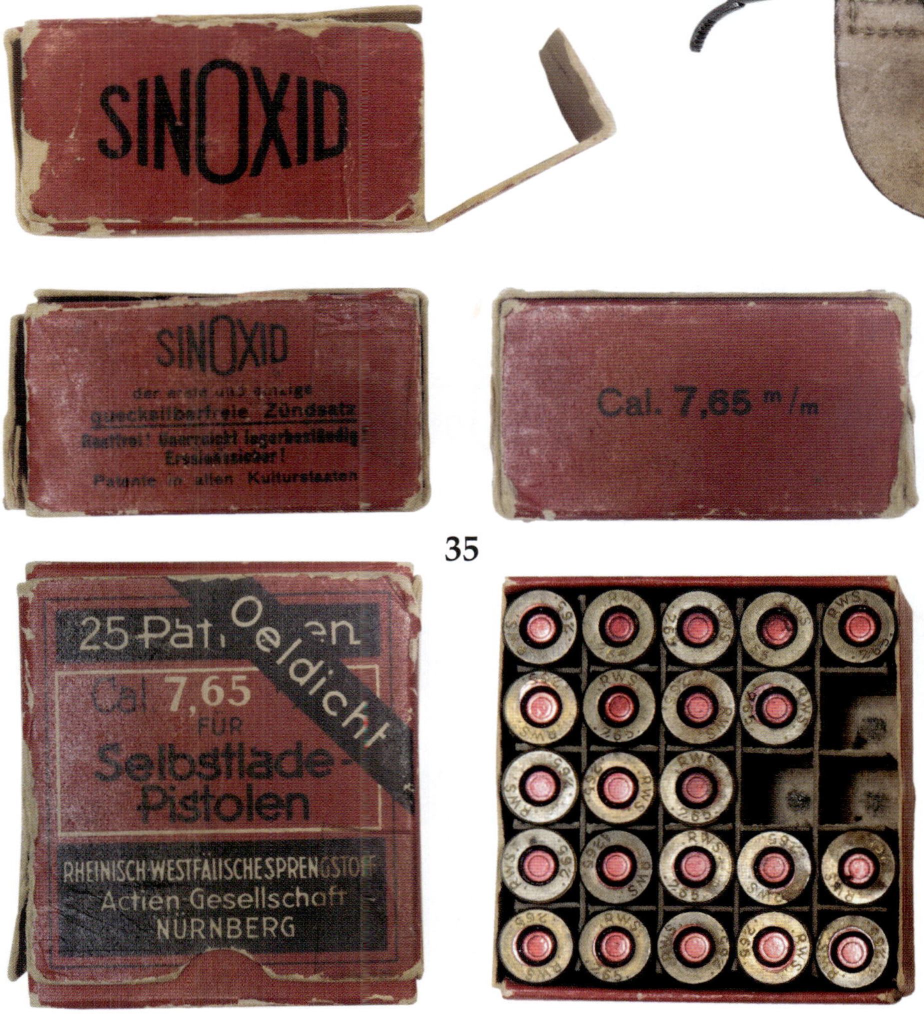

35

35　P37（u）拳銃は7.65×17ミリ・ブローニング弾を使用した。写真の箱は一般にはRWSとして知られるドイツのニュルンベルクのライニッシュ＝ヴェストフェリッシェ・シュプレングシュトッフ＝ファブリーケンA．G．が戦前に製造したもの。「ジノクシト」のブランドは一部のドイツ製弾薬に使われた腐食しない雷管の商標だった。

36 ホルスターは茶革製で、本体と蓋全体が木綿リンネル糸で縫い合わされている。表面には予備弾倉用のポケットがついていた。蓋の内側に見えるのは、拳銃の名称と口径をしめすインク印。

36

37

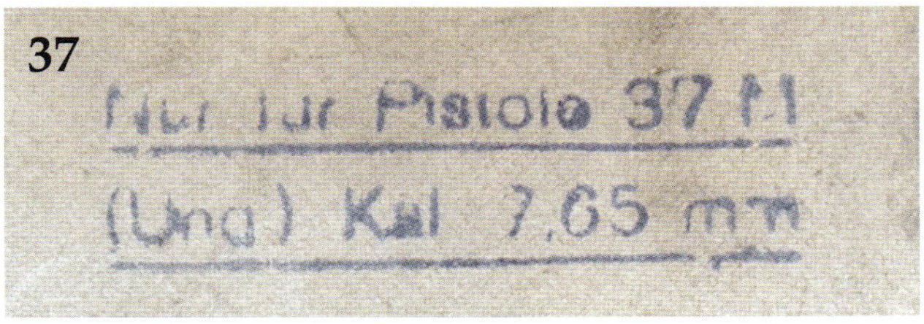

37 ベルト通しにある刻印のアップ。2の上の「ルフトアムト」（航空局）の鷲は、ズールのハインリッヒ・クリークホフ・ヴァッフェンファブリークの検印と一致する。「jsd」のコードはこれがベルリンのグスタフ・ラインハルト・レーダーヴァーレンファブリークによって1942年に製造されたことをしめしている。

37

36

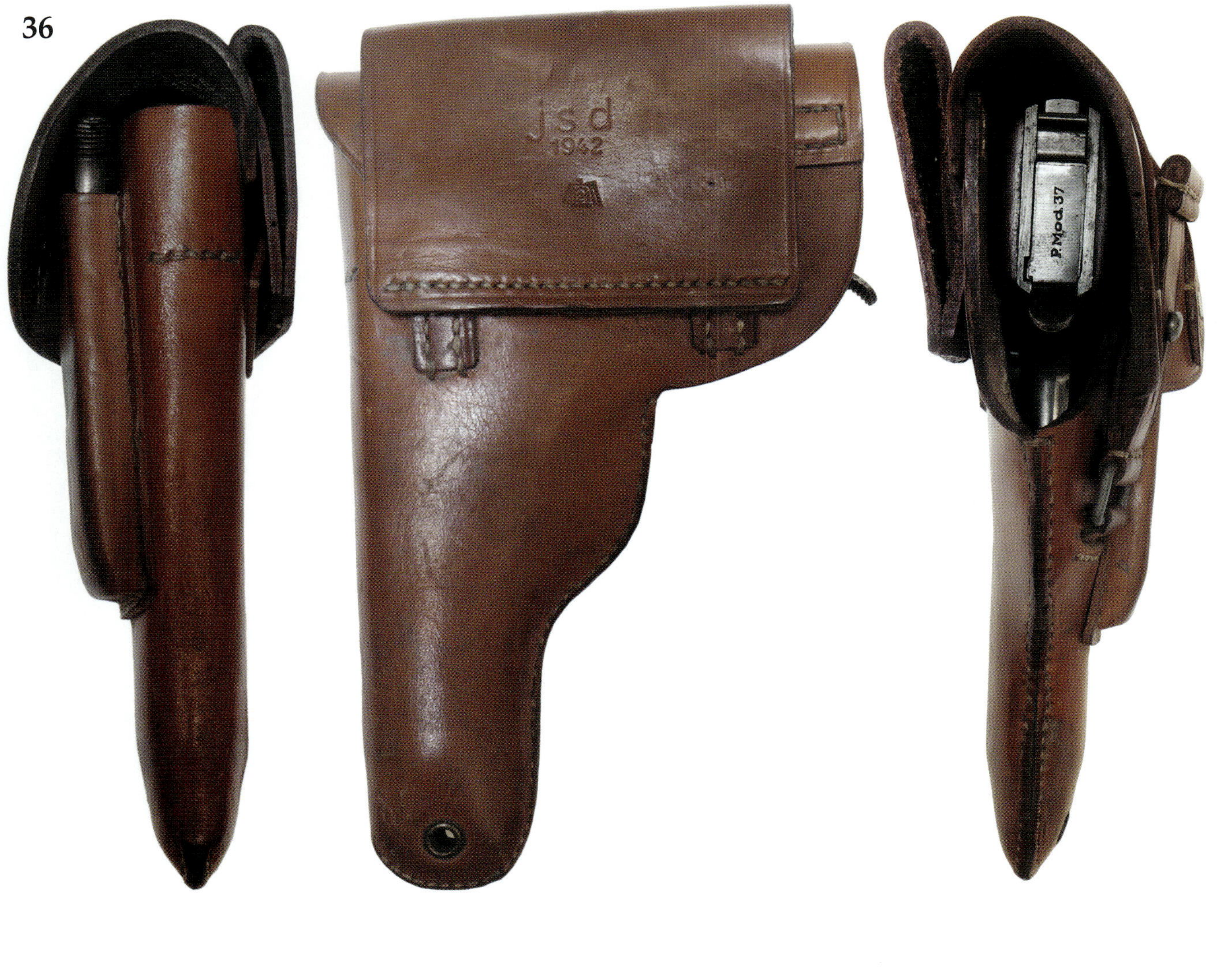

38

38　ドイツはもっとシンプルなデザインのキャンバスと革製のＰ37（u）拳銃用ホルスターを製造していた。写真の製品にはベルリンのケルン・クラガー＆Co. レーダーヴァーレンの「cdc」のコードと1941の製造年が入っている。蓋の内側にはインク印で、「ヌア・フューア・ピストーレ37M（Ung）Kal. 7,65 mm」（7.65ミリ口径ハンガリー製37M拳銃専用）と記されている。

東部戦線の寒い冬の一日に、カメラに向かってポーズを取るパイロットたち。
右のパイロットはキャンバス製のホルスターでＰ37（u）拳銃を携行している。（アサオラ）

ブローニングFN M1922
――P 626 (b) 拳銃

M1910拳銃はジョン・M・ブローニングがベルギーのファブリク・ナショナル（FN）社のために開発したものだ。1922年、ユーゴスラヴィア軍は拳銃の納入契約を同社と結んだ。ブローニングは顧客の注文でM1910拳銃の銃身を延長し、弾倉容量を2発増やす設計変更を行なった。1940年5月のベルギー侵攻後、ドイツ軍はベルギー製の拳銃を大量に接収した。6月にFN社の工場を占領すると、占領軍は各種の武器弾薬の生産を再開し、主として二線級部隊に支給した。M1922拳銃もその一例で、ナチ占領時代にほかのどんな銃より多く製造され、ドイツ空軍がいちばんの使用者となった。

39 この搭乗員は雑誌を読みながらつぎの出撃を待っている。腰にピストーレ626（b）用のホルスターがはっきりと見える。（アサオラ）

40 グリップ底部後ろ側にマガジン・キャッチがついた弾倉収容部のアップ。P626（b）拳銃には3つの安全装置がついていた。グリップの安全装置と、弾倉が入っていないときは発砲できないようにする弾倉の安全装置、そして最後はフレームの左側についていて使用者が操作する手動安全装置である。

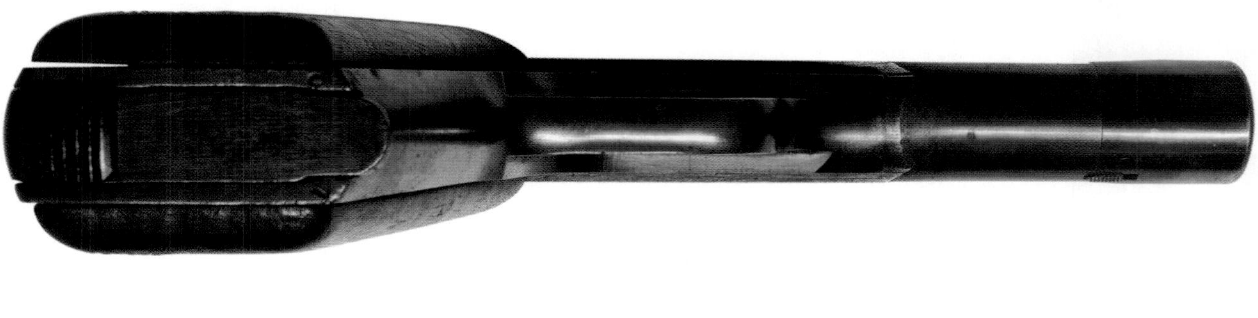

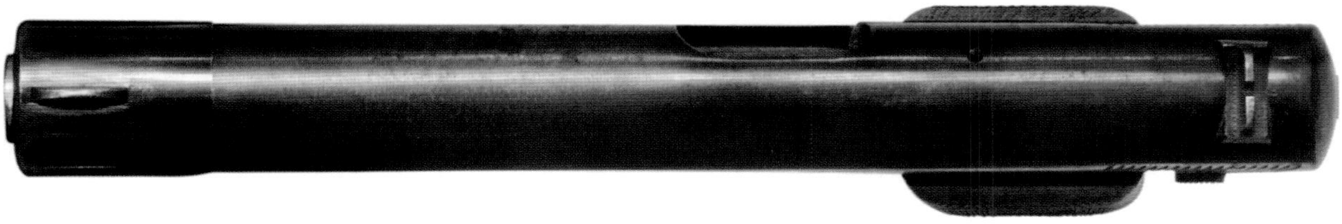

41 銃口のアップ。P626（b）はブローバック式の半自動拳銃だった。復座スプリングが銃身のまわりについていて、引き金はシングル・アクション方式だった。

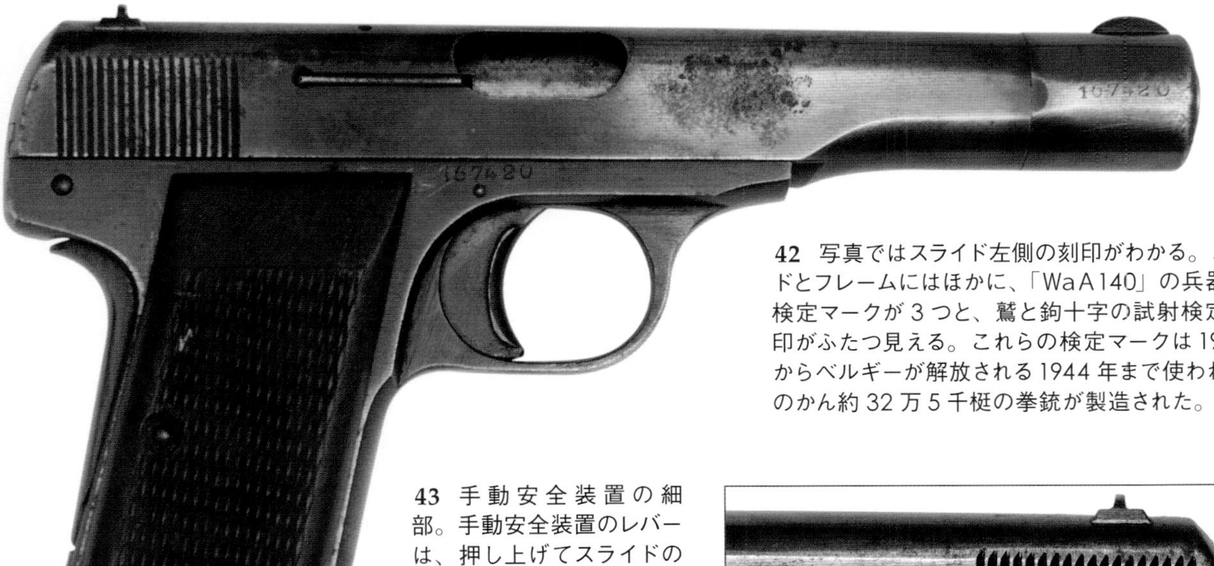

42 写真ではスライド左側の刻印がわかる。スライドとフレームにはほかに、「WaA140」の兵器局の検定マークが3つと、鷲と鉤十字の試射検定合格印がふたつ見える。これらの検定マークは1941年からベルギーが解放される1944年まで使われ、そのかん約32万5千梃の拳銃が製造された。

43 手動安全装置の細部。手動安全装置のレバーは、押し上げてスライドの溝と噛み合わせることができ、通常の手入れをするときにスライドを開いておけるようになっていた。拳銃にはチェッカー模様のクルミ材のグリップがついていた。

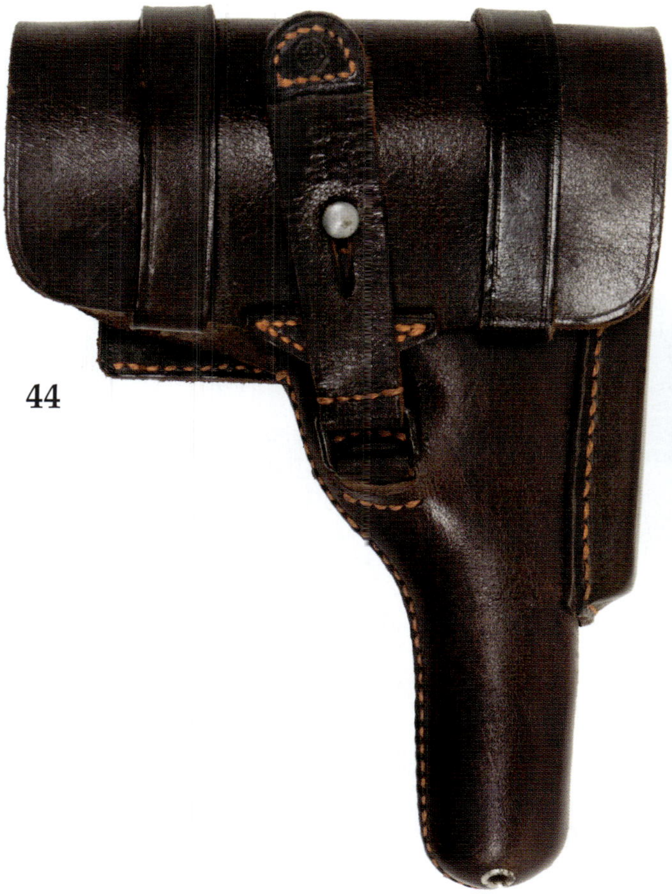

44

44 トイヤーマン特許のドロップ・タイプのホルスターには、上部の蓋にホルスター裏面までのびる縦のストラップが２本ついていた。蓋の中央についたアルミニウム製の鋲と、ホルスター本体に縫い付けられた四角い金属製バックルで留められた、はと目穴付きのストラップで、蓋を閉じる。ホルスター前端には予備弾倉ポケットが縫い付けられ、底部には小さな金属製のはと目がふたつついていて、紐を通して脚に縛り付けられるようになっていた。

45

45 上部の蓋の内側には、インクで「ヌア・フューア・ランゲ・ブローニング・ピストーレ kal. 7, 65」と印字されている。「7.65 ミリ口径長銃身ブローニング拳銃専用」という意味である。

45

46

46 写真は銃のスライドがいっぱいまで後退した状態をしめす。銃の手入れをしやすいように、ふたつ目の溝と噛み合って、スライドを開放位置で固定する手動安全装置レバーに注意。

1941年夏、フランス某所の海岸で任務のあいまにリラックスするドイツ空軍のパイロットたち。(《ジグナール》)

第4章：エピローグ
マシーンをささえた男たち

彼らの本領は敵を襲い、追撃し、追いつめて、撃破することである。そうすることによってのみ、
熱心で有能な戦闘機パイロットは自分の能力を発揮できる。戦闘機パイロットを狭くて限定的な任務に縛り付け、
自発性を奪えば、パイロットが持っている最高のもっとも貴重な素質を取り上げることになる。
すなわち、敢闘精神と行動の喜び、狩人の情熱を。

――ドイツ空軍パイロット、アドルフ・ガーランド将軍

アドルフ・ガーランドの言葉は、本書で紹介した被服や装備を使った男たちの本質を完璧に要約している。彼らの動機はなんだったのか？　周囲の世界が崩壊しつつあったとき、彼らを毎日毎日、飛びつづけさせたものはなんだったのか？　彼らの偉業はときに驚くべきもので、こんにちの世界各国の空軍の将兵とその現状、そして水平線上に見えつつある空軍の未来像と比較すると、いっそう印象深いものになる。

こんにちの実戦パイロットは、電子装置だらけのきわめて複雑な飛行機に乗って飛び、電子装置は彼らを、獲物を探す高度に熟練した意欲的な狩人から、技術者へと変えている。そうした環境では、機上コンピューターを操作することが、飛行機自体をあやつるよりも重要になっている。彼らは操縦席の多機能ディスプレーの輝点で敵の存在をちらりと見て、肉眼では見えないほど遠くまで飛ぶ「知的な」ミサイルで敵を撃墜する。交戦している敵のパイロットの顔や敵機を物理的に見る必要さえない。21 世紀の夜明けのこんにち、われわれは新世代のパイロットの誕生を目撃している。いや、たぶん彼らはオペレーターと呼ばれるべきだろう。彼らは戦闘地域から何千キロも離れた場所にある基地に心地よくおさまり、現実の戦争よりもテレビゲームに似たコンピューター画面とジョイスティックで無人航空機を遠隔操作している。空襲は無機質なものになっている。オペレーターは致死性の搭載兵器を投下する国のことを物理的に知らなくてもいい。この無機質な状況では、空の男同士の連帯感という世界共通の伝統が失われ、歴史の本のなかでしか見られなくなるのは時間の問題だ。

第二次世界大戦時のパイロットは、咆哮するエンジンの耳をつんざく爆音につつまれながら、飛行機の狭苦しい操縦席で戦った。エンジンは墜落しないために彼らの完璧な注意と技量を必要とした。彼らはしばしば居心地の悪い兵舎で宿営し、休養の時間はほとんどなかったが、それでも乗機を飛ばして、激しい空中戦をくりひろげ、驚くべき数の撃墜を記録することができた。なかには生きのびて翌日戦う者もさえいた。アドルフ・ガーランドやエーリッヒ・ハルトマン、ハンス・ウルリッヒ・ルーデルのような男たちだ。たぶん彼らがみな共通して幼いころに飛行への情熱と興味を抱いたことを知れば、彼らの業績をだんだんと理解できるだろう。この情熱があればこそ彼らはどんな不利な状況でも飛びつづけたのである。新しいグライダー飛行クラブが家の近くにできて、グライダーが空を舞うのを見たとき、ガーランドはすぐさま入会した。彼は操縦を習うと固く心に決めていたので、30 キロの距離を荷馬車で通うことも気にならなかった。ハルトマンの母親はグライダーの教官で、幼い息子に飛行への愛情を植えつけ、彼自身も 14 歳で教官になった。熟練のパイロットのなかには、訓練や勤務初期に九死に一生を得た者もいたし、飛行記録があまりにもお粗末であやうくパイロットとしての道

この写真は第二次世界大戦でもっとも有名なスツーカ急降下爆撃機パイロットのひとり、ハンス・ウルリッヒ・ルーデル自身のサイン入りである。この戦争で最高位の勲章を受けたドイツ軍人であるルーデルは、2530 回出撃し、車輛 800 輛、戦車 519 輛、火砲 150 門をふくむ合計 2000 の目標の撃破を記録した。

この写真にはアドルフ・ガーランド本人がスペインの夏の別荘に滞在中、本書の共著者サンティアゴ・ギリェンにあててサインしている。ガーランドは 1936 ～ 1939 年の内戦時のスペイン従軍をけっして忘れず、可能なかぎり何度も同国を訪問していた。

を断たれるところだった者もいた。ガーランドは訓練で何度か飛行機をこわし、1935 年には訓練飛行中の墜落で重傷を負っている。ルーデルは訓練の成績があまりに悪かったので、最初は戦闘任務には向いていないと見なされた。ほかの者ならあきらめたであろうこうした欠点は、努力をつづけて成功するという彼らの決意をいっそう固くしただけだった。

新設のドイツ空軍はゼロから創設されたドイツで唯一の軍隊で、そのため先の大戦のエースたちを生みの親としてふりかえらざるを得なかった。第一次世界大戦は新種の戦士を生みだし、どの国の政府もすぐさま自国の飛行士の功績をプロパガンダの目的に利用した。各国政府は敵機をたくさん撃墜したこれらの戦士たちに「エース」の栄誉称号をあたえはじめた。ドイツ政府は 8 機を撃墜したパイロットにエースの地位をもうけ、航空隊でもっとも栄えある勲章の叙勲資格をあたえた。誉れの「プール・ル・メリット」勲章である。第一次世界大戦の伝統はエルンスト・ウーデットのような歴戦の勇士が要職についたことで新生ドイツ空軍でも生きつづけた。第一次世界大戦でベルケ戦闘飛行中隊（ヤークトシュタッフェル・ベルケ）をひきいたハリー・フォン・ビューロー＝ボートカンプ少佐が空軍屈指の有名部隊である第 2 戦闘航空団（ヤークトゲシュヴァーダー2）「リヒトホーフェン」の指揮をまかされた。

ドイツ空軍は有名なエースの増補改訂版を必要としていて、プロパガンダ機関は騎士を思わせる空の戦士の神話を作りだしはじめた。ゲーリングはパイロットによる撃墜数争いを奨励し、ゲッベルスの宣伝省は彼らをプロパガンダの材料に利用した。もっとも多くの敵機を撃墜したパイロットになるというトップクラスのエースのあいだの競争は、優先事項になった。ドイツの一般と軍の新聞数紙は、彼らとその武勲についての記事をふんだんに掲載して、彼らを取り巻く一種の個人崇拝を作り上げた。そのためドイツ空軍は軍隊組織ではなく狩猟クラブであるかのような印象が生まれた。戦争は選ばれた少数の者たちが危険だがわくわくするスポーツに参加する機会だった。開戦時には戦利品が集められた。メルダースやガーランドのようなパイロットは、実際に空いた時間に狩猟に出かけた。ガーランドは 40 機撃墜で騎士十字章に柏葉を受領するためにベルリンにおもむいたとき、東プロイセンの「ライヒスイェーガーホーフ」でゲーリングとメルダースといっしょに鹿狩りに出かけた。

じつに多くのドイツ軍パイロットが戦後のインタビューで空中戦は騎士道的だったと認めているのは印象深い。ガーランドの騎士道精神は、義足の英国空軍エース、ダグラス・バーダー中佐との戦時中の出会いであきらかだ。パドカレー上空の乱戦で飛行中隊の仲間数名とともに撃墜されたバーダーは、ドイツ軍の手に落ちた。ガーランドはその空中戦で撃墜を記録したドイツ軍パイロットのひとりだったが、混戦だったのでバーダーを撃墜したのが誰かを判断するのは不可能だった。バーダーは運悪く、乗機からパラシュートで脱出するとき義足をこわしてしまい、予備の一足をイギリスから送ってもらいたいとたのんだ。ガーランドはこの依頼を承認の一筆をそえて転送し、義足を運んでくる飛行機には安全通行権が認められた。残念ながら、イギリスの騎士道精神はロンドン空襲以降、薄れて

エミール・ラングは1943年1月3日に100機目の撃墜を達成した。柏葉付き騎士鉄十字章を叙勲した彼は、403回出撃し、合計で173機の敵機を撃墜した。彼は1944年9月3日、英国空軍とアメリカ陸軍航空軍の戦闘機の攻撃を受け、ベルギーのオーフェルヘスペン村の近くに乗機が墜落して戦死した。ベルギーのロンメルのドイツ人墓地の名も知れぬ墓に埋葬されている。

いて、英国空軍はバーダーの義足といっしょに爆弾を何発かJG26の飛行場をねらって投下した。

ドイツ空軍のもっとも驚くべき偉業のひとつが、とてつもない数の撃墜数である。ドイツ空軍のパイロットは他国と同じルールを使っていたし、たぶんそのルールはより厳しくさえあった。歴史を通じて、戦闘機パイロットが撃墜を認められるのは、戦闘報告ないしパイロットの言葉がたしかに彼が撃墜したと信じるのにたる場合である。しかし、ドイツ空軍が定めていたルールは、パイロットの言葉だけでなく、少なくとももうひとりのパイロットの確認を必要としていた。ちがいはすぐれた訓練とやる気、そして彼らが空中での勝利を達成した戦場の状況にあった。東部戦線ではほとんどの空中戦が戦線からごく短い距離で行なわれた。ドイツ軍機の任務のほとんどが地上部隊の支援だったからである。距離が短いということは、前進基地もまた目標地域と近く、パイロットは一日に複数回、出撃できて、空中または地上で戦果をあげる機会が複数あった。もうひとつの要素は、前線の飛行士にたいするドイツの指針に、何度かの出撃のあとで前線勤務を交替または解かれるという配慮がなかったことである。彼らの方針はほとんどの場合、「死ぬまで飛ぶ」だった。この方針は優秀なパイロットが新米に知識をわけ与える可能性を阻害したが、同時に多数の出撃と、あきらかにより多くの撃墜数を可能にした。ドイツのパイロットのなかには1000回以上出撃して、自分も15回以上撃墜された者もいた。ドイツのパイロットがつねに空中戦を経験していたことが、とくに戦争初期にはものすごい数の敵機を相手にしなければならなかったこととあわさって、東部戦線におけるドイツ空軍の高い撃墜率を助けたのである。

ハンネス・トラウトロフトやアドルフ・ガーランドをはじめとする多くのパイロットは、長年の実戦勤務と、戦況が一転ドイツに不利になった運命の逆転、そしてどんな強靭な人間さえもくじいたであろう政治劇を生きのびた。戦争最後の数年、彼らは敵だけでなく自国の堕落した指導部とも戦っていた。指導部はドイツのもっとも優秀で勇敢な男たちをよろこんで自分の個人的な目標の犠牲にするつもりだった。シュタインホフやリュッツオーのようなエースは祖国を防衛するために死の危険を冒し、それでも足りない場合には、第三帝国最高司令部の無能な方策と決定にたいする反対を口にして、自分の命と軍歴の両方を危険にさらした。パイロットたちはドイツの都市への爆撃を止められず、戦争に負けようとしていると非難された。つねに思うところを口にし、航空戦のやりかたを批判してきたガーランドは身代わりにさせられた。1944年末、ゲーリングはガーランドを「ゲネラール・デア・ヤークトフリーガー」（戦闘機総監）職から罷免して、ゴードン・ゴロプを代わりにすえた。もっとも多くの勲章を受けた勇敢なドイツ空軍パイロットの一団がゲーリングに反旗をひるがえした。彼らのおもな懸念は、臆病と背任という非難にたいして国家元帥が無理解でパイロットたちを支持しようとしないことだった。一団のスポークスマン役に選ばれたリュッツオーは、軍法会議にかけると脅された。彼は結局、イタリアへ航空団司令として送られ、ガーランドはベルリンを離れて命令を待つよう指示された。彼の将来は危機にさらされていた。アルベルト・シュペーア軍需戦時生産大臣の介入でゲーリングは自分の立場を再考し、論争と反乱を終わ

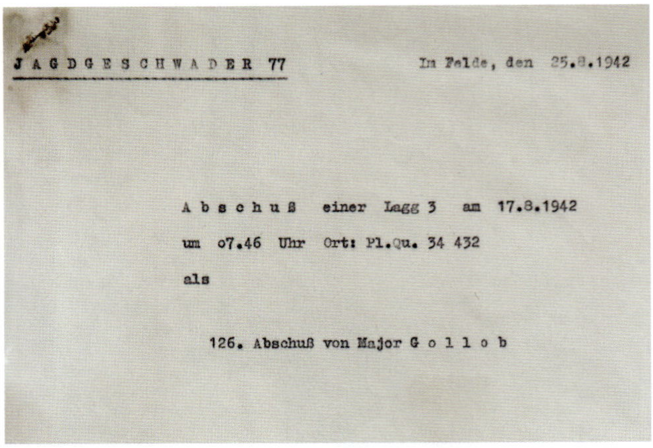

JAGDGESCHWADER 77 In Felde, den 25.8.1942

Abschuß einer Lagg 3 am 17.8.1942
um o7.46 Uhr Ort: Pl.Qu. 34 432
als

126. Abschuß von Major Gollob

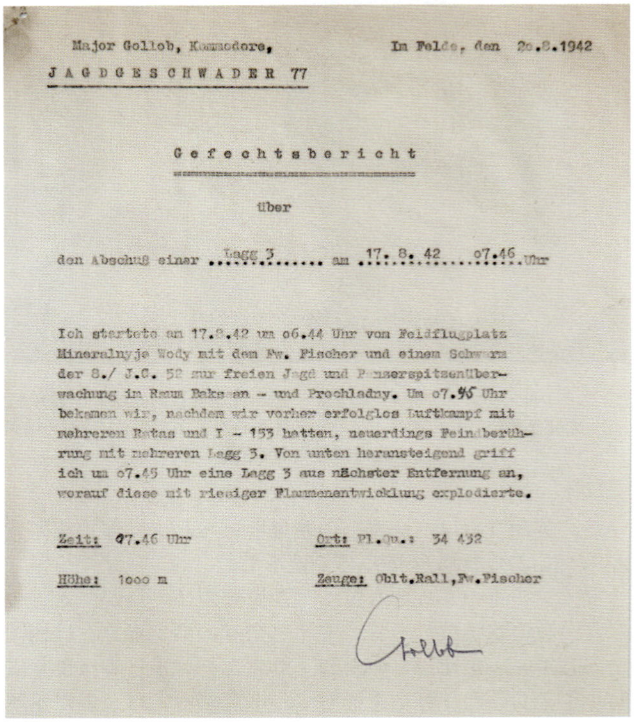

Major Gollob, Kommodore, In Felde, den 20.8.1942
JAGDGESCHWADER 77

Gefechtsbericht

über

den Abschuß einer ....Lagg 3........ am ..17. 8. 42 ....o7.46...Uhr

Ich startete am 17.8.42 um o6.44 Uhr vom Feldflugplatz Mineralnyje Wody mit dem Fw. Fischer und einem Schwarm der 8./ J.G. 52 zur freien Jagd und Panzerspitzenüberwachung im Raum Baksan - und Prochladny. Um o7.45 Uhr bekamen wir, nachdem wir vorher erfolglos Luftkampf mit mehreren Ratas und I - 153 hatten, neuerdings Feindberührung mit mehreren Lagg 3. Von unten heransteigend griff ich um o7.45 Uhr eine Lagg 3 aus nächster Entfernung an, worauf diese mit riesiger Flammenentwicklung explodierte.

Zeit: o7.46 Uhr Ort: Pl.Qu.: 34 432

Höhe: 1000 m Zeuge: Oblt.Rall,Fw.Fischer

ゴードン・ゴロプのサイン入り写真と第 77 戦闘航空団の航空団司令としての彼の戦闘報告書のひとつ。このオーストリア生まれの戦闘機パイロットはドイツ空軍ではじめて 150 機撃墜を成し遂げたパイロットと認められている。

らせた。

ある若いパイロットはかつて前線から故郷に手紙を書いて、これまでにないほど充実した毎日を送っていると説明した。平和な時代はじつに退屈だろうと彼は率直に書いている。時は彼の予想が大部分正しかったことを証明した。有名なエースの多くは戦後、実り豊かで冒険的な人生を送っている。たぶん彼らの生死をかけた体験のもっとも重要な核心部分の興奮と危険をふたたび味わおうとしたのだろう。彼らの多くは、エーリッヒ・ハルトマンやゲルハルト・バルクホルン、ハンネス・トラウトロフトのように、新しいドイツ連邦空軍が 1956 年に創設されるとすぐに戻ってきた。偉大なパイロットのなかで戦争を生きのびたのはごく少数だったが、ドイツのトップクラスのエース 3 人が生きのびたということは、彼らの技量と決意と幸運のあかしだった。

われわれはある有望なドイツ軍パイロットの物語でこのエピローグをしめくくろうと思う。彼は戦争中にもしかすると印象的な軍歴を重ねていたかもしれない。しかし、運命は開戦から数カ月後の出撃で彼の前途を横切った。このパイロットの物語には、つぎのページで紹介する文書一式が添えられている。彼の名前はハンス＝ジークムント・シュトープといい、ユンカース Ju 88 のパイロットで、おそらく第二次世界大戦中にはじめてイギリス上空で撃墜されたドイツの飛行士だった。

ジークムント・シュトープは 1914 年 8 月 21 日にラウタータルの小さな町で生まれた。高校卒業後、17 歳のジークムントはパイロットのライセンスを取るためにヴァルネミュンデの民間飛行学校で学びはじめた。実際にはこの学校は海軍のために水上機のパイロット候補生を訓練していたのだが、ヴェルサイユ条約をあざむくために本当のねらいを隠す必要があったのである。シュトープは結局、海軍に入隊し、その後、1932 年後半、軽巡洋艦ケルンに生徒として乗り組んで、世界周航に出発した。航海にはまる一年かかり、各地で寄港しながら地中海や大西洋、太平洋、インド洋を横断した。1934 年、ジークムントは「フェーンリッヒ・ツーア・ゼー」（海軍士官候補生）に任命され、士官課程を終えるためにフレンスブルク＝マインツ海軍兵学校に送られた。

彼は 1935 年についに操縦士徽章を獲得し、海軍のパイロットの大半がそうであったように、すぐさまドイツ空軍にひっぱられた。ゲーリングは民間組織だけでなく陸軍と海軍からも航空資産のあらゆる権限を奪いつつあった。飛行に関係する資産はパイロットもふくめてすべてゲーリングに引き渡さねばならなかった。彼の言葉によれば、「飛ぶものはすべてわたしのものだ！」1935 年 10 月 1 日、この元ドイツ海軍士官候補生は航空大臣兼空軍総司令官ヘル

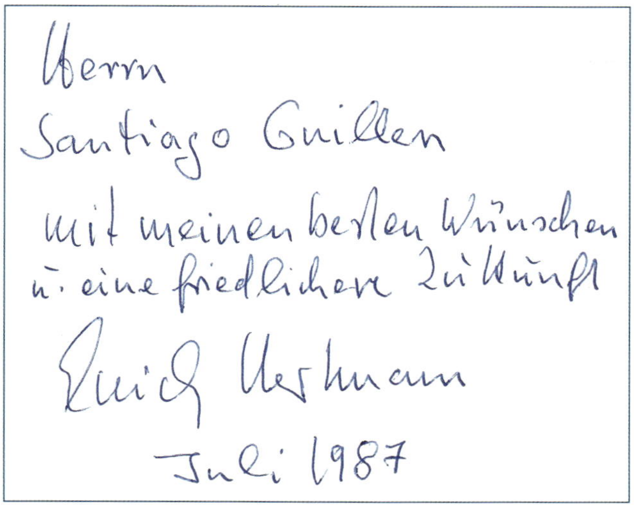
Herrn
Santiago Guillen
mit meinen besten Wünschen
u. eine friedlichere Zukunft
Erich Hartmann
Juli 1987

Erich Hartmann
Juli 1987

エーリッヒ・ハルトマンのサイン入り写真とサンティアゴ・ギリェンへの献辞。彼はBf109戦闘機を駆って1404回の出撃で352機撃墜を記録し、航空戦史上もっとも多くの撃墜数をあげた戦闘機エースとなった。

マン・ゲーリング本人が署名した辞令によりドイツ空軍の少尉に昇進し、哨戒機部隊に配属された。

1936年、スペインで内戦が勃発したあと、シュトープの搭乗員は義勇兵として、コンドル軍団に参加してイベリア半島で戦うために最初に行進した一団にくわわっていた。彼はHe 59とHe 60水上機を装備したAS／88（アウフクレールングスシュタッフェルAS／88）航空偵察部隊の一員だった。最初の2機とその搭乗員は1937年10月にヴィークヘルト号に乗ってカディス港に到着した。彼らの第一の任務は、港町カディスからアルメリアにいたるジブラルタル海峡一帯のスペイン領海で、ドイツの貨物船を守ることだった。じきに部隊はマラガ地区に派遣され、そこでマラガの街の征服に積極的な役割を演じた。この作戦行動中にジークムント・シュトープは最初の命拾いをした。1937年2月5日、シュトープはナショナリスト軍の巡洋艦カナリアスを護衛する対潜哨戒任務で、ディーター・ライヒ少尉のHe 59 B–2機とともに、乗機He 60 Eを飛ばしていた。512の機番をつけたシュトープの水上機は、頭蓋骨と交差した骨が描かれた大きな黒い円のマークをつけ、「フィエラ・デル・マール」（海の獣）と命名されていた。任務は計画どおりにいっていたが、突然、アメリカ人傭兵パイロット、チャーリー・コッチが操縦する共和国政府軍航空隊のソ連製ポリカルポフI-15戦闘機が両機に襲いかかった。He 59 B–2は被弾し、海につっこんだが、その前にシュトープの水上機の左翼に衝突し、シュトープはカナリアス号のそばに不時着せざるを得なかった。彼は軽傷を負っただけで艦の乗組員に救助され、水上機は艦上に引き揚げられた。

それから数カ月、さらに水上機と搭乗員が到着したが、ジークムントにも吉報がやってきた。1937年4月1日付で中尉に昇進したのである。昇進の辞令書にはまたしてもヘルマン・ゲーリングが肉筆署名していた。6カ月の派遣任務を終えたシュトープは、ドイツに送り返され、トラーフェミュンデのドイツ空軍飛行学校の飛行教官に任命されて、スペイン戦争中に得た体験を若い生徒たちにつたえた。スペイン内戦終了後の1939年、同国の新しい支配者のフランコ将軍は、ドイツの義勇兵への感謝を勲章という形で表明することにした。シュトープはより一般的な従軍者共通の勲章ではなく、個人の「メダリャ・ミリタル」（戦功勲章）を授与された。彼は抜群の勤務にたいして「メダリャ・デ・カンパニャ」（従軍章）もあたえられた。やはりスペインで戦うために義勇部隊を送っていたイタリアは、彼に「オルディネ・デラ・コロナ・ディタリア」を授与した。最後に彼の祖国も若い将校にスペインでの従軍を讃えて剣付き黄金スペイン十字章を授与した。じきにヨーロッパではポーランド侵攻で戦争が勃発し、ジークムント・シュトープはもうひとつ勲章をリストに付け加えた。1939年9月28日、二級鉄十字章を授与されたのである。シュトープはヘルムート・フェルミー航空兵大将が指揮する第2航空艦隊に転属になった。彼はすばらしい軍歴から抜擢されて、新型のJu 88爆撃機を実戦状態でテストするためにレヒリン飛行場に創設された実験部隊エアプローブングスコマンドー88（のちに1.／KG 30と改称された）にくわわった。

ゲーリングはJu 88が開発初期の問題に悩まされていて、実戦配備される前にそれらを解決する必要があることを知らされていた。じきにU–29潜水艦による英空母カレイジアス撃沈のニュースがもたらされ、スカパフロー軍港への大胆不敵な襲撃がそれにつづいた。スカパフローではギュンター・プリーン艦長ひきいるU–47潜水艦が英戦艦ロイヤルオークを雷撃で沈めた。これらの世界の注目を集

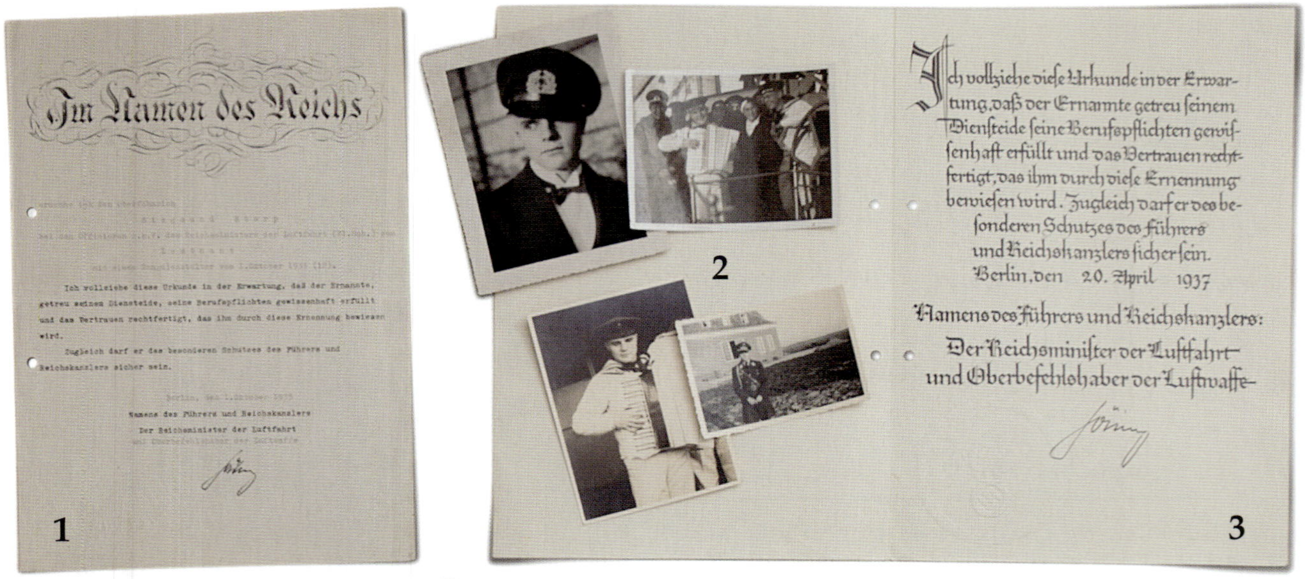

1　ヘルマン・ゲーリング航空大臣兼空軍総司令官が署名した空軍少尉への昇進辞令書。

2　ドイツ海軍の士官候補生時代のシュトープの写真。

3　ヘルマン・ゲーリング自筆署名の中尉への昇進辞令書。

4　コンドル軍団の帰還兵を歓迎するためベルリンで開かれたパレードと、デベリッツで開かれた叙勲式の写真。

5　シュトープに授与された個人の「メダリャ・ミリタル」（戦功勲章）と「メダリャ・デ・カンパニャ」（従軍章）の勲記。

6　共和国政府軍の戦闘機の攻撃を受けたあと、仲間の飛行士によって左翼を損傷したシュトープの水上機「フィエラ・デル・マール」号の写真。

7　シュトープのスペインでの従軍を讃えて 1939 年に授与された剣付き黄金スペイン十字章の勲記。

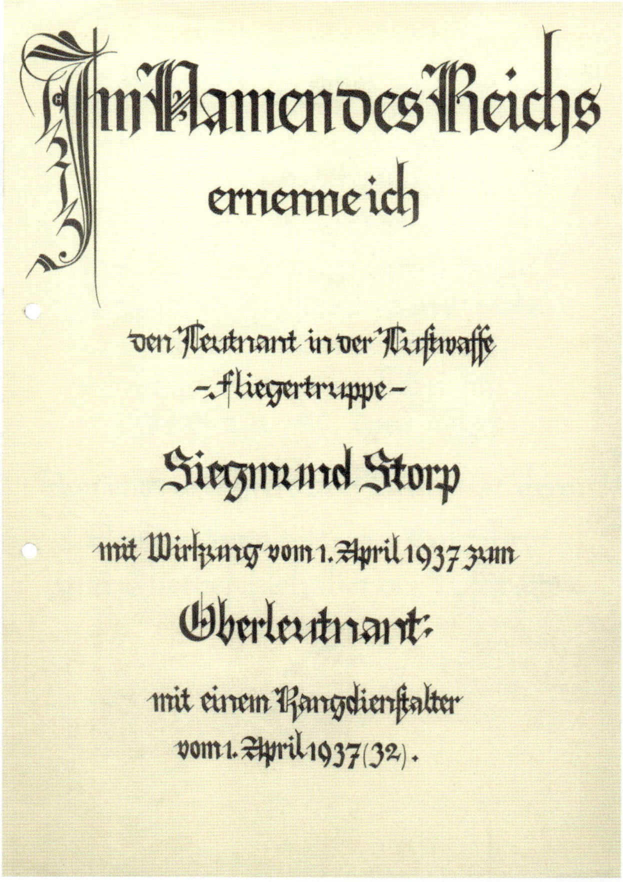
Im Namen des Reichs
ernenne ich
den Leutnant in der Luftwaffe
-Fliegertruppe-
Siegmund Storp
mit Wirkung vom 1. April 1937 zum
Oberleutnant
mit einem Rangdienstalter
vom 1. April 1937 (32).

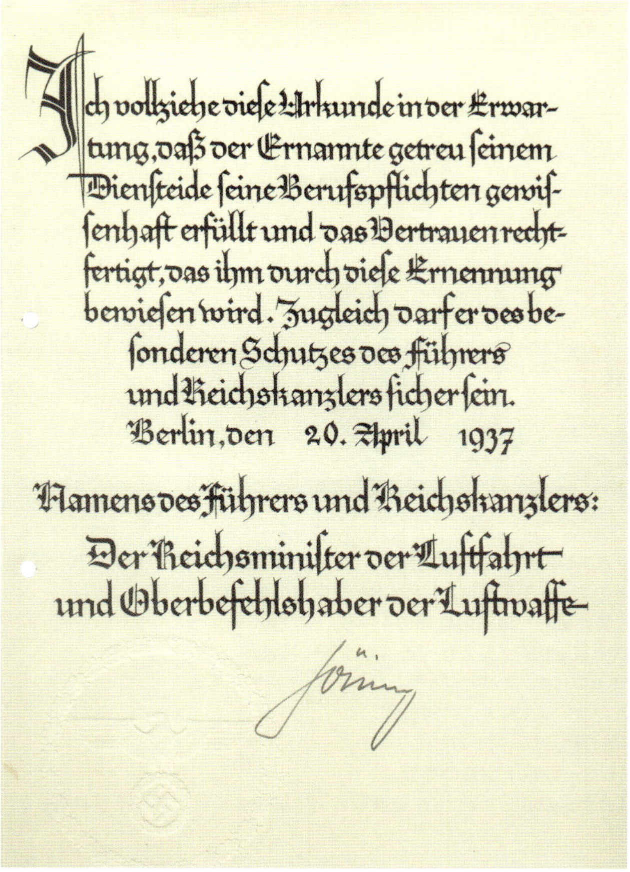
Ich vollziehe diese Urkunde in der Erwartung, daß der Ernannte getreu seinem Diensteide seine Berufspflichten gewissenhaft erfüllt und das Vertrauen rechtfertigt, das ihm durch diese Ernennung bewiesen wird. Zugleich darf er des besonderen Schutzes des Führers und Reichskanzlers sicher sein.
Berlin, den 20. April 1937
Namens des Führers und Reichskanzlers:
Der Reichsminister der Luftfahrt und Oberbefehlshaber der Luftwaffe

ヘルマン・ゲーリング肉筆署名の空軍大尉への昇進辞令書の細部。ジークムント・シュトープは昇進時、捕虜になっていて、1940 年 1 月にカナダのボウマンヴィル捕虜収容所で赤十字を介して襟章と肩章を受け取った。

この写真は、カナダのボウマンヴィル捕虜収容所で抑留中のジークムント・シュトープを撮影したもの。彼は赤十字経由で大尉の襟章と肩章を受け取り、戦時中ずっとそれを制服に着用していた。

めた任務でドイツ海軍が手にした人気をうらやんだドイツ空軍の総司令官は、英国海軍に一撃をお見舞いして、自分とその組織に人気と軍事的栄誉を勝ち取るような任務を要求した。1939 年 10 月 15 日、その機会がおとずれた。偵察機が 1 隻の戦艦、おそらくフッドがフォース湾に入ろうとしていると報告したのである。フォース湾はスコットランドのメイ島にある戦略的に重要な入江で、ロサイスの海軍基地とフォース鉄道橋もふくまれていた。1939 年 10 月 16 日、月曜日の午前 11 時 55 分のことである。第 30 爆撃航空団の第 1 飛行中隊（1.／KG 30）のユンカース Ju 88 A–1 爆撃機 12 機がドイツのヴェスターラントの沿岸地域の基地から艦船攻撃に飛び立った。空襲をひきいるのはヘルムート・ポール大尉で、ジークムント・シュトープは副指揮官だった（彼の Ju 88 A–1 は 4D+DH の機体コードで識別された）。ほんの数日前、シュトープは一級鉄十字章に叙勲されたという知らせを受け取っていた。勲章の勲記にはふたたびヘルマン・ゲーリング元帥がじきじきに署名していた。

12 時 15 分、数個編隊に分かれて飛来した攻撃隊はフォース湾近郊に達し、内陸をめざした。ドイツの情報機関はあたりに戦闘機がいないとつたえていた。この情報

1　はじめて英国本土で撃墜された３名のドイツ兵についての《デイリー・エクスプレス》紙の報道発表と、エジンバラ城の軍病院で撮影された写真。

2　シュトープが捕虜になった空襲が実施されたスコットランドのフォース湾地域をしめすドイツ空軍の公式の航空図。

3　ウィンダミア捕虜収容所の施設の写真が載った地元の雑誌のページ。

4　カナダのボウマンヴィル捕虜収容所で写真のためにポーズを取るドイツ軍人の一団。左から４番目がシュトープ。

5　スコットランドの収容所でほかのドイツ軍捕虜にかこまれてピアノを弾くジークムント・シュトープの写真。

6　失敗に終わった空襲が実施されたフォース湾入江の詳細図。

7　二級鉄十字章の勲記。

8　ヘルマン・ゲーリングが署名した一級鉄十字章の勲記。

9　ヘルマン・ゲーリングが署名した空軍大尉への昇進辞令書。シュトープはカナダのボウマンヴィル捕虜収容所で抑留中に昇進通知を受け取った。

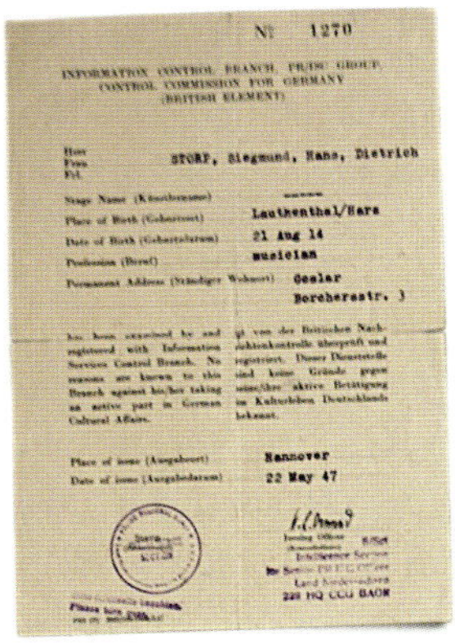
Nº 1270
INFORMATION CONTROL BRANCH, PR/ISC GROUP, (CONTROL COMMISSION FOR GERMANY (BRITISH ELEMENT)
STORP, Siegmund, Hans, Dietrich
Lauthenthal/Harz
21 Aug 14
musician
Goslar
Hannover
22 May 47

1

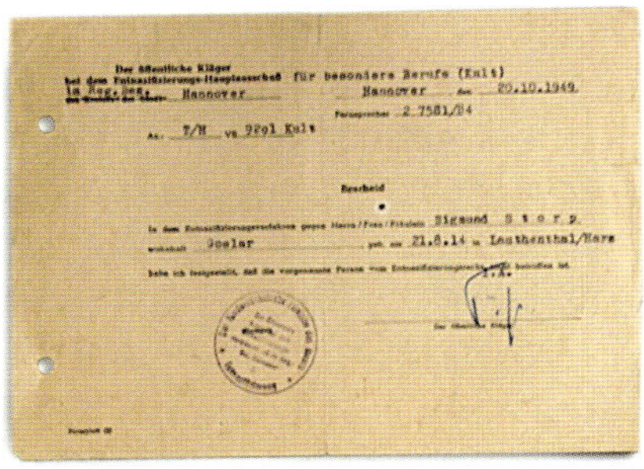
Der öffentliche Kläger bei dem Entnazifizierungs-Hauptausschuß für besondere Berufe (Kult) in Reg.Bez. Hannover
Hannover den 20.10.1949.
Bescheid
Siegmund Storp
Goslar
21.8.14 Lauthenthal/Harz

2

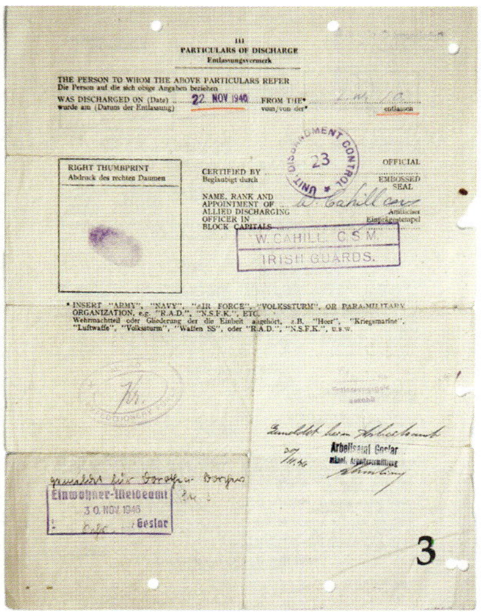
PARTICULARS OF DISCHARGE
Entlassungsvermerk
22 NOV 1946
RIGHT THUMBPRINT
CERTIFIED BY
W. CAHILL, C.S.M.
IRISH GUARDS.
UNIT DISCHARGE CONTROL
Einwohner-Meldeamt
3 0 NOV 1946
Goslar

3

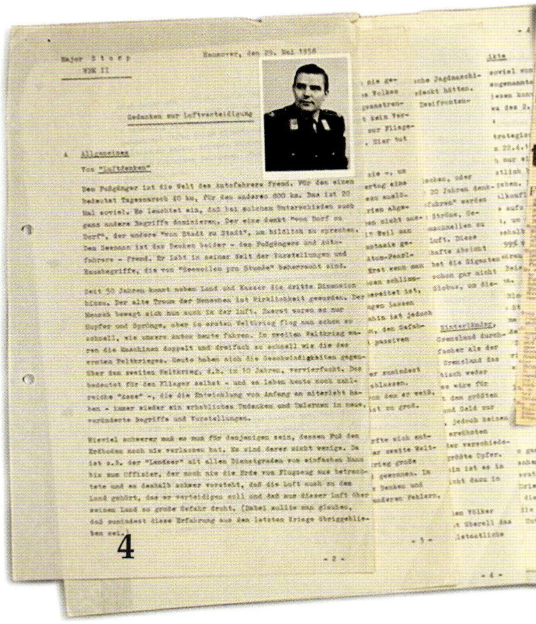
Major Storp
Hannover, den 29. Mai 1956
Gedanken zur Luftverteidigung
A Allgemeines

4

Daily Express 21.1.1961
FLASHBACK TO 1939: GERMAN RAIDERS CAPTURED
Ex-PoW turns to the Luftwaffe again

5

Nordwestdeutsch
Kampfflieger schreibt Symphonie

6

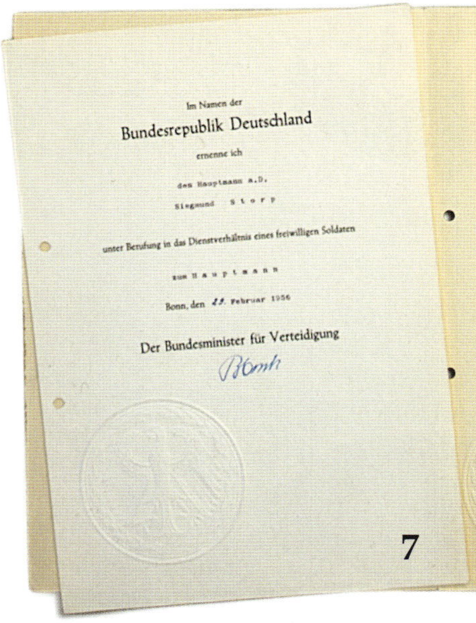
Im Namen der
Bundesrepublik Deutschland
ernenne ich
den Hauptmann a.D.
Siegmund Storp
unter Berufung in das Dienstverhältnis eines freiwilligen Soldaten
zum Hauptmann
Bonn, den 29. Februar 1956
Der Bundesminister für Verteidigung

7

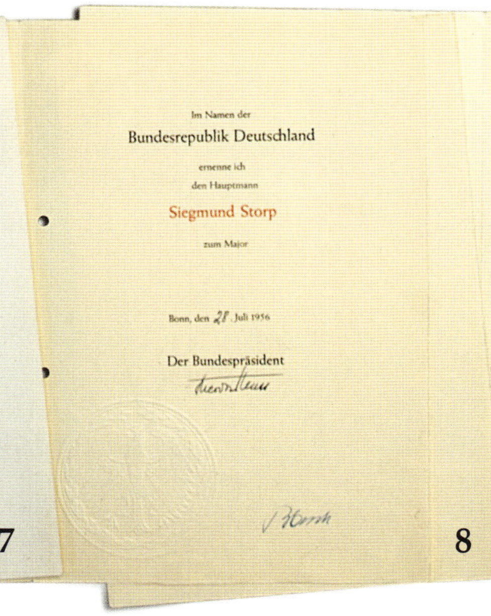
Im Namen der
Bundesrepublik Deutschland
ernenne ich
den Hauptmann
Siegmund Storp
zum Major
Bonn, den 28. Juli 1956
Der Bundespräsident

8

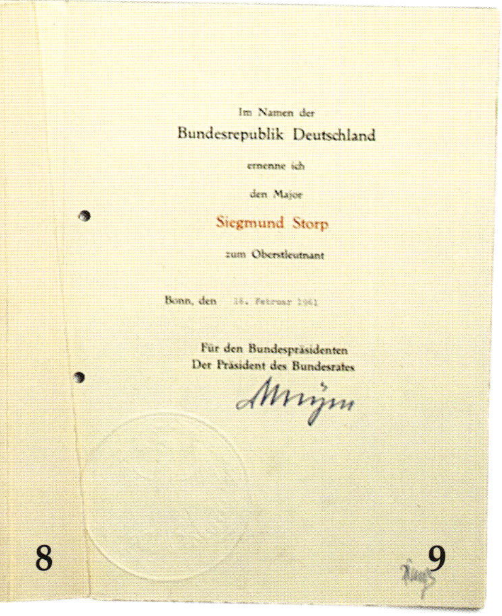
Im Namen der
Bundesrepublik Deutschland
ernenne ich
den Major
Siegmund Storp
zum Oberstleutnant
Bonn, den 16. Februar 1961
Für den Bundespräsidenten
Der Präsident des Bundesrates

9

1　ジークムント・シュトープが戦時中いかなる罪も犯していないことを証する1947年発行のドイツ管理委員会PR／ISCグループ情報管理部の書類。

2　ジークムント・シュトープの名前が記載された1949年発行のドイツの非ナチ化書類。

3　1946年に連合軍当局が発行した公式の除隊証明書。

4　ドイツ連邦空軍勤務時のシュトープの一件書類。

5　シュトープが新生ドイツ空軍に入隊したことをつたえる新聞記事。

6　シュトープが組織したコーラスと楽団の写真と、連邦空軍での彼の音楽活動をつたえる新聞記事。

7　シュトープを戦時の大尉の階級で復職させる1956年2月付の政府辞令書。

8　1956年7月付の少佐への昇進辞令書。

9　1961年2月付の中佐への昇進辞令書。

は完全にまちがいだった。第603「シティ・オブ・エジンバラ」飛行中隊のスーパーマリン・スピットファイアがターンハウス飛行場からすぐさま緊急発進し、イースト・ロジアンのドレムを基地とする第602「シティ・オブ・グラスゴー」飛行中隊の所属機も飛び立った。パイロットたちはこの地域に接近するあらゆる飛行機を迎撃せよとの命令を受けていた。ポールが指揮する3機のJu88が最初に飛来し、湾の水面にいくつか目標を見つけた。その一部は橋のすぐ下にいた。巡洋艦サウサンプトン、エジンバラ、そして駆逐艦モホークである。ポールはサウサンプトンを選んで、急降下で敵艦を攻撃し、500キロ爆弾を甲板に命中させた。しかし、爆弾は爆発せずに、甲板を貫通して、舷側から飛びだした。そのすぐあとに、ハンス・シュトープ中尉は第2編隊をひきいて、西から敵艦を攻撃した。スピットファイアが彼らのほうに向かっていた。

第603飛行中隊のパトリック・ギフォード大尉は、シュトープの乗機を攻撃して、左エンジンに命中させ、機銃手を戦死させた。機体は海につっこんだ。ギフォードはたったいま第二次世界大戦ではじめてイギリス上空で敵機を撃墜したのである。もうひとりのパイロット、第602飛行中隊のジョージ・ピンカートン大尉がもう一機の爆撃機を撃ち落とし、ヘルムート・ポールの乗機を撃墜して、搭乗員を戦死させた。2隻の巡洋艦エジンバラとサウサンプトンと駆逐艦モホークは直撃弾を受けたものの、爆撃は3隻に軽微な損害をあたえただけだった。それにたいしてJu88は3機が撃墜された。シュトープは搭乗員のうちのふたり、ケーンケとヒールシャーとともに海から漁船に救助された。彼を救ったジョン・ディッキンスンという勇敢な漁師は、命を救ってくれた感謝の印として先祖伝来の金の指輪をもらった。3人は戦争ではじめてイギリス軍の捕虜となったドイツ軍飛行士になった。ポールも救助されたが、墜落のさいに受けた顔の傷から出血していた。負傷したドイツ軍のパイロットたちはエジンバラ城の軍病院につれていかれた。入院中、ピンカートンとギフォードがシュトープとポールを見舞いにきた。ふたりはこの厚意に感謝して、見舞いにきてくれたことに礼をいうと、あらゆるパイロットを結びつける世界共通の連帯感を強調した。

シュトープの戦争への関与は終わった。彼はまずウィンダミアの捕虜収容所へ移送された。収容所にはピアノがあり、昔からアコーディオンを演奏する音楽愛好家だったジークムントは、音楽を学ぶ決意をした。じきに彼は楽器を弾けるほかの捕虜たちと小さな楽団を作り、収容所でクラシック音楽の演奏会をひらいた。シュトープは最終的にカナダのボウマンヴィル捕虜収容所に移送された。1940年1月1日、彼は大尉への昇進通知を受け取った。彼は赤十字経由でとどけられた新しい階級章をカナダの収容所に抑留されているあいだずっと制服に着用していた。

終戦後、ジークムント・シュトープは1947年まで解放を待たねばならなかった。ドイツに戻ると、デトモント音楽学校で学んだ。1950年にピアノの勉強を終えると、ゴスラー専門学校で音楽の教授として働きはじめ、同時にプロのピアニストとして多くのクラシック音楽楽団と演奏を重ねる。1956年、新しいドイツの空軍「ブンデスルフトヴァッフェ」が創設されると、彼は多くの元軍人仲間と同じ道をたどって、大尉の階級で入隊した。1956年に少佐に昇進し、1970年に中佐で軍歴を終えた。そしてニーダーザクセン州のエンゲーゼンにある田舎の自宅でピアノを教えてその生涯を終えた。

この写真は水上機「フィエラ・デル・マール」号が修理のために巡洋艦カナリアス号から港に曳航されたあとで撮影された。左翼には、敵戦闘機の機銃弾を浴びて降下中のディーター・ライヒ少尉のHe59 B–2と衝突したさいの損傷が見える。

この満足げなパイロットは、任務から無事基地に帰投した後で、ご褒美の果物にいまからかぶりつこうとしている。(《ジグナール》)

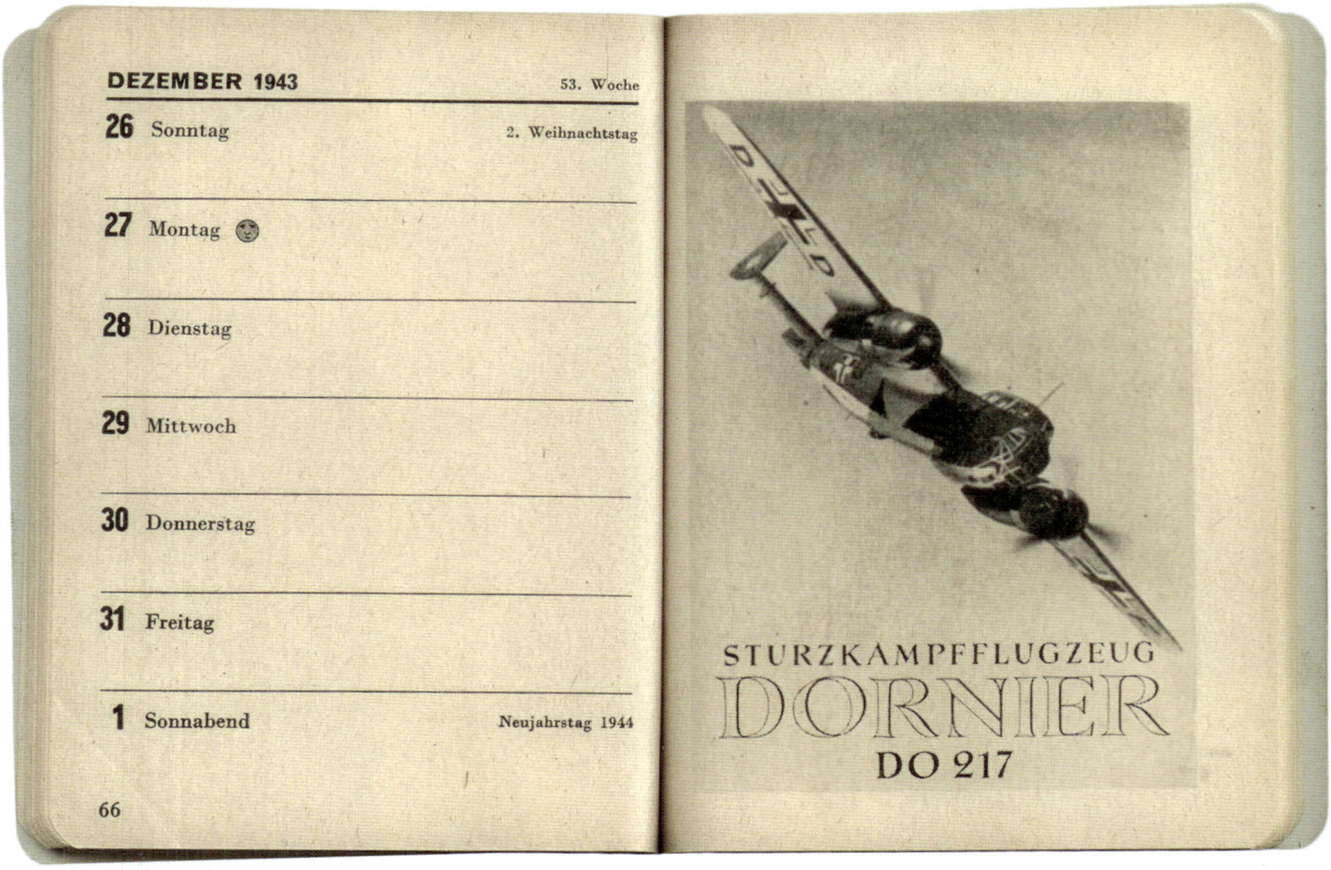

国家社会主義者飛行団指導部の注文で発行された1943年版「ディーンスト＝タッシェンブッフ・デス＝フリーガーコーア」つまりNSFK公式ポケット年鑑。

参考文献

AILSBY, Christopher J.
A collector´s guide to the Luftwaffe
Surrey, England
Ian Allan Publishing, 2006

ANGOLIA, John R. and SCHLINCH, Adolf
Uniforms and Traditions of the Luftwaffe (3 Volumes)
San Jose, USA
Roger James Bender, 1996

Buckton, Henry
Birth of The Few
Ramsbury, UK
Airlife Publishing, L.T.D., 1998

BUNGAY, Stephen
The most dangerous enemy. A history of the battle of Britain
London, UK
Aurum Press, 2001

DAVIS, Brian L.
Uniforms and Insignia of the Luftwaffe Volume I: 1933-1940
London, UK
Arms and Armour Press, 1991

DAVIS, Brian L.
Uniforms and Insignia of the Luftwaffe Volume II: 1940-1945
London, UK
Arms and Armour Press, 1995

GIBSON, Randall
The Krieghoff Parabellum
USA
Gibson, 1980

LAUREAU, Patrick
Legion Condor. The Luftwaffe in Spain 1936- 1939
Crowborough, UK
Hikoki Publications Ltd, 2000

MARKHAM, George
Guns of the Reich
London, UK
Arms & Armour Press, 1991

MURRAY, Williamson
The Luftwaffe 1933-45: Strategy for Defeat
London, UK
Brassey's Inc., 1996

PRODGER, Mick J.
Luftwaffe vs. RAF: Flying Clothing of the Air War, 1939-45
Atglen, USA
Schiffer Publishing, Ltd. , 1997

PRODGER, Mick J.
Luftwaffe vs. RAF: Flying equipment of the Air War, 1939-45
Atglen, USA
Schiffer Publishing, Ltd. , 1998

PRODGER, Mick J.
Vintage Flying Helmets: Aviation Headgear Before The Jet Age
Atglen, USA
Schiffer Publishing, Ltd. , 1995

RECIO CARDONA, Ricardo
Blitzkrieg, Guerra Relámpago (1939-41)
Madrid, Spain
Acción Press, 2006

STEDMAN, Robert F.
Kampfflieger: Bomber Crewman of the Luftwaffe 1939-45
Botley, UK
Osprey Publishing, 2005

STEDMAN, Robert F.
Luftwaffe Air & Ground Crew 1939-45
Botley, UK
Osprey Publishing, 2002

SWEETING, C.G.
Combat Flying Clothing: Army Flying Clothing during World War II
Washington D.C., USA
Smithsonian Institution Press, 1984
『アメリカ陸軍航空隊衣料史：コンバット・フライング・クロージング』 C.G. スウィーティング著／仙波喜代子訳　グリーンアロー出版社　1991 年

SWEETING, C.G.
Combat Flying Equipment: U.S. Army Aviator´s Personal Equipment, 1917-1945
Washington D.C., USA
Smithsonian Institution Press, 1989

WAR Department
Handbook for Combat Air Intelligence Officers
Harrisburg, Pennsylvania, USA
AAF Air Intelligence School, 1944

［あ］

［か］